EXPÉRIENCES

SUR

LA DIGESTION

DE L'HOMME

ET DE DIFFÉRENTES ESPÈCES

D'ANIMAUX;

PAR L'ABBÉ SPALLANZANI,

Profeſſeur d'Hiſtoire naturelle dans l'Univerſité de Pavie,
Membre des Académies de Londres, Berlin, Stockholm,
Gottingue, Bologne, Sienne, des Curieux de la Nature.

AVEC DES CONSIDÉRATIONS

*Sur ſa méthode de faire des expériences, & les conſéquences
pratiques qu'on peut tirer en Médecine de ſes découvertes;*

PAR JEAN SENEBIER,

Miniſtre du St. Evangile, Bibliothécaire de la République de
Genève, Membre de la Société Hollandoiſe des Sciences
de Haerlem.

A GENEVE,

Chez BARTHELEMI CHIROL, Libraire.

M. DCC. LXXXIII.

A V I S.

ON trouve chez le même Libraire : *Opuscules de Physique animale & végétale de l'Abbé* S P A L L A N-Z A N I *, avec une Introduction pour faire connoître les découvertes microscopiques dans les trois règnes de la Nature & leur influence sur la perfection de l'Esprit humain*, par M. SENEBIER, 8º. fig. 2 tom.

CONSIDÉRATIONS

SUR

LA MÉTHODE

SUIVIE

PAR MONSIEUR

L'ABBÉ SPALLANZANI

DANS SES EXPÉRIENCES

SUR LA DIGESTION.

Dès que j'eus lu l'ouvrage de l'Abbé Spallanzani sur la digestion, je formai le projet de le traduire ; après l'avoir relu, je n'ai pensé qu'à trouver des momens pour exécuter ce dessein. Ces recherches sont peut-être une des meilleures productions que l'histoire naturelle puisse vanter, comme un des plus folides & des plus ingénieux Commentaires que la Nature ait de ſes œuvres. Quand on lit avec attention ce beau Livre, il intéreſſe autant par la manière dont il eſt compoſé, que par le ſujet qu'il développe. La manière eſt celle d'un des plus grands Naturaliſtes de l'Europe, qui étudie avec génie un ſujet couvert de ténèbres épaiſſes, & qui ſait les diſſiper toutes, pour le préſenter éclatant de la lumière la plus vive & la plus pure. Le ſujet eſt un de ceux qui intéreſſoient le plus l'eſpèce humaine, qui touchoient le plus près à la ſanté de l'homme & des animaux. Auſſi, en rendant plus générale la lecture de ce Livre précieux, j'eſpère d'être utile à tous les hommes, par les inſtructions qu'en retireront les Médecins qui s'occupent du ſoin de les guérir ; je dois faire plaiſir aux Savans qui trouveront ici un ſujet traité avec profondeur, & la vérité à toutes les pages. Enfin, je fournirai à tous ceux qui veulent étudier la philoſophie expérimentale, de grands moyens pour apprendre l'art ſublime des expériences, la lo-

gique fubtile qui doit les diriger, les reffources puiffantes qu'elle leur indique,
& les fuccès brillans qu'elle leur affure.

Tels font les motifs qui m'ont fait
trouver, au milieu de mes occupations
& de mes maux, le tems néceffaire pour
mettre en françois les Recherches ex-
périmentales de M. l'Abbé SPALLAN-
ZANI fur la digeftion ; le nom de cet
homme célèbre eft le meilleur paffe-
port qu'on puiffe avoir auprès du Public inftruit ; fes ouvrages feront toujours d'un très - grand prix pour ceux
qui aiment la vérité.

J'ai encore plus de plaifir à m'occuper de ce grand homme & de fes ouvrages immortels que le Public, parce
que j'ai le bonheur de le connoître depuis long-tems ; auffi j'efpère que le
Public, qui fait cas de la fenfibilité,
me pardonnera fi je lui fais part de
quelques idées que j'ai eues en méditant
les expériences renfermées dans le livre
que je lui préfente. Je me propofe donc
de faire d'abord des confidérations fur
la méthode ingénieufe de l'Abbé SPAL-
LANZANI pour confulter la nature ; elle

offre l'art difficile des expériences réduit en exemple. J'en tirerai enfuite
quelques conféquences pratiques, & je
m'enhardirai peut-être jufqu'à propo-
fer quelques vues théorétiques, qui
femblent découler naturellement des
découvertes qu'on trouve dans cet ouvrage.

I.

Difficulté des recherches phyſiologiques & ſur-tout de celles ſur la Digeſtion.

Il n'y a peut-être point de matière
en Phyſiologie qui ait autant exercé les
Médecins, les Anatomiſtes, les Phyſiciens, de tous les tems, que celle de
la digeſtion; il eſt vrai qu'il n'y en avoit
point qui dût attirer davantage tous les
regards : cette fonction de l'eſtomac
prépare nos forces, répare nos pertes,
crée les élémens du ſang & des hu-
meurs; elle eſt la ſource de la vie ;
l'eſtomac eſt le laboratoire du corps ,
la digeſtion eſt l'opération ſouveraine-
ment importante qu'il exécute. Voilà
ce que chacun s'accorde à reconnoître ;

mais ce concert s'arrête ici : demandez aux Maîtres de l'Art quel eſt le moyen employé par la Nature, pour changer dans l'eſtomac, tous les alimens avalés par l'homme & les animaux, en une bouillie alimentaire; en vain vous parcourrez tous les ſiècles, vous interrogerez leurs Philoſophes les plus fameux, vous ne ſerez pas mieux inſtruit; vous aurez lu de très-gros Livres, affronté de longues diſſertations, rencontré d'ingénieuſes hypothèſes ; vous ſerez fatigué par d'éternelles controverſes, & vous ne verrez ſurnager dans cet océan d'inepties que quelques faits ſouvent mal vus, & encore plus mal appliqués. REAUMUR ſeul commence à faire jaillir quelques rayons de lumière ſur ce cahos ; les Médecins & les Phyſiologiſtes incertains la fixent, & l'abandonnent pour ſe livrer aux apperçus peu réfléchis que la théorie des GAS développe en Angleterre, & naturaliſe en France.

Les Phyſiciens ont trop ſouvent perdu le fruit de leurs travaux en leur croyant trop de mérite : frappés par

un fait auquel ils trouvent divers rapports, ils généralisent bientôt les idées
qu'il leur offre, & ils croient voir,
dans cette formule générale qu'ils ont
arrangée, la vérité qui n'existe réellement que dans le fait particulier sur
lequel repose leur édifice ; avec une
force de trituration, avec des fermentations, avec des acides & des alkalis,
avec des GAS, j'allois presque dire avec
tous les mots scientifiques d'un Dictionnaire, & sans aucune suite d'expériences solides & réfléchies, ils ont cru pouvoir faire digérer l'estomac, donner le
branle à l'économie animale ; aussi,
après tous leurs efforts, l'ouvrage de
la Nature qu'ils vouloient peindre n'a
été que l'ouvrage de l'homme qu'ils ont
imaginé.

Cependant ces théories, indifféren-
tes jusqu'à un certain point, dans les
sciences, parce que l'erreur a toujours
ses dangers, sont extrêmement nuisi-
bles en médecine. Qui comptera le
nombre des malheureux dont elles ont
prolongé l'infortune, & qu'elles ont
fait expirer dans les tourmens ?

Il faut l'avouer, il n'y a peut-être rien de plus difficile à bien connoître dans l'Univers qu'un être animé, & fur-tout le corps de l'homme. Quand on a obfervé les grandes maffes, quand on a fcruté cette foule de vaiffeaux que l'œil armé de verres peut diftinguer, on connoît feulement le volume, la figure, la fituation de quelques organes, & l'on fe perd dans l'infini; c'étoit cependant cet infini qu'il importoit furtout de fonder.

Et fi nos facultés ne nous permettent pas de diftinguer les vafes, efpérerons-nous d'atteindre la ténuité des fluïdes qu'ils renferment ? En vain, par la théorie fublime de la Chymie, & par les efforts les plus ingénieux d'une analyfe favante, parvient-on à pénétrer quelques-unes des qualités les plus apparentes des corps qu'elle examine. Souvent fes procédés font des obftaeles à fes fuccès, on crée quelquefois des êtres qui n'exiftent pas, on en détruit d'autres avant de les avoir obfervé, on n'en voit aucun dans fon état naturel; auffi, l'on ne peut fe le diffimuler, l'analyſe chymique du règne animal eſt à peine au berceau. Il faudra convenir de la même ignorance ſur l'action mutuelle des organes, aucun n'eſt iſolé, ils influent tous les uns ſur les autres. Il n'y a point d'effet particulier qui n'ait une foule de cauſes ; mais il y a plus encore, tout eſt toujours en mouvement dans notre corps, auſſi la toile ſe baiſſe ſur les opérations produites par le mouvement, auſſi-tôt qu'il eſt ſuſpendu. Jamais nous ne connoîtrons les premiers principes des choſes, jamais nous ne pourrons diſcerner l'action des reſſorts les plus ſubtils, toujours nous nous perdrons dans cette ſimplicité apparente, qui voile à nos regards obtus la plus belle compoſition.

Mais ſi l'on ne peut parvenir juſqu'aux plus petits détails de cet incompréhenſible méchaniſme, on peut cependant en découvrir plus ou moins quelques parties ; on peut arriver juſqu'à quelques-uns des reſſorts qui agiſſent immédiatement pour produire quelque effet ; la route eſt encore, à la vérité, embarraſſée d'obſtacles, cepen-

dant elle peut fe déblayer , le génie &
l'expérience pourront y faire toujours
des pas sûrs & grands. Obfervons donc
les faits avec foin , foumettons - les au
creufet de l'expérience , dénaturons-
les , s'il le faut , pour les analyfer , re-
produifons-les enfuite , fi cela eft poffible , pour les reconnoître, raffemblons-
les en foule pour les comparer , claffons-
les avec foin pour écarter ceux qui font
inutiles , pour y graduer l'importance
de chacun , & pour fixer fur-tout ceux
qui doivent être la clef des autres. Ecar-
tons tout fyftême , & recevons des faits
eux-mêmes raffemblés, analyfés & com-
parés entr'eux le fyftême de la Nature.

Je ne dis pas qu'on ne puiffe encore
fe tromper en fuivant cette route , mais
fi elle eft dangereufe , que faut-il penfer
de celle où l'on erre fans le flambeau
de la raifon & le bâton des fens bien
exercés , au travers des brouillards de
l'imagination & des faux jours d'une
fcience orgueilleufe.

Le Livre du Phyficien , du Phyfiologifte , du Médecin , c'eft la Nature;
les qualités néceffaires pour le lire uti-

lement, c'est la méthode, l'attention, la patience, la pénétration, l'exactitude, la modeſtie, & ſur-tout l'amour ſincère de la vérité. Tel eſt le modèle que M. l'Abbé SPALLANZANI fournit dans ſes ſublimes recherches ; auſſi, la découverte de la vérité, & la certitude d'avoir conſidérablement perfectionné les idées des hommes ſur pluſieurs matières capitales, ſont déja la récompenſe de ſes travaux, en attendant que la poſtérité applaudiſſe à ſes ſuccès, & le place à côté de ceux qui ont le plus honoré l'eſpèce humaine par leurs talens, & le bon uſage qu'ils en ont ſu faire.

I I.

Diſtinction importante entre les Recherches fondées ſur l'obſervation & celles qui ſont le fruit de l'expérience.

DANS les recherches de M. l'Abbé SPALLANZANI ſur la digeſtion, cet Auteur eſt ſorti du genre des obſervations, dans lequel il s'étoit ſi fort diſtingué, pour faire des expériences ; au lieu de s'affurer , par fon œil pénétrant , de ce que la Nature peut faire voir à tous les yeux qui favent voir , il s'eft chargé du devoir pénible & difficile d'interroger la Nature ; il n'eft plus en tête à tête avec elle pour recevoir fes déclarations volontaires , mais il s'élance avec elle dans fon obfcurité ; il faut qu'il éclaire fes ténèbres , qu'il la traîne au grand jour , qu'il fufpende fon filence , qu'il parvienne à le traduire , qu'il interprète fes mots énigmatiques , qu'il fuive ce qu'elle laiffe appercevoir pour arriver à ce qu'elle cache ; il faut ..... mais j'en ai dit affez pour faire comprendre que l'attention feule aux phénomènes qu'on veut expliquer , ne fauroit fuffire au Philofophe qui ne peut fonder fes explications que fur des expériences , comme elle remplit les vues du Philofophe qui fe borne à des obfervations ; il y a loin d'un homme qui peut lire une lettre bien écrite , en caractères très-petits , à celui qui peut découvrir le fens de la même lettre , écrite en chiffres qui lui font inconnus. Cette comparaifon me femble propre à exprimer , avec juſteſſe , ce que je cherchois à faire comprendre : par le moyen des verres, on parviendra à lire les petits caractères , mais il faut du génie , de la ſagacité , de la méthode pour donner un ſens à ces ſignes , qui n'en ont point pour la plus grande partie des hommes , & qui ne ſauroient jamais en avoir ſi l'on ſe bornoit à en ſuivre les contours.

Si cette manière d'étudier la Nature eſt ſi difficile en elle-même , ſi l'on agit toujours à l'aventure , quand on manque de ces inſpirations du génie & du ſavoir qui mènent droit au but que l'on ſe propoſe d'atteindre ; on riſque encore de perdre le fruit de tous ſes travaux , lorſqu'on n'emploie pas les procédés les plus convenables , dans les momens qui doivent être déciſifs ; c'eſt pour cela qu'il y a tant d'expériences contradictoires , tant de grands noms oppoſés ; c'eſt pour cela que l'incertitude règne dans une foule de branches de la Phyſique ; c'eſt pour cela qu'on ne peut concilier ces différences qu'en reconnoiſſant d'abord qu'elles ont été

produites réellement par les Philoſophes qui les racontent, & qu'elles ne
doivent leur origine qu'aux différentes
circonſtances qui ont accompagné les
expériences qu'ils ont faites.

Il ne faut pas oublier ici que les réſultats, fournis par les expériences ,
ſont plus incertains que ceux qui ſont
donnés par les obſervations ; l'expérience ne nous montre la Nature que
par artifice ; les moyens qu'on emploie
lui ſont étrangers, ils peuvent la gêner
dans ſes opérations, la croiſer dans ſes
effets , varier ſes procédés , la placer
dans des circonſtances différentes ; &
ſi l'on ſent la néceſſité de ſe rapprocher
de l'état ordinaire des êtres qu'on veut
connoître , de les placer au milieu des
phénomênes qui les entourent ordinairement, ceux qui s'occupent à faire des
expériences ſavent auſſi combien il faut
vaincre de difficultés pour remplir ce
but, & ils ont éprouvé ſouvent que ces
difficultés ſont inſurmontables , ou du
moins demandent une patience & une
adreſſe, dont on ne fera jamais comprendre l'étendue à ceux qui ſe contentent

de juger le Phyſicien par la deſcription de ſes travaux, ſans avoir eſſayé de creuſer eux-mêmes un ſujet où ils n'auroient point eu de devanciers : dans un champ en friche, les premiers coups de pioche ſont les plus pénibles & les moins féconds.

Ce n'eſt pas tout. Les expériences ſont encore plus propres à faire tomber dans l'erreur que les obſervations, parce qu'elles offrent des cas plus ſinguliers ; elles ſont bornées à repréſenter uniquement le cas qu'on a créé ; auſſi, l'on doit être bien en garde ſur la valeur & l'étendue qu'on donne aux conſéquences qu'on en tire. Si l'art des expériences demande des talens diſtingués pour imaginer les expériences & les faire, il ſuppoſe une tête profondément logique pour employer les expériences qu'on a faites.

Il ne faut pas le diſſimuler, les expériences préſentent bien des avantages au Philoſophe qui ſait s'en ſervir, elles fourniſſent des idées à l'homme de génie, elles le conduiſent à l'obſervation ; la vue d'un fait fabriqué annonce qu'il est possible, & sa possibilité ouvre des vues sur mille choses qu'on n'auroit pas pensé d'étudier ; on touche ainsi peut-être à des découvertes capitales.

Il conviendroit d'esquisser le portrait du Philosophe qui fait des expériences; mais, qu'elle tâche ! si je voulois le suivre dans tout ce qu'il peut faire , analyser ses moyens , tracer ses succès , le montrer quand il s'élance de son cabinet dans la Nature , réalisant avec fatigue ce qui se passe dans l'Univers depuis six mille ans , découvrant avec ses petits moyens , mais par la force de son génie , les voies que la sage Providence paroît avoir adoptées : je peindrois l'homme pénétrant, autant qu'il le peut, les vues du Créateur de l'Univers ; mais il me faudroit avoir les talens de ce grand homme pour le représenter , faire comme lui un Livre sublime, ou ce qui seroit la même chose, l'histoire fidelle de ses travaux. Fixons rapidement quelques-uns de ses traits, & lisons avec attention l'optique de NEWTON & les ouvrages de SPAL-LANZANI,

Le Philosophe qui fait des expériences ne connoît pas toujours l'extérieur des objets qu'il veut sonder, ou plutôt dont il voudroit expliquer quelques effets ; il est toujours obligé d'étudier à fond cet objet qu'il se dispose à pénétrer, & ses effets qu'il veut approfondir ; il est appelé à chercher ses rapports avec les différens corps qu'il a connu, à demander à chacun d'eux le secret qu'il desire, à s'en servir comme de guides pour suivre sûrement sa route ; mais il doit toujours veiller sur eux, afin de prévenir l'erreur où ils pourroient le jetter ; il observera scrupuleusement leur action, leur influence, leurs changemens réciproques, comment ils s'opèrent, dans quelles circonstances ils ont lieu, comment on augmente, ou l'on suspend leur énergie, de quelle manière on arrête les causes concourantes pour en voir agir une solitairement ; c'est par des soins semblables qu'on parvient à juger si les effets s'opèrent à l'instant, ou par succession ; s'ils sont l'ouvrage de plusieurs causes ou d'une seule : c'est ainsi qu'on

découvre

découvre la nature de la cause elle-même, ou le phénomène qu'on a sous les yeux ; mais c'est en vain que je donne cette esquisse légère, celui qui aura essayé ce travail avec réflexion, en aura déja vu beaucoup plus que je ne lui en ai pu dire, & il comprendra que l'art des expériences est un des arts les plus étendus, les plus difficiles,& les plus propres à faire connoître celui qui l'exerce.

I I I.

Analyse des faits.

Pour résoudre un problême, il faut en connoître les données, il faut même les connoître toutes, autrement on ne pourroit s'en faire une idée juste, & il resteroit ou entiérement insoluble, ou il entreroit dans la classe des problêmes indéterminés, qui permettent plus ou moins de solutions, suivant la nature de l'énoncé. Mais il n'en est pas des problêmes qui occupent le Mathématicien comme de ceux qui font l'objet des recherches du Physicien. Le premier voit clairement, dans quelques phrafes , tout ce qu'il doit chercher , le fecond a fous les yeux un fait fimple en apparence , & toujours très-complexe en réalité , dont il faut trouver la caufe ; mais il la chercheroit vainement s'il n'eft pas parvenu à fe faire une idée claire du phénomène qu'il doit expliquer : pour acquérir cette idée , il faut une analyfe fage, judicieufe, fondée fur une foule d'expériences & d'obfervations. Ces premiers pas font importans, ils peuvent placer celui qui les fait dans la route qui le conduira à la vérité, ou qui l'en écartera pour jamais ; c'eft auffi dans ces premiers pas qu'on découvre l'homme pénétrant, il difcerne, au milieu de mille voies dont il eft environné, celle-là feule qui le dirigera fûrement ; mais ce n'eft point par hazard qu'il choifit avec tant de prudence; il a profondément étudié l'objet de fes recherches , il l'a vu fous toutes fes faces , & c'eft alors qu'il fe décide.

Tel eft M. l'Abbé SPALLANZANI ; il femble avoir un fens particulier qui l'éloigne de l'erreur , & qui le fait nonfeulement arriver au vrai , mais qui l'y mène encore par la route la plus courte; ce sens est un jugement exquis, qui lui montre les faits comme ils sont, & qui les lui fait analyser avec la profondeur du Mathématicien & la finesse de l'homme du monde.

Les premières idées sur la digestion lui furent fournies par les oiseaux gallinacés; il apperçoit que leurs alimens se macèrent dans le gésier, & s'y ramollissent sans s'y digérer; il voit bientôt que ces alimens macérés sont triturés, broyés dans l'estomac, mais il découvre aussi que le ramollissement & la trituration ne font que des moyens auxiliaires pour favoriser la digestion sans la produire; enfin, forcé d'exclure ces deux causes, il parvient à trouver, dans les sucs qui baignent le fond de l'estomac, la seule cause efficiente de la digestion. Chacune de ces questions fournit un nouveau problême qui en renferme plusieurs autres, que notre Philosophe parvient toujours à résoudre par les mêmes moyens; rien ne résiste à sa sagacité & à son analyse. Quand il a découvert, par exemple, l'influence des fucs gaftriques fur la digeftion, il pénètre bientôt ce que cette découverte exige de lui. Quelle eft leur origine ? Comment fe mêlent-ils avec les alimens ? Quels changemens éprouvent les alimens par l'action combinée de la trituration & des fucs gaftriques ? De-là la belle defcription anatomique & phyfiologique de l'éfophage, de l'eftomac & des membranes qui le compofent, des artérioles, des glandules qui le tapiffent, & des petits canaux qui l'humectent fans ceffe.

Il n'y a aucune expérience, faite par un homme de génie, qui ne foit le réfultat d'une profonde méditation, & il n'y en a point qui ne le faffe penfer à fon tour. Quelques expériences avoient fait voir à l'Abbé Spallanzani que les oifeaux gallinacés ne commençoient à diffoudre la chair, contenue dans les tubes qu'il leur faifoit avaler, qu'au bout d'une heure & trois quarts. Il ne s'arrête point à cette conclufion, mais il fe demande fi les fucs gaftriques auroient befoin d'un tems auffi long pour opérer cette diffolution, quand les alimens feroient dépouillés de l'enveloppe métallique dans laquelle ils étoient ? Qu'arriveroit-il donc en diminuant l'influence de l'enveloppe par la diminution de son étendue, en l'ôtant entiérement ? Voilà le fujet de nouvelles recherches & de nouvelles connoiffances.

Enfin, on retrouvera encore cette analyfe dans les faits que l'Abbé SPALLANZANI eft parvenu à obferver, & elle lui fournit toutes les conféquences qu'ils étoient deftinés à lui faire tirer ; de forte que fi cette analyfe l'a conduit à la vérité, elle le dirige encore pour la lui faire trouver entiérement. Notre Phyfiologifte avoit fait avaler un petit Poiffon & une Grenouille, renfermés chacun dans un petit tube de fer blanc, à un Héron ; il le tua au bout de vingt-quatre heures, & il trouva que le petit Poiffon avoit difparu, à l'exception de quelques arêtes & de quelques petits os de la tête ; la Grenouille étoit plus reconnoiffable, il reftoit les extrêmités de fes pattes, les tégumens étoient détruits, les chairs qui n'étoient pas digérées étoient extrêmement ramollies, de même que les os , & les tubes étoient un peu froiſſés. Ces faits ne ſont pas vus inutilement par une tête méditante, elle y découvre d'abord que l'eſtomac du Héron agit ſur les corps qu'il renferme, puiſqu'il froiſſe les tubes , mais elle obſerve auſſi que la digeſtion du Poiſſon & d'une partie de la Grenouille n'étoit pas l'effet de la trituration , puiſqu'elle s'étoit opérée dans les tubes , & qu'elle ne pouvoit être produite que par les ſucs gaſtriques qui y avoient pénétré. Enfin, que ces ſucs diſſolvent non-ſeulement les parties molles , mais auſſi les parties dures.

On ſe fera une idée encore plus grande de la profonde analyſe de notre Auteur , ſi l'on lit l'analyſe qu'il a faite lui - même de ſa marche , dans les derniers paragraphes de chacune des Diſſertations qui compoſent ſon ouvrage ; on y trouvera la trame du riche tiſſu qu'il a ſi ſavamment ourdi.

I V.

Moyens imaginés pour la solution des problêmes.

On peut encore , par la réflexion , recueillir les queftions les plus importantes , réduire la matière qu'on voudroit approfondir à fes moindres termes, pour la connoître dans fes détails; mais tout cela ne fait que préparer la folution du problême , fans la donner; il faut trouver encore les moyens les plus propres pour répandre lè jour qu'on attend; c'eft ici où l'obfervateur eft fouvent embarraffé , fes moyens doivent être rejettés s'ils ne font pas fûrs, commodes, s'ils dérangent l'opération qu'on veut démontrer. En s'occupant de la matière morte , on eft peu fcrupuleux, on ne fauroit troubler l'économie du tout en agiffant fur fes parties , on influe peu fur les détails qu'on cherche ; mais quand il s'agit d'un animal vivant, d'une fonction qui fe fait pendant qu'il vit , pendant qu'il eft en fanté , il n'en eft pas de même, il faut chercher alors , dans les moyens qu'on emploie , tout ce qui peut concourir à l'inſtruction du Phyſicien , en évitant ſoigneuſement tout ce qui pourroit altérer les organes de l'animal. Que d'attentions variées à faire ! que de ſoins à prendre ! Ainſi, pour s'aſſurer de l'influence du briſement des grains ſur la digeſtion des oiſeaux gallinacés , il falloit les mettre à l'abri de la force triturante , ſans leur ôter l'action des ſucs gaſtriques , & comparer enſuite l'effet produit ſur les grains garantis de la trituration , avec l'effet produit ſur ceux qui auroient été abandonnés dans l'eſtomac. Un tube ouvert par les deux bouts , percé de pluſieurs trous, offre ce moyen ; les grains qui y ſont renfermés ne peuvent y éprouver les effets de la trituration , mais ils y ſont pénétrés par les ſucs gaſtriques ; on diſtingue parfaitement ainſi les effets de la trituration de ceux qui ſont produits par le ſuc gaſtrique, d'autant plus qu'en rempliſſant ces mêmes tubes avec des matières broyées , & d'autres tubes ſemblables avec des matières non broyées ,

on apperçoit fûrement ce qu'on cherchoit, & l'on trouve la folution du problême; on verra fans aucun doute que
les grains broyés ne font pas digérés,
mais en même tems on apprendra qu'il
n'y aura point de grains digérés s'ils
n'ont été auparavant broyés.

On comprend déja combien l'ufage
de ces tubes doit être avantageux; avec
eux l'économie animale ne fouffre aucun
dérangement, ils laiffent aux fucs gaftriques toute leur action fur les alimens
qu'on y enferme, ils permettent fouvent l'examen de ce qui fe paffe, fans
être toujours obligé de tuer les animaux
parce qu'il y en a qui les vomiffent,
après un certain féjour dans l'eftomac
avec les corps indigeftibles, & d'autres
peuvent les rendre par l'anus; ils permettent de faire des expériences fur
des corps que l'animal ne mangeroit pas
volontiers, enfin ils laiffent le moyen
des poids & des mefures pour juger les
effets produits.

Cependant, ce moyen, quelque parfait qu'il foit, ne l'étoit pas toujours
fuffifamment dans toutes les circonftan-

ces ; M. l'Abbé Spallanzani fait y suppléer en lui substituant des bourses de toile, pour laisser une entrée plus facile aux sucs gastriques, & s'assurer que les alimens n'en sortent que lorsqu'ils sont dissous ; en enveloppant les tubes avec une toile pour retarder l'action des sucs gastriques, par la même raison, & en employant à leur place des sphères métalliques creuses, percées d'un très-grand nombre de trous, & propres à être remplies de diverses matières qui devoient y être exposées à l'action des sucs gastriques.

Mais les talens du Philosophe, qui fait des expériences, brillent sur-tout dans le choix des moyens qu'il emploie pour vaincre une multitude d'obstacles particuliers qui viennent le déranger dans ses vues, ou qui jettent des nuages sur ce qu'il croit avoir trouvé. Quand on examine l'intérieur de l'estomac des oiseaux gallinacés, on y trouve communément un très - grand nombre de petites pierres, que les Physiologistes ne manquèrent pas de regarder comme un des moyens de la trituration. M.

l'Abbé Spallanzani ne se contente pas si facilement ; une idée vraisemblable n'est pas pour lui une idée vraie , il lui faut des faits décisifs ; pour trancher la question , il falloit avoir des oiseaux gallinacés dont l'estomac pût être délivré de toutes ces pierres. Comment en venir à bout ? en faisant vivre ces oiseaux dans une cage bien élevée au - dessus du terrein , & disposée de manière que les excrémens de ces oiseaux ne pussent leur fournir les pierres qu'ils auroient pu rendre ; en les nourrissant avec des graines bien mondées , il parvint à réduire ces pierres à un nombre infiniment petit, mais il ne put les exclure entiérement ; quoique ces oiseaux digérassent alors aussi bien qu'auparavant, notre rigoureux Philosophe n'est pas content de son expérience , il s'adresse à des Pigeons qui sont dans le nid , mais ces jeunes oiseaux ont déja reçu des pierres avec les becquées de leurs parens ; il les prend donc au moment où ils sont éclos, il les élève lui-même , & il a le plaisir de démontrer rigoureusement, que ces oifeaux digèrent parfaitement, quoique leur eftomac ne renferme pas une feule pierre.

Ces circonftances fervent très-bien un Obfervateur attentif, & elles lui préfentent des reffources qu'il auroit vainement cherché : chaque expérience fur la digeftion coûtoit la vie à un oifeau gallinacé ; il étoit important de mettre des bornes à ce maffacre, & de fe faciliter les moyens de varier les expériences. Les oifeaux de proie, les Corneilles viennent au devant de l'Abbé SPALLANZANI ; il apperçoit bientôt que ces animaux vomiffent, au bout d'un certain tems, les corps qu'ils ont avalé, quand ils n'ont pu les digérer ; il faifit avidement cette obfervation, il fait avaler à ces oifeaux les tubes métalliques dont j'ai parlé, remplis de divers alimens, & il juge aifément, quand ils ont été vomis, l'influence dès fucs gaftriques fur ce qu'ils contenoient, par les progrès de la digeftion ; il peut même encore faire féjourner les tubes dans l'eftomac, autant qu'il veut, en faifant avaler fouvent à un de ces oifeaux le même tube ; mais comme il s'eſt apperçu que ces oiſeaux ne vomiſſent que lorſque la digeſtion des alimens eſt achevée, il peut meſurer à ſon gré le tems du ſéjour des alimens dans leur eſtomac pendant vingt-quatre heures, en retardant le moment du vomiſſement, ſuivant la quantité plus ou moins grande des alimens qu'il leur fait prendre dans le même inſtant.

C'eſt par des moyens auſſi ſimples & auſſi efficaces qu'il parvint à établir la différence qu'il y avoit dans la puiſſance digeſtive du ſuc de l'éſophage & du ſuc gaſtrique des Corneilles : quoique tous les deux puiſſent digérer les alimens, comme il l'avoit vu d'une manière particulière ; le premier ne produiſoit cet effet qu'au bout d'un tems beaucoup plus long que le ſecond, mais il falloit s'en aſſurer : il obtint donc le ſuc de l'éſophage avec de petites éponges qu'il retint artificiellement dans ce canal , par le moyen d'un fil attaché au bec de l'oiſeau , qu'il en retiroit par le même moyen , à volonté , & qu'il exprimoit enſuite dans un vaſe ; il ſe

procura de même le fuc gaftrique avec
des éponges femblables qu'il faifoit avaler à ces oifeaux , & qu'ils vomiffoient
enfuite ; il mit de la chair machée dans
ces fucs , & il vit s'opérer , pour la première fois , au grand jour , ces digeftions que les ténèbres de l'eftomac
avoient toujours couvertes ; mais il put
juger auffi , par la comparaifon de l'action de ces deux fucs fur les alimens ,
que celui de l'eftomac eft incompara-
blement plus actif que celui de l'é-
fophage.

Enfin , les meilleurs moyens font
toujours ceux qui font les plus analogues à la manière d'agir de la Nature :
pour juger donc dans quel lieu pouvoit
s'opérer la digeftion , l'Abbé SPAL-
LANZANI expofe des alimens digeftibles
à tous les organes dans lefquels il fuppofe le pouvoir de digérer ; il environne une petite baguette d'un cylindre de chair , & il la fait entrer par le
bec d'une Corneille dans fon eftomac ,
jufqu'à ce qu'elle en eût atteint le fond ;
au bout d'un certain tems , il obferva
que la partie de la chair , qui eft digé-

rée la première, eft celle qui eft la plus baffe, mais il voit encore, qu'après un tems plus long, il s'opère cependant une efpèce de digeftion dans l'éfophage.

La digeftion continue-t-elle après la mort? Pour décider la queftion, il falloit encore fe rapprocher, autant qu'il étoit poffible, de l'état naturel, dans une circonftance qui lui eft fi oppofée: l'Abbé SPALLANZANI, fertile en expédiens, imagine pour cela de faire manger à une Corneille une quantité donnée de viande, & de la tuer immédiatement après ce repas, en la laiffant enfuite dans un endroit chaud pendant fix heures, il trouve ainfi une réponfe à ce qu'il fouhaitoit; la digeftion fut à moitié faite.

Enfin, rien n'eft plus propre à fatiffaire celui qui fe livre à l'étude de la Nature, que lorfqu'il parvient à faire fans la Nature, mais comme elle, ce qu'il a préfumé qu'elle devoit faire par des moyens déterminés. Ainfi, M. SPALLANZANI, pour démontrer que le fuc gaftrique étoit le vrai diffolvant des alimens, penſe aux moyens de lui faire diſſoudre les alimens hors de l'eſtomac, comme il les diſſout dans l'eſtomac ; il ſe pourvoit donc de ce ſuc, il le mêle avec des alimens machés, il le tient dans un lieu dont la chaleur approche de celle de l'eſtomac, il parvient à les renouveller par un entonnoir qui les filtroit goutte à goutte ; & il opère ainſi ſur ſa table les digeſtions qui ne s'étoient encore faites que dans le corps des animaux.

V.

Obſtacles vaincus.

ON n'a pas étudié long-tems un fait de l'hiſtoire naturelle, ſans rencontrer des obſtacles qui arrêtent abſolument l'Obſervateur, au moment où il ſe croyoit dans la route la plus unie ; mais celui qui connoît ſon ſujet ſous toutes ſes faces, & qui en a ſaiſi tous les rapports, trouve quelquefois dans ces connoiſſances les moyens pour franchir ce qui s'oppoſe à ſes progrès, & toujours quelque iſſue heureuſe par des voies détournées.

détournées. Le grand Naturaliste, en se traçant le plan de ses opérations, pressent bientôt celles qu'il seroit forcé de suspendre, s'il n'avoit pas des ressources pour les continuer ; il dirige vers ce point les puissances de son ame, & il est rare qu'il n'ait pas le bonheur de réussir : un génie méthodique & patient domine presque l'Univers physique comme le moral.

L'Abbé Spallanzani est arrêté dès les premiers pas qu'il fait pour pénétrer le mystère de la digestion : ces tubes, si heureusement imaginés à certains égards, ne sont pas sans inconvéniens, les matières contenues dans l'estomac des oiseaux gallinacés, agitées par les mouvemens de l'estomac, sont chassées dans ces tubes avec le suc gastrique, & changent beaucoup les résultats qu'il attendoit ; il n'est point déconcerté par ce contre-tems, il conserve l'usage des tubes qui est si commode, mais il ne les fait avaler à ces oiseaux que lorsqu'ils sont à jeun. Il y a plus, l'action de l'estomac de ces oiseaux sur les tubes étoit telle, qu'elle les froiffoit, les déchiroit, les rendoit inutiles ; mais on ne les abandonne pas encore, il eft plus convenable de fortifier leurs extrèmités par de fortes viroles, de les lier par un fil d'archal qui les traverfe, & qui eft foudé aux deux bouts, que de perdre les avantages qu'ils promettoient.

A ces obftacles, qui naiffent de la nature des moyens, un bon efprit en joint d'autres qui font tirés de la nature des réfultats qu'il obtient. S'ils paroiffent pouvoir être produits par une caufe différente de celle qu'il foupconne, il trouve dans cette apparence un obftacle à la lumière qu'il veut répandre, & il ne neglige rien pour diffiper le nuage qu'il fe forme : l'Auteur de cet ouvrage avoit fait avaler à des Poules quelques tubes remplis de pain maché ; quand ils eurent féjourné quelque tems dans leur eftomac, il les trouva vuides, & il attribua cette évacuation à la diffolution du pain, opérée par le fuc gaftrique ; fa conclufion étoit jufte, mais on fait que le pain, humecté longtems par l'eau feule, auroit pu s'échapper de la même manière hors des tubes, par une divifion qu'il y auroit foufferte; l'Abbé Spallanzani n'attend pas qu'on lui faffe cette objection pour la réfoudre, il remplit ces tubes, vuidés dans l'expérience précédente, avec la viande que l'eau ne peut diffoudre; & comme ces tubes furent vuidés de même que les premiers, il conclut qu'il n'y a plus d'exceptions à fa conclufion, & que le fuc gaftrique, qui a pu feul diffoudre la viande, a auffi été feul le diffolvant du pain.

Les obftacles qui naiffent de la nature des chofes paroiffent d'abord infurmontables; comment retenir, par exemple, dans l'eftomac d'un animal; un corps que l'action de l'eftomac tend à en chaffer? cependant il étoit important à l'Abbé Spallanzani de vaincre cet obftacle pour prouver que les morceaux d'inteftins ne font indigeftibles par le fuc gaftrique des Chiens, que parce qu'ils ne font pas affez long-tems expofés à fon action; il fit agrandir ces tubes, il les remplit avec un morceau d'inteftin, & les fit avaler à un Chien affamé : les tubes , dont le diamètre étoit plus grand que celui du pilore , reſtèrent dans l'eſtomac , & il eut la démonſtration de ce qu'il cherchoit ; il prouva de même , par un moyen analogue, que les Chiens digèrent fort bien les fibres de la viande , les ligamens & les tendons , il enferma ces alimens dans des petites bourſes de toile , & afin de les retenir dans l'eſtomac , malgré l'eſtomac , il attacha à chacune d'elles de petites éponges fort sêches , qui devoient s'enfler beaucoup dans l'eſtomac de l'animal par les ſucs où elles nageroient , & fermer ainſi , par la groſſeur qu'elles auroient acquiſe, le paſſage des bourſes au travers du pilore : il tua le Chien au bout de quatre jours , & les bourſes pleines de viande furent trouvées vuides , & celles qui renfermoient les morceaux de tendons & de ligamens , en avoient perdu une très - grande partie , quoique les bourſes fuſſent ſcrupuleuſement entières.

Enfin , on peut compter dans le rang des grands obſtacles , ceux qui ſont occasionnés par la nature des corps dont on fait l'objet de ses expériences : tel est, par exemple, un oiseau féroce qu'on ne peut manier à son gré, que ses serres & son bec rendent redoutable. On ne peut faire avaler des tubes par force à un Faucon, comme à un Coq-d'Inde; il n'est pas même aisé de le tromper; que faire donc? il faut jouer de finesse avec lui. L'Abbé SPALLANZANI cache les tubes qu'il voudroit placer au fond de l'estomac de son Faucon, dans des morceaux de viande crue, & l'oiseau trompé les avale avec l'enveloppe.

V I.

Difficultés prévenues.

QUOIQU'UNE expérience favorise nos idées, elle n'est pas toujours convaincante, elle peut laisser des doutes à résoudre, des difficultés à dissiper ; aussi, l'habileté du Philosophe qui les fait, consiste à les prévenir, & à fermer la bouche à ceux qui pourroient les faire ; c'est ainsi que l'Abbé SPALLAN-

zani ne laiffe à fes lecteurs que le plaifir de le lire & de le croire , fans leur
donner l'embarras de le critiquer , &
de faire des objections ; il découvre
même des difficultés que perfonne n'auroit trouvées , & qu'un bien petit nombre eut pu réfoudre. Il y a des obfervations incroyables , dont on ne peut
imaginer la poffibilité , malgré la véra-
cité de l'Hiftorien qui les fait connoître ; c'eft ainfi que , dans ces recherches , on eft confondu quand on voit
les éclats de verre , les tranchans de
lancettes , les pointes d'aiguilles fe brifer & fe rompre dans l'eftomac des
Coqs-d'Inde , fans leur caufer aucune
égratignure , malgré la force avec laquelle les membranes de l'eftomac doivent agir fur ces corps pour les réduire
en pouffière ; mais on eft familiarifé
avec ces faits étonnans , quand on voit
ces mêmes corps , brifés par un froiffement artificiel fur la membrane mufculeufe de l'eftomac des oifeaux gallinacés , fans lui faire éprouver aucune
déchirure.

Quand on réfléchit fur une obfervation, elle peut offrir des caractères d'invraifemblance qui pourroient la faire rejetter, fi l'on ne favoit pas que la Nature offre des phénomènes qui contribuent à la rendre croyable. M. SPALLANZANI a trouvé dans l'eftomac des Salamandres des petits vers vivans, très-tendres, qui bravent l'action du fuc gaftrique, tandis que d'autres infectes, avalés par ces animaux, y périffent bientôt, & s'y digèrent; mais il obferve qu'il y a des diffolvans pour certains corps qui n'en font pas pour d'autres. Les Polypes à bras, qui digèrent fort bien les animaux qu'ils avalent avec leurs bras, ne digèrent point leurs bras qui reftent quelquefois affez long-tems dans leur eftomac; un Polype même, inféré dans l'eftomac d'un autre Polype, n'y perd pas la vie, & les hommes ont quelquefois dans l'eftomac le Tænia qui n'y meurt point. Enfin, il y a des difficultés qui peuvent naître de la manière dont l'expérience a été faite; pour réfoudre la queftion fi les animaux digèrent après la mort; l'Auteur avoit tué un animal après qu'il eût mangé ; mais, quelque rapide que fût ſa mort, il s'écoula toujours un certain tems entre le moment de ſa mort & celui où les alimens arrivèrent dans l'eſtomac : pendant cet intervale, les ſucs gaſtriques ont pu agir ſur les alimens ; d'ailleurs, ils pourront agir encore, pendant quelques momens après la mort, comme ils agiſſoient avant ; pour prévenir toutes ces difficultés qui étoient réelles, l'Abbé SPALLANZANI prend le parti d'introduire des alimens dans l'eſtomac d'un oiſeau mort, qui avoit perdu ſa chaleur naturelle, mais ils y furent même alors digérés par les ſucs gaſtriques qu'ils contenoient.

V I I.

Rapprochement de la Nature dans les expériences.

LES Chymiſtes ont des preuves pour leurs opérations, quand, avec les produits qu'ils ont obtenu, ils peuvent former le premier corps d'où ils les tirent. Le Phyſicien démontre auſſi ſes opinions & la ſolidité de ſes recherches quand il remplace, pour ainfi dire , la Nature , & cherche à faire par lui-même ce qu'elle fait habituellement ; j'ai déja parlé de cette preuve lorfque je faifois connoître quelques – uns des moyens ingénieux que l'Abbé SPAL-LANZANI a employé dans la fuite de fes expériences; certainement ce moyen eft le plus ingénieux de tous , parce qu'il eft le plus propre à faire éclater la vérité , & à montrer qu'on l'a trou-vée , mais toutes fes recherches en font l'application continuelle ; c'eft tou-jours dans l'eftomac des animaux vivans qu'il fait fes expériences , c'eft dans les momens les plus favorables à la digef-tion qu'il les entreprend , c'eft toujours la Nature elle-même qu'il confulte , & c'eft de la Nature elle-même qu'il re-çoit fes réponfes ; s'il faut confirmer fes idées , s'il faut les démontrer à tous les yeux , il fort de l'eftomac des ani-maux & du fien propre , pour for-mer un eftomac fur fa table , pour y mettre les alimens préparés par la maftication , pour les placer dans une chaleur femblable à celle des animaux;

mais c'est aussi pour y voir ce que personne n'avoit encore vu avant lui, ce que personne n'avoit soupçonné ; c'est pour montrer les alimens dissous par le suc gastrique, comme il les avoit déja vus, par ses expériences, dans l'estomac d'un très-grand nombre d'animaux & dans le sien propre. Que les doutes s'évanouissent, que les difficultés cessent, on suit de l'œil la manière de la Nature dans la digestion, & ce petit vase de verre, où cette première digestion artificielle s'est opérée, anéantit les nombreux & énormes volumes qu'on avoit écrit pour couvrir de ténèbres cette fonction de la Nature qu'on n'avoit point encore connue, ni presque soupçonnée.

V I I I.

Attention à toutes les parties d'un fait.

Un effet quelconque, un résultat d'expériences ne sont jamais des objets si simples, qu'on ait observé tout ce qu'ils offrent d'intéressant quand l'œil les a parcouru ; chacun renferme une mine de traits souvent importans , que l'indolence, l'inattention laissent échapper. Qui doute que l'histoire complette d'un seul fait ne valût des connoissances générales bien importantes? Tout étant lié , tout a des rapports réciproques ; ainsi notre ignorance, au milieu de nos efforts pour connoître , démontre clairement l'imperfection des connoissances que nous avons acquises , & la nécessité de perfectionner celles qu'on a & celles qu'on crée.

L'Abbé SPALLANZANI apprend dans cet ouvrage quel avantage on peut retirer de l'attention , quand on sait la diriger sur les parties importantes du sujet qu'on traite ; à la rigueur tout son ouvrage est le produit de son attention , mais je veux en donner quelques exemples appliqués à différens objets.

Il est évident d'abord que l'attention sert extrêmement celui qui fait des expériences , une seule négligence peut faire manquer celles qui seroient le mieux concertées , & l'on comprend que chaque partie d'une expérience doit avoir des rapports avec le but qu'on fe propofe & les êtres qui en font les objets ; des moyens oppofés à ce qu'on veut produire, ou qui contrarieroient les agens qu'on emploie, feroient manquer l'effet qu'on a lieu de foupçonner.

En vain l'Abbé SPALLANZANI avoit fait avaler plufieurs tubes à un Hibou, il les vomiffoit fans digérer la viande qu'ils contenoient. Les fucs gaftriques de cet oifeau font – ils les feuls qui ne diffolvent pas les alimens ? Cette conclufion auroit pu fe tirer fans une précipitation trop grande, mais l'oifeau qui avoit été pris vieux avoit refufé la nourriture, & périffoit de maladie; les fucs gaftriques fe reffentoient de fon état, & une expérience plus heureufe, faite fur un Hibou bien portant, juftifia la caufe qui avoit fait manquer l'autre.

Cette attention prévient des conféquences fondées en apparence, que les faits qu'on obferve femblent préfenter, mais qu'une connoiffance plus intime de toutes les circonftances change bientôt. Un Mouton avoit avalé & gardé long-tems dans fon eftomac des tubes

pleins d'herbes entières fans les digérer;
le fuc gaftrique de ces animaux a-t-il
moins d'efficace que celui des autres ?
La digeftion s'opéreroit-elle chez eux
par le moyen de la trituration ? Que
d'idées fe préfentent à l'efprit pour expliquer ce fait furprenant ! une feule
développe tout le myftère , l'Abbé
SPALLANZANI fait attention à la rumination de ces animaux , par le moyen
de laquelle ils divifent les herbes qui
les nourriffent & qu'ils digèrent ; il
trouve la caufe qui a fait manquer fon
expérience , & qui lui a fait courir le
rifque de laiffer échapper la vérité ; il
enferme dans des tubes des herbes machées , les fait avaler à un Mouton , &
il les trouve parfaitement digérées.

Cette attention fait faifir toutes les
circonftances des faits qu'on obferve,
& qui font les réfultats des expériences
qu'on a faites ; c'eft ainfi que les tubes
remplis par un morceau d'inteftins grêles de Mouton , lorfqu'ils ont féjourné
quelque tems dans l'eftomac d'une Grenouille , offrent dans toutes leurs ouvertures une gelée vifqueufe qui s'é-

chappe, & qui, en s'échappant, épuiſe peu-à-peu la partie de l'inteſtin qui la fournit, par ſa diſſolution dans le ſuc gaſtrique, ce qui montre l'activité de ce ſuc, & qui prépare le Phyſicien à n'être plus étonné lorſqu'il trouvera une Souris dans l'eſtomac d'un de ces amphibies, dont le poil ſe détachoit de la peau qui étoit devenue preſque fluide, & dont les jambes poſtérieures ètoient réduites à leurs petits os à demi digérés.

Comme rien ne peut paroître indifférent dans une recherche dont on ignore les ſuites, rien ne doit paſſer ſans être vu avec réflexion. L'attention qui le fait découvrir, le fait ſuivre avec intérêt, & ne permet pas qu'on le perde de vue avant de l'avoir bien approfondi : en examinant l'eſtomac des Salamandres aquatiques, l'Abbé SPALLANZANI y trouva une foule de petits vers blancs de deux eſpèces, dont il fait l'hiſtoire, mais dont il ne donne pas l'uſage. Cependant il ne les a pas vu inutilement, ils lui ont démontré que la digeſtion s'y opère ſans aucune force active de l'eſtomac , puiſqu'en touchant très-légérement ces eſtomacs avec ſes mains , il cauſe de très-grands maux aux petits vers qui s'y nourriſſent.

Cette attention , en deſcendant dans ces détails , trouve toujours des objets qui la fixent & qui la récompenſent ; que les Faucons digèrent les os enfermés dans des tubes , c'eſt ce qu'on préſumoit avant l'expérience , & ce que l'expérience confirme ; mais ce qu'on ne pouvoit imaginer , c'eſt la diſſolution de la ſurface de ces os ſans aucun ramolliſſement ; le ſuc gaſtrique les diſſout feuillets par feuillets , ſans s'inſinuer au-delà du feuillet qu'il emporte , & par conſéquent ſans changer l'état intérieur de l'os , qui conſerve toutes ſes propriétés , juſqu'à ce que ce ſuc arrivant peu-à-peu au dernier feuillet , le faſſe diſparoître comme les autres , après l'avoir trouvé avec toute ſa dureté. C'eſt ainſi qu'en voyant manger un Aigle , il apperçut ſortir , à chaque morceau qu'il prenoit , deux petits ruiſſeaux de liqueur qui s'échappoient hors des narines , ſans doute par la compreffion qu'éprouve le réfervoir de cette liqueur, par l'action des mufcles qui meuvent les mandibules du bec.

Mais cette attention foutenue devient extrêmement utile lorfqu'on trouve des différences dans les expériences ; elle en fait connoître les caufes, & raffure fur la valeur de l'expérience elle-même, en montrant ce qui la fait varier. Un Coq – d'Inde digéra dans deux jours quelques petits morceaux de viande enfermés dans des tubes, il en fallut quatre pour digérer à peine un morceau de chair qui étoit entier ; la diffé-rence de l'état de la viande explique la différence dans le réfultat de l'expé-rience. La viande réduite en morceaux offroit plus de furface à l'action du fuc gaftrique que le morceau qui étoit entier.

Comme l'attention ne laiffe rien échapper fans y fixer fes regards, elle ne fixe rien fans chercher fes rapports avec tout ce qu'elle a pu déja remar-quer ; auffi, en faififfant les différences qui fe trouvent entre des objets fem-blables, elle découvre les raifons de

ces

ces différences. Un Observateur léger ne verra point si la tunique interne de l'estomac des oiseaux gallinacés est différente de celle qu'on observe dans l'estomac de l'homme; & s'il découvre que la première est extrêmement épaisse, tandis que la seconde est fort mince, il n'en sera pas plus avancé, il aura vu un fait singulier, & son ame sera oisive en le considérant; mais l'Observateur attentif, qui tient toujours sous ses yeux toutes les conditions du problême qu'il examine, aura bientôt apperçu que cette membrane épaisse de l'estomac des oiseaux gallinacés qui ne machent point, étoit nécessaire pour opérer la division des graines qu'ils avalent sans les briser, & pour les mettre ainsi en état de se dissoudre plus aisément dans le suc gastrique, au lieu que les hommes & les animaux à estomacs membraneux, qui divisent les alimens avec leurs dents par la mastication, n'ont besoin que d'un vase flexible pour les renfermer avec le suc gastrique qui doit les dissoudre.

Enfin, entre mille autres traits que

d

l'on pourroit donner des avantages de l'attention , quand on fait des expériences , je finirai par celui – ci : elle préfente à l'Obfervateur toutes les conféquences qu'il peut tirer des faits qu'il obferve. L'Abbé SPALLANZANI, après avoir heureufement imaginé l'ufage des petites éponges pour obtenir le fuc gaftrique des animaux qui vomiffent après leur digeftion les corps indigeftibles, & après en avoir tiré tout le fruit qu'il en efpéroit , remarqua plufieurs vérités importantes qu'il étoit indifpenfable de connoître. Il vit que ce fuc fe filtre en grande quantité dans l'eftomac , puifqu'au bout d'un quart d'heure les petites éponges, avalées par ces animaux & attachées à un fil, étoient déja imprégnées de ce fuc quand on les retiroit, & qu'au bout d'une heure elles en étoient faturées , autant qu'elles pouvoient l'être. Il remarqua de même, qu'après avoir foutiré de l'eftomac une affez forte dofe de fuc gaftrique, on pouvoit en retirer une feconde dofe, & même une troifième à-peu-près femblable à la première, dans un efpace

de tems qui n'eſt pas bien long. Enfin,
que ce ſuc gaſtrique avoit toujours paru
le même, toutes les fois qu'on l'exprimoit hors des éponges qui avoient ſervi
pour le ſortir hors de l'eſtomac des
Corneilles ſur leſquelles on faiſoit ces
expériences.

I X.

Extenſion des expériences.

UNE expérience mène à une autre,
lorſque chaque fait eſt vu avec attention : quand on a obſervé les procédés
de la Nature dans leur état naturel,
on aime à meſurer ſes forces ; l'Abbé
SPALLANZANI ne voit pas ſans étonnement les boules de verre réduites en
poudre dans l'eſtomac des oiſeaux gallinacés ; il voudroit connoître les bornes de cette force triturante, & il ne
peut l'eſtimer qu'en lui faiſant produire
de nouveaux effets : quels ſeront les
corps pointus & durs qui réſiſteront à
ſon action ? Notre ingénieux Philoſophe fait avaler à ces oiſeaux des morceaux de verre à angles aigus, de groſ-

ſes aiguilles implantées dans une balle de plomb, des morceaux de lancettes affilées & pointues, mais tout cela ſe réduit en poudre dans l'eſtomac invulnérable de ces oiſeaux. Un grenat avalé par un Pigeon fut au bout de quelque tems privé de ſa forme, & la plus grande partie des oiſeaux qui avoient été les objets de ces expériences curieuſes, avoient bravé impunément tout ce qu'elles pouvoient avoir de dangereux pour eux, & leur eſtomac n'avoit point ſouffert de ces repas ſi barbarement piquans.

On comprend déja, par cet exemple, que l'extenſion qu'on pourroit donner aux expériences aura autant de façons de s'annoncer rélativement à une expérience, que l'Obſervateur aura de vues en la faiſant, les plus, les moins, les rapports divers de l'objet de l'expérience avec les corps environnans. Je ne veux point entrer dans ces détails qui ſeroient infinis, & pour leſquels je trouverai des exemples dans le Livre que je donne au Public; mais j'en ferai cependant connoître encore trois qui me paroiſſent importans , & qui ſont plus généralement utiles que les autres.

Un rapport d'un corps avec un autre n'exclut pas les rapports qu'il pourroit avoir avec d'autres corps ; dans divers cas , la connoiſſance de tous ces rapports influe beaucoup ſur les idées qu'on peut ſe faire du premier rapport qu'on examine. Ainſi , l'Abbé SPALLANZANI ayant vu que les grains d'orge , enfermés dans les tubes , ne ſouffroient preſqu'aucune altération dans l'eſtomac des Poules , après un ſéjour de vingt-quatre heures, il eſſaya ſi cela arriveroit de même au froment , au maïs, à la veſce , aux pois , & il trouva des réſultats parfaitement ſemblables ; il répéta ces eſſais ſur pluſieurs eſpèces d'oiſeaux gallinacés , les Poules , les Canards, les Coqs-d'Inde, les Pigeons: il fit plus ; pendant que ces oiſeaux avoient ces tubes dans l'eſtomac, il leur faiſoit avaler ces graines ſans enveloppes , & elles ſe digéroient parfaitement bien au bout de quelques heures, tandis que les autres reſtoient entières ; mais comme ces graines avoient été macérées & ramollies dans le géfier, il crut que la digeftion dépendoit de ce ramolliffement ; cependant les graines ramollies confervèrent dans les tubes leur état, quoique leur féjour dans l'eftomac fût affez long ; il effaya même de piler ces graines, mais cette opération ne leur donna aucune facilité pour fe diffoudre dans les tubes defcendus dans l'eftomac : enfin, il cribla de trous les tubes pour y faciliter l'entrée des fucs de l'eftomac, mais ce fut inutilement, de forte que ce fut d'une manière bien folide, puifque ce fut après tous les effais imaginables, que notre Auteur conclut la néceffité indifpenfable de la mouture des graines dans l'eftomac de ces oifeaux, par la trituration qu'il exerce fur elles, pour les mettre en état d'être diffoutes par le fuc gaftrique.

C'eft un fingulier fpectacle pour la plupart des hommes que celui des travaux entrepris par un grand nombre de Phyficiens : il n'y a que ceux qui connoiffent les charmes de la vérité, qui puiffent concevoir ces entreprifes, efti-

mer leur valeur , mefurer leur étendue ,
& confacrer à l'immortalité des journées auffi laborieufes & auffi utiles.
Qui pourroit croire le nombre prodigieux d'expériences faites par l'Abbé
SPALLANZANI ? Il eft trop fimple pour
les nombrer , & s'il avoit pu le faire ,
je doute qu'on eût pu croire leur nombre. Il a répété toutes ces expériences
avec plufieurs efpèces de graines différentes, dans différentes circonftances,
avec différens alimens , avec des corps
qui n'en pouvoient être , fur cinq ou
fix efpèces d'animaux à eftomacs mufculeux ; il en a fait un plus grand nombre fur diverfes efpèces de Corneilles
& de Hérons, qui font des animaux à
eftomacs membraneux & mufculeux.
Enfuite il s'eft tourné vers les animaux
à eftomacs membraneux ; il les a trouvé parmi les infectes , les poiffons , les
amphibies, les oifeaux , les quadrupedes , l'Homme , Barbeaux , Carpes ,
Brochets, Salamandres , Grenouilles ,
Couleuvres aquatiques & terreftres ,
Vipères, Chats , Chiens , Moutons ,
Chevaux , Bœufs , Faucon , Milan ,

d iv

Aigle, Hibou, l'homme lui-même. Je m'arrête... il a vu tous ces êtres se réunir pour lui apprendre que la digestion s'opéroit par la diffolution des alimens dans le fuc gaftrique.

Cette fuite innombrable d'expériences étoit à peine indiquée dans le petit nombre de celles que Reaumur avoit entreprifes, & les Phyfiologiftes s'étoient prefque tous bornés à confidérer quelques faits ifolés que la digeftion de l'homme pouvoit leur offrir, de forte que l'Abbé Spallanzani fournit avec une explication nouvelle & folide de ce phénomène important, une foule de faits qu'on n'avoit pas feulement foupçonnés, il a parcouru tout le règne animal pour nous montrer l'uniformité de la Nature dans fes procédés, & la manière dont elle plie fes formules à tous les cas.

Enfin, on peut étendre une expérience en la faifant en différentes circonftances, & juger de-là par les effets produits de l'influence qu'elles peuvent avoir fur eux. Pendant que l'Abbé Spallanzani cherchoit à s'affurer fi les animaux digèrent après la mort, il les fait manger immédiatement avant de les tuer, il fait entrer des alimens dans l'eſtomac des animaux qu'il vient de tuer, il les expoſe alors dans des lieux différemment réchauffés ; il fait même cette expérience ſur des eſtomacs détachés du corps , & il ſe perſuade dans tous ces cas que la digeſtion s'y ébauche par le moyen des ſucs gaſtriques , & qu'elle s'y opère d'autant plus efficacément qu'elle y eſt davantage favoriſée par la chaleur.

X.

Expériences tranchantes.

L'Ami de la vérité ne ſe contente pas de faire voir quelques rayons de ſa lumière , il veut la faire briller toute entière , la placer ainſi ſous les yeux, la porter dans l'ame , & en bannir les doutes & les incertitudes. Chaque expérience des grands Philoſophes porte ce caractère, & grave dans la mémoire, comme une vérité inconteſtable , celle qu'elle établit ; mais il en eſt quelques-unes qui paroiſſent plus particuliérement propres à être déſignées de cette manière ; telles ſont celles de NEWTON, lorſqu'il diviſe par le priſme le rayon de lumière dans ſes rayons différemment colorés, & qu'il reproduit la lumière ordinaire en les réuniſſant avec la loupe ; telles ſont celles de l'Abbé SPALLANZANI, lorſqu'il opère ſur ſa table les digeſtions qui s'opèrent myſtérieuſement dans l'eſtomac ; comme il les produit par le moyen du ſuc gaſtrique tiré des différens eſtomacs, il démontre clairement que la trituration, la fermentation, &c. ne jouent aucun rôle dans cette fonction animale, & que la digeſtion n'eſt autre choſe dans tous les animaux qu'une diſſolution tranquille des alimens ; il avoit démontré de même que la chair qui ſe digéroit dans les tubes, avalés par les oiſeaux gallinacés, n'étoit point digérée par l'action de la trituration dont elle ne pouvoit reſſentir les effets, ni par celle d'un fluïde aqueux qui ne ſauroit diſſoudre la viande, mais ſeulement par le ſuc gaſtrique qui la pénétroit.

X I.

Solidité des conclusions.

ON comprend bien qu'un homme qui suit dans ses recherches la logique sévère dont j'ai esquissé quelques traits, la fera connoître de même dans les conséquences qu'il tire de ses expériences ; & qu'après avoir été extrêmement prudent dans sa route, il ne cesse pas de l'être quand il est sur le point d'arriver au port.

Toutes les conséquences de l'Abbé SPALLANZANI sont les conséquences immédiates fournies par l'expérience, ou plutôt c'est la traduction même de l'expérience dans nos langues, c'est le fait observé qui prend la forme d'une idée ; je n'en multiplierai pas les preuves, parce qu'il me faudroit donner l'indice de l'ouvrage, mais je me contenterai de rapporter celui-ci. Si l'Auteur conclut que la fermentation putride n'est point un des moyens de la digestion, c'est après avoir éprouvé par tous les moyens chymiques, dans tous les momens de la digeſtion, qu'il ne ſe développoit alors dans l'eſtomac ni acidité ni alkaleſcence ; c'eſt après avoir bien vu qu'il ne ſe produiſoit aucun mouvement inteſtin ; c'eſt après avoir goûté les matières qui ſe digéroient & les matières digérées ; c'eſt après s'être aſſuré que les chairs ſe conſervoient très-long-tems dans le ſuc gaſtrique, tandis qu'elles ſe pourriſſoient très-vîte dans l'eau ; c'eſt après avoir opéré le rétabliſſement des viandes gâtées, en les plongeant dans le ſuc gaſtrique. Enfin, c'eſt après avoir obſervé ce ſingulier phénomène, non-ſeulement ſur ſa table dans des vaſes, mais encore dans l'eſtomac même des animaux vivans. Quand un Obſervateur accable par ce nombre de preuves tranchantes, il faut que toute eſpèce de prévention tombe, & que chacun reconnoiſſe la vérité de ſes découvertes.

X I I.

Indépendance des hypothèses plausibles.

ON peut dire en Physique des hypo-thèses, ce qu'on dit de l'exemple en Morale, qu'il sert & qu'il nuit ; les hy-pothèses mènent au vrai par les recher-ches qu'elles inspirent, les idées qu'el-les font naître : elles peuvent être nui-sibles, quand elles sont regardées com-me la vérité, quand on ne pense qu'à les établir, ou quand on y trouve un oreiller de paresse qui dispense de tou-te autre recherche ultérieure ; l'Abbé SPALLANZANI n'est point dominé par ces petites idées ; c'est en vain qu'il de-voit être lassé par l'étendue de ses tra-vaux ; c'est en vain qu'il se trouve en-vironné d'une foule de vérités qu'il a heureusement démontrées, il pèse en-core au trébuchet de l'expérience les hypothèses plausibles que lui offrent les faits qu'il examine : ainsi, ayant vu avaler des Grenouilles entières à des Couleuvres, & présumant bien qu'elles

ne pouvoient en féparer les os , puifqu'elles n'avoient point de dents , &
qu'ils ne pourroient s'échapper par l'a-
nus , parce que leurs inteftins font trop
petits , il imagina que ces reptiles pourroient les vomir après la digeftion ,
comme cela arrive aux oifeaux de proie,
mais ces vomiffemens n'étoient pas affez
fréquens pour pouvoir être fûr de la
vérité de cette idée, de forte qu'il imagine encore que le fuc gaftrique de ces
animaux devoit diffoudre les os. Cette
idée paroiffoit bien vraifemblable, mais
elle n'eft pas fuffifante pour un ami
paffionné du vrai ; il met des os dans
ces tubes qu'il fait avaler à des Couleuvres , & il vit que le fuc gaftrique
étoit le diffolvant des os : quelle leçon
pour tant de Phyficiens nonchalans , &
tant de Naturaliftes qui croient lire la
Nature dans leur cerveau ! Il eft naturel
d'imaginer que fi notre illuftre Abbé ne
fe fie pas à fes hypothêfes , il n'a pas
plus de refpect pour celles des autres.
Tous les Phyfiologiftes avoient cru que
les pierres qu'on trouve dans l'eftomac
des oifeaux gallinacés étoient une des

caufes de la trituration des alimens ; mais il a démontré l'abfurdité de cette hypothèfe vraifemblable , en faifant digérer ces oifeaux , après avoir eu l'a-dreffe d'en avoir qui n'avoient aucune pierre dans leur eftomac.

X I I I.

Démonftration des erreurs d'autrui.

La vérité pour le Philofophe n'eft pas celle qu'on lui enfeigne , mais celle qu'il peut rigoureufement fe démon-trer ; un grand nom eft certainement une autorité refpectable , mais un grand nom n'exclura jamais de l'efprit d'un homme qui penfe tout foupçon d'er-reur , il pourra tout au plus en dimi-nuer la crainte , mais il fe réfervera tou-jours l'examen ; auffi , tous ceux qui ont fait des expériences avec foin , ont de-firé avec ardeur qu'elles fuffent répé-tées , & celui qui aime plus la vérité que fon opinion , fouhaite vivement que chacun le juge avec rigueur , parce que fon opinion cefferoit de l'intéreffer auffitôt qu'elle cefferoit d'être l'ex-preffion de la vérité.

Mais auffi en attaquant une opinion, il refpecte l'homme, & il ne lui oppofe que la Nature ; c'eft ainfi que l'Abbé Spallanzani fait voir à M. Pozzi la caufe pour laquelle il n'avoit jamais pu obferver, dans l'eftomac de quelques Pigeons, les petits globes de verre brifés, comme l'avoient vu mille fois les Phyficiens *del Cimento* & Reaumur ; il paroît que le Médecin de Bologne n'avoit employé pour ces expériences que des Pigeons malades ou trop jeunes, dont l'eftomac n'étoit pas affez fort pour cette épreuve. S'il eût employé des Pigeons en fanté & adultes, il auroit été, tant qu'il auroit voulu, le fpectateur de ce phénomène.

C'eft ainfi qu'il prouve, par des expériences directes, que les Chiens digèrent les os & les fibres charnues, quand ces corps peuvent féjourner affez long - tems dans leur eftomac pour y être diffous par leur fuc gaftrique, ce qui eft contraire à l'opinion de l'immortel Boerhaave ; c'eft ainfi qu'il prouve

contre

contre ce grand Médecin & contre tous
les Médecins & les Phyſiologiſtes, que
la digeſtion s'opère par la ſeule action
diſſolvante du ſuc gaſtrique ; quoique
cette ſeule démonſtration eût été ſuffiſante, il démontre encore l'impoſſibilité
de tous les autres moyens imaginés
pour cela, il fait voir que la trituration
eſt un moyen auxiliaire de la digeſtion
dans les oiſeaux gallinacés, puiſque les
corps triturés ne ſont pas digérés , &
que ces animaux peuvent digérer des
alimens mis dans des tubes, & ſur leſquels toute trituration eſt ſuſpendue ;
enfin, il prouve qu'il n'y a aucune eſpèce d'action des muſcles de l'eſtomac
ſur les alimens dans tous les animaux
à eſtomacs membraneux. Il démontre
de même que tous les ſucs de l'eſtomac
n'agiſſent pas comme ramolliſſans, mais
comme vrais diſſolvans ; il reconnoît
que la chaleur ſert à la digeſtion, en
augmentant l'énergie des ſucs gaſtriques, que le dégagement de l'air contenu dans les alimens peut favoriſer
leur diſſolution ; il ſuſpend ſon jugement ſur l'action du fluide nerveux, qui

paroît tout au moins auſſi facile à révoquer en doute qu'à croire un Etre réel ; il montre clairement que le reſte des vieux alimens à demi digérés ne ſauroit favoriſer la digeſtion des alimens qu'on avale, puiſqu'on ne digère jamais mieux que lorſque l'eſtomac eſt parfaitement vuide. Enfin, il démontre qu'on ne ſauroit imaginer, avec aucun fondement, la plus légère apparence de fermentation dans une digeſtion qui ſe fait bien. C'eſt ainſi qu'il forcera tous les Médecins & les Phyſiologiſtes à changer d'opinion ſur cette matière importante ; c'eſt ainſi que ſon ouvrage ſera l'époque heureuſe de la proſcription de tous les préjugés enfantés depuis l'origine du Monde, & propagés júſqu'à nos jours, pour expliquer cette opération de tous les animaux qui s'eſt répétée tant de millions de fois inutilement, mais que la ſagacité, la patience, l'adreſſe & l'attention de l'Abbé Spallanzani mettent ſous les yeux de chacun, & leur font voir avec les plus grands détails & la plus grande évidence.

XIV.

Analogie employée avec précaution.

QUAND on a un desir si sincère de trouver la vérité, on n'emploie pas l'analogie pour croire aveuglément les conséquences qu'elle fournit, mais pour en faire l'objet des expériences les plus propres à prouver leur solidité ; cette manière de raisonner est souvent trompeuse, parce que ses fondemens ne sont jamais assez solides ; il faudroit avoir eu entre les mains le grand Livre des formules sublimes de l'Auteur de la Nature, pour pouvoir conjecturer avec sécurité celle qu'on souhaite trouver, & connoître tous les faits de l'Univers pour avoir la confiance de ne point se tromper ; aussi, le Physicien rigoureux se permet les idées que l'analogie lui suggère, en se réservant de les peser à la balance des essais. En vain, l'Abbé SPALLANZANI voit une grande quantité de liqueurs se filtrer dans le gésier des oiseaux gallinacés, en vain il soupçonne qu'il pourroit s'y ébaucher une espèce de digeſtion , il ſe garde bien de ſe laiſſer aller à cette vraiſemblance ; il expérimente , & il jouit de ſa ſage retenue , en voyant cette idée rejettée par ſes expériences.

Cependant, il ne s’interdit pas cette façon de raiſonner ; après avoir découvert dans une foule d’animaux de tout genre que la digeſtion s’y opère par l’action des ſucs gaſtriques , & après l’avoir vu ſans exception , il ne craint pas de dire que la digeſtion eſt ſa diſſolution des alimens faite par les ſucs gaſtriques : comme dans ce nombre conſidérable d’animaux il n’a trouvé que des eſtomacs muſculeux , membraneux , & qui tiennent de tous les deux, il a conclu que tous les genres des animaux pourroient fort bien ſe ranger , relativement à la digeſtion , ſous ces trois claſſes , les animaux à eſtomacs muſculeux , les animaux à eſtomacs moyens & les animaux à eſtomacs membraneux , & il a ſurement cru le faire avec fondement , puiſqu’il n’y a aucun fait contraire à cette concluſion. C’eſt avec la même raiſon qu’il conclut que

tous les fucs gaftriques font anti-feptiques ; ces conclufions importantes &
capitales font cependant des conclufions qui lui appartiennent, qu'il a le
premier dérobé à la Nature, que la
Nature paroît appuyer dans une foule
de cas particuliers, & qu'elle fe plaira
furement à confirmer pour les cas que
notre Auteur n'a pu examiner.

Après ces détails, il eft inutile de
remarquer que l'Abbé Spallanzani
eft l'ami le plus intime de la vérité; on
voit cet amour percer dans chaque page de fon ouvrage ; on fent que c'eft
cet amour qui en a produit toutes les
idées, qui en a dirigé toutes les expériences, prouvé toutes les conclufions
& dicté toutes les phrafes. Cependant,
je ne puis me difpenfer de faire connoître ici que cet illuftre confident de la
Nature, après avoir parcouru fa carrière fur la digeftion, après avoir fait tant
de milliers d'expériences, examiné tant
d'hypothèfes, difcuté tant d'opinions,
n'eft pas même tenté de prononcer fur
la caufe qui rend les fucs gaftriques
anti-feptiques ; & il dit avec cette mo-

deftie vraie qui caractérife le grand homme, qu'il préfère publier fon ignorance, plutôt que de fabriquer une hypothèfe qui s'accorderoit mal avec fon goût pour la vérité dont les ordres févères le retiennent, dès qu'il ceffe de voir nettement fon éclat.

Si l'amour de la gloire fit des héros & des martyrs, l'amour de la vérité eut auffi les fiens. RICHMAN meurt victime de fes expériences fur le Tonnerre, l'Abbé FONTANA brave le poifon de la Vipère, & l'Abbé SPALLANZANI ne craint pas d'arracher avec effort à fon eftomac le fuc gaftrique qu'il veut obtenir, pour faire avec lui des expériences; il ne craint pas d'avaler des bourfes de toile, remplies de chair & d'autres alimens, & des tubes de bois pleins de différentes fubftances, malgré le danger qu'il couroit de ne pouvoir évacuer ces corps, malgré qu'il s'expofât à les avoir fixés quelque part fans l'efpérance de les déloger, & malgré les ravages que ces corps pouvoient faire dans leur route. Jouïffons avec reconnoiffance de fes travaux, & en connoiſſant leur prix tâchons de les imiter.

Je n'ai point écrit ceci pour faire un panégyrique, l'ouvrage de l'Abbé Spallanzani le louera mieux que moi; je n'ai point prétendu donner des leçons aux Obſervateurs, ils y verront comme moi mille autres choſes à remarquer, & ils en verront peut – être encore davantage, mais j'ai voulu indiquer aux jeunes gens dans quel eſprit ils doivent lire ce Livre, non-ſeulement pour s'inſtruire des faits curieux & importans qu'il renferme, mais encore pour y apprendre l'art difficile & ſublime de queſtionner la Nature, de recevoir ſes réponſes & de les entendre. Il y a bien peù de Livres qui puiſſent comme celui-ci inſpirer le goût d'étudier la Nature, & fournir autant de moyens pour avoir de grands ſuccès. Il eſt véritablement une Logique pour le Naturaliſte, & ſur-tout le guide que doit ſuivre celui qui ſe voue à la Phyſiologie.

CONSIDÉRATIONS

PRATIQUES,

Tirées des recherches de M. l'Abbé SPALLANZANI sur la Digestion.

SOUVENT, après de longs travaux & de belles découvertes, on regrette de n'avoir rien fait pour le bien de l'homme & de la société; j'aime croire qu'il n'y a cependant perfonne qui ne préférât de faire les preuves d'un bon cœur, plutôt que celles d'un beau génie; mais il arrive pour l'ordinaire qu'on eft foutenu dans fes recherches par l'efpoir d'y découvrir des côtés utiles, & qu'on les finit avec la certitude qu'on pourra les rencontrer. Il eft au moins certain que toutes les vérités font unies entr'elles, & que celles qui paroiffent les plus étrangères au bonheur de l'efpèce humaine, concourront une fois pour le produire; quand l'aimant n'offroit aux hommes qu'un fujet d'étonnement & de plaifir, on ne prévoyoit pas qu'il feroit cotoyer à Cook la calotte de glace qui forme le pole antarctique.

C'eſt une grande ſatisfaction pour les Savans, c'eſt auſſi la plus belle récompenſe qu'ils puiſſent obtenir quand ils peuvent ſe dire en publiant leurs ouvrages : je n'ai pas vécu inutilement, mes méditations n'ont pas été oiſeuſes, elles n'expireront pas ſous les yeux de l'homme de Lettres qui les médite peut-être avec plaiſir, mais elles ſortiront de-là pour répandre la félicité, & proſcrire un très-grand nombre de maux. L'Abbé SPALLANZANI jouira de cette récompenſe touchante, ſon ouvrage renferme une foule d'idées importantes ſur les moyens de prévenir le dérangement de l'eſtomac & peut-être de le guérir ; ces idées feront penſer les Médecins, & leurs penſées ſoulageront les malades qu'ils dirigent ; l'Abbé SPALLANZANI n'a voulu tirer aucune de ces conſéquences ; plus hardi que lui, je ne crains pas de m'expoſer à me tromper dans l'eſpérance d'être relevé, & de faire éclore des moyens ſûrs pour perfectionner cette partie de l'art de guérir.

I.

Importance de la maſtication.

LES expériences démontrent d'a-
bord l'importance de la maſtication
pour la digeſtion ; les alimens enfermés dans les tubes, qui n'ont point été
machés , ou qui n'ont pu être broyés
lorſqu'ils ont été avalés par les animaux
à eſtomacs muſculeux , n'ont pu être
diſſous par le ſuc gaſtrique qu'au bout
d'un tems très-long , en comparaiſon
du tems néceſſaire pour la digeſtion
des alimens broyés & machés , enfermés dans les mêmes tubes , & mis dans
le même eſtomac ; il y a encore des
graines qui n'ont pu être diſſoutes dans
les tubes , après un long ſéjour dans
l'eſtomac des oiſeaux gallinacés , lorſqu'elles étoient entières. Il paroît auſſi
que cette diſſolution n'eſt pas autant favoriſée par la ſalive , qui ſe mêle avec
les alimens qu'on mache , que par la
diviſion qu'ils éprouvent alors ſous les
dents ; la raiſon en eſt claire : dans cet
état ils ſont bien plus ſuſceptibles d'ê-

tre attaqués par les fucs gaftriques ,
qui peuvent les toucher dans un beaucoup plus grand nombre de points , &
exercer ainfi fur eux toutes leurs qualités diffolvantes avec une plus grande
énergie. Il n'eft cependant pas impoffible que les alimens , ramollis par cette
opération , ne devinffent plus faciles à
diffoudre ; je ne ferai pas même éloigné
de croire qu'une certaine quantité de
falive ne fut néceffaire pour achever la
préparation du fuc gaftrique ; quoi qu'il
en foit , la maftication entroit néceffairement dans les vues de la Nature pour
opérer la digeftion , puifque les oifeaux
gallinacés qui ne fauroient macher, ont
dans l'eftomac une force triturante propre à en remplacer l'action , & les animaux ruminans machent à loifir , plufieurs fois , & à diverfes reprifes , ce
qu'ils ont une fois maché , parce qu'ils
ne le machent la première fois que fort
imparfaitement , étant plus occupés
d'abord de faire les apprêts de leur
repas , que de fe mettre dans le cas de
le digérer. Enfin, quelques hommes qui
ont la faculté de ruminer , font obligés

de rappeler dans la bouche les alimens qu'ils ne peuvent digérer , & , par la division que la maſtication opère , ils parviennent à les digérer alors comme les autres.

I I.

Il faut ſe tenir l'eſtomac chaudement.

IL y a une conſidération à laquelle on ne fait pas aſſez d'attention dans les maux de l'eſtomac , & que les expériences , renfermées dans ce Livre , rendront très-capitale ; c'eſt la néceſſité de la chaleur , pour donner aux ſucs gaſtriques toute leur énergie ; lorſqu'ils ſont expoſés à la chaleur tempérée de l'atmoſphère , leur action eſt très-lente & très-petite , mais elle s'accroît conſidérablement avec l'augmentation de la chaleur. On peut donc en conclure qu'il importe beaucoup aux perſonnes qui digèrent mal d'empêcher le réfroidiſſement de la région de l'eſtomac ; elles doivent donc la tenir très-chaudement , ſur - tout pendant la digeſtion ; c'eſt ſeulement ainſi qu'on fournira aux fucs gaftriques toute l'activité qu'ils peuvent avoir : on atteindra facilement ce but par quelques fourrures chaudes, comme celle du Cigne ou du Chat fauvage ; mais ce qui ne laiffe aucun doute fur la juftefle de cette obfervation, c'eft qu'on a obfervé plufieurs fois que le froid fufpend la digeftion, & qu'on digère mieux au lit que lorfqu'on eft levé ; d'où il réfulte que tous ceux qui digèrent lentement & mal, obtiendront une digeftion plus promte & meilleure en fe garantiffant du froid, & en augmentant peut-être un peu la chaleur qu'ils éprouvent naturellement.

I I I.

Eviter de boire trop.

CETTE remarque annonce déja un rapport entre l'action des fucs gaftriques fur les alimens, & celle des diffolvans fur les corps qu'ils diffolvent ; mais il y a une foule d'autres rapports qui ne permettent pas de douter que les fucs gaftriques ne foient les diffolvans des corps qui nous nourriffent ;

il en réfulte donc, que , comme les diffolvans perdent de leur énergie en per-
dant de leur concentration , il doit être
dangereux de trop boire , parce qu'en
délayant les fucs gaftriques & en les
noyant, on diminue néceffairement leur
force ; il eft bien vrai que les fucs gaftriques fe renouvellent , que les fluïdes
avalés s'échappent , mais ils ne s'échappent jamais qu'avec une partie des fucs
gaftriques qui devoient fervir à la digeftion & avec lefquels ils fe font mêlés. On fait que les alimens aqueux ,
comme les fruits mangés en grande
quantité , ne fe digèrent pas ou fe digèrent très-mal. On fait de même que
les alimens fluïdes , bus en très-grande
quantité, ne fe digèrent point , & qu'ils
caufent toujours alors de fortes diarrhées ; d'où vient cela ? les fucs gaftriques noyés n'ont plus la force de les
diffoudre , & de les rendre propres à
former le chyle.

I V.

*Fuir les alimens propres à altérer les
sucs gastriques.*

Un dissolvant ne conserve ses propriétés qu'autant qu'il n'est dénaturé
par aucun mêlange propre à les lui faire
perdre, ce qui arriveroit infailliblement
au suc gastrique, si l'on prenoit en
grande quantité des alimens qui pourroient les changer; ainsi, par exemple,
il est démontré que ce suc n'est ni acide
ni alkalin, mais absolument neutre; on
nuiroit donc certainement à l'action de
ces sucs sur les alimens, si ceux qu'on
prend pouvoient leur ôter leur neutra-
lité, & les rendre alkalins ou acides,
ce qui pourroit arriver ou par un usage
trop fréquent d'alimens acides ou alkalins, ou par un repas trop considérable fait avec l'une ou l'autre de ces deux
espèces d'alimens; dans le premier cas,
on altéreroit peut-être la nature même
de ces sucs dans leur secrétion, au lieu
que dans le second on changeroit seulement la nature des sucs produits dans

l'eſtomac. Il n'y a que trop d'exemples pour juſtifier ces opinions. On voit le ſuc gaſtrique des Corbeaux devenir acide quand on les nourrit pendant quelque tems avec des végétaux, & devenir neutre quand la nourriture qu'on leur donne eſt animale, d'où il réſulte que les qualités de notre ſuc gaſtrique ſont à notre volonté; mais ſi ce ſuc eſt parfait quand il eſt neutre, il eſt clair que nous devons avoir une nourriture propre à lui conſerver cet état. Il eſt donc extrêmement important, dans les cas ordinaires, d'éviter un uſage long & ſoutenu des acides ou des alkalis, à moins d'y être forcé par les circonſtances; & il y a pluſieurs cas où l'abus des uns ou des autres a fait naître des maux d'eſtomac qui ont été preſque invincibles, ce qui me porte à croire que l'homme eſt véritablement fait pour ſe nourrir en même tems avec des alimens tirés du règne végétal & du règne animal.

Quant à l'effet actuel des acides ou des alkalis ſur le ſuc gaſtrique, dans le moment de la digeſtion, l'Abbé Spal

LANZANI

Lanzani nous apprend lui-même à le redouter, il raconte que lorfqu'il mange dans un repas trop de fruits rouges, fon fuc gaftrique prend une qualité acide; mais ce qu'il faut bien remarquer, c'eft que le fuc gaftrique ne devient jamais acide fans occafionner une indigeftion; on ne fauroit en douter, fi l'on fait attention qu'on ne rend jamais par la bouche des vents acides ou nidoreux fans éprouver une digeftion laborieufe; & notre favant Phyfiologifte obferve qu'il a toujours eu une digeftion mauvaife, quand il s'eft apperçu de l'acidité de fes alimens.

C'eft avec la même raifon que je pourrai conclure, que l'ufage des liqueurs fpiritueufes, lorfqu'il eft trop grand, doit déranger la digeftion en dénaturant le fuc gaftrique; premiérement comme des fluïdes qui le noyent, fecondement comme des fluïdes qui lui donnent une propriété inflammable qu'il n'a pas, troifiémement comme étant eux-mêmes les diffolvans du fuc gaftrique; l'ufage du vin me paroîtroit plutôt nuifible qu'utile, s'il n'étoit pas

f

le moins malfaifant de tous les toniques qu'on peut employer.

Enfin, il faut obferver que comme la digeftion s'opère fans fermentation, les eftomacs foibles doivent éviter foigneufement tout ce qui pourroit la déterminer ; dans toutes les digeftions vicieufes, il y a un dégagement d'air qui annonce la fermentation que l'antifepticité des fucs gaftriques devoit prévenir dans les cas ordinaires ; tantôt cet air dégagé eft acide, & cet air eft l'air fixe qui eft le produit de la fermentation ; ceux-là communément s'exhalent par la bouche, ou font abforbés par les parties humectées du corps : les autres font nidoreux, & ils font fans doute l'effet d'une digeftion fufpendue, ils font inflammables & fortent fur - tout par l'anus, ils fe produifent particuliérement dans les inteftins. Il faut donc encore écouter ici la voix de la Nature & fuivre fes avis ; il eft clair que fon but eft d'éviter toute efpèce de fermentation, par l'emploi de ce diffolvant fingulier, qui n'eft ni acide ni alkalin, mais qui eft extrêmement anti-feptique ; auffi les alimens , quoique renfermés dans l'eftomac , échauffés par une affez forte chaleur , humectés & expofés jufqu'à un certain point à l'action de l'air ; mais diffous par la feule action du fuc gaftrique , ne donnent jamais la plus légère apparence de fermentation.

Il eft important de remarquer que la diffolution même , produite par le fuc gaftrique , doit être une diffolution particulière, & qui ne reffemble pas en-tiérement aux autres : le but de la Na-ture dans la digeftion n'eft pas de dé-compofer les alimens , une décompofi-tion les dénatureroit, & diffiperoit leurs parties nourriffantes en féparant les alimens qui les compofent ; mais elle veut , au contraire , mettre les alimens en état de s'affimiler avec la fubftance de notre corps , c'eft pour cela que les fucs gaftriques ont le pouvoir de les diffoudre fans avoir celui de les dé-compofer ; auffi , il n'y a point d'air produit , parce qu'il n'y a qu'une divi-fion fans décompofition ; tous les ali-mens fe réfolvent dans l'eftomac , par

le moyen du fuc gaftrique, en une bouillie uniforme qui fe ménuife enfuite dans
les vaiffeaux du corps qu'elle traverfe,
& qui s'approprie par cette filtration
aux différens organes qu'elle doit conferver, mais ces alimens décompofés
par leur fermentation dans l'eftomac
manqueroient leur but, &, après une
opération fatigante & accompagnée de
dégoûts, elle deviendroit une opération inutile ; c'eft auffi pour cela que
toutes les digeftions mauvaifes, parce
qu'elles font accompagnées d'une efpèce de fermentation, font auffi des
digeftions fans utilité ; elles font fuivies
de diarrhées, & la bouillie animale,
au lieu de former le chyle, paffe en
très-grande partie dans les gros inteftins & s'échappe par l'anus, ou bien
elle ne porte dans le fang que des fucs
viciés, appauvris & funeftes.

V.

Le fuc gaftrique eft un diffolvant.

Les expériences de l'Abbé Spallanzani font regarder le fuc gaftri-

que comme un vrai diffolvant des alimens, ou plutôt prouvent qu'il en a
les principaux caractères. Premiérement, il en faut une certaine quantité
rélativement à la quantité des alimens
à diffoudre, autrement il n'agiroit que
fur les parties qu'il pourroit toucher.

Secondement, quand le fuc gaftrique a diffous une certaine quantité d'a-
limens, il ne peut plus en diffoudre, il
en eft faturé, il faut néceffairement en
joindre une nouvelle dofe fi l'on veut
pouffer plus loin la diffolution.

Troifiémement, la chaleur développe les qualités diffolvantes du fuc gaftrique, il agit avec énergie quand il a
la chaleur de l'animal vivant, mais ces
effets difparoiffent s'ils ont feulement
la chaleur tempérée de l'atmofphère,
ils ne confervent alors que leur anti-
fepticité.

Quatriémement, la plupart des diffolvans actifs font anti-feptiques pendant qu'ils agiffent, tels font les fels
employés à grandes dofes; le fuc gaftrique a toujours ce rapport avec eux.

Cinquiémement, il y a des fucs gaf-

triques qui font les diffolvans déterminés de quelques corps ; ainfi, par exemple, ceux des Chouettes & des Ducs
n'ont jamais pu digérer les fubftances
végétales fous aucune forme. Il eft vrai
qu'il y a des animaux comme l'homme
qui fe nourriffent fort bien de tout,
parce que leurs fucs gaftriques font un
diffolvant univerfel de tous les alimens.
Mais il faut avouer auffi qu'il n'eft pas
impoffible de changer la nature du fuc
gaftrique, & de l'approprier à des alimens qu'il ne devoit pas naturellement
diffoudre. L'Abbé SPALLANZANI força
un Pigeon de fe nourrir de chair, mais
il maigrit beaucoup d'abord, foit parce
qu'il mangeoit peu d'un aliment qui
lui répugnoit, foit parce que fon fuc
gaftrique ne le diffolvoit pas convenablement.

Enfin, les fucs gaftriques peuvent
quelquefois diffoudre, au bout d'un
tems très-long & d'une action continue, ce qu'ils ne pouvoient diffoudre
d'abord. Les Chiens ne digèrent les os,
les membranes & les tendons, qu'après
les avoir gardé long-tems dans leur
eftomac.

V I.

Différens degrés de digeſtibilité des différens corps.

On comprend aiſément que, puiſque le ſuc gaſtrique de l'homme eſt un diſ-ſolvant univerſel de tous les alimens, il ne doit pas les diſſoudre tous avec la même facilité, mais il doit avoir des rapports plus ou moins grands avec chacun d'eux, & agir ſur eux avec une énergie proportionnelle à l'intenſité de ces rapports. Ce ſeroit ſans doute une ſuite d'expériences bien utiles que cel-les qu'on feroit pour déterminer avec exactitude le degré de digeſtibilité des alimens ; alors on pourroit les indiquer avec confiance, ſuivant les cas où la maladie peut réduire. M. SPALLANZANI laiſſe tirer cette conſéquence de ſes nombreuſes expériences, mais elles ap-prennent encore quelque choſe de plus; elles font connoître qu'entre différens morceaux de la chair d'un Bœuf, ceux-là furent digérés les premiers qui ſe trouvèrent les moins durs, & qu'ils furent digérés dans cet ordre , d'abord la cervelle , enſuite le foie , puis la chair muſculaire des cuiſſes , enſuite celle du cœur , enfin les tendons. Par des ex-périences ſemblables , faites ſur des Chiens , l'on découvre que les ligamens ſont encore plus difficiles à digérer que les tendons. Notre Phyſiologiſte prou-ve auſſi , par des expériences faites ſur lui-même , que les viandes crues ſe digèrent comme les cuites , mais plus lentement ; que les matières végétales ſe digèrent beaucoup plutôt que les animales ; que le Veau ſe digère beau-coup plus vîte que le Bœuf ; que les membranes du Bœuf ſe digèrent plus tard que ſa chair ; que les cartilages ſont plus lents encore , enſuite les ten-dons, mais que les os durs ne ſe digè-rent jamais.

Il en réſulte donc que plus les vian-des ſont tendres , plus elles ſont faciles à digérer , que tous les moyens qui con-tribuent à les attendrir les rendent plus digeſtibles ; ainſi , les viandes bouillies ſont plus digeſtibles que les rôties. Le pain & les végétaux bouillis ſont plus

digeftibles que tous les autres alimens,
& la foupe eft non - feulement un aliment nourriffant, mais encore d'une
digeftion très-aifée. Par conféquent,
toutes les viandes & tous les végétaux,
durcis par quelques moyens, comme
les viandes falées & les légumes con-
fervés d'une manière quelconque, deviennent des alimens indigeftes quand
on ne les envifageroit que comme des
alimens d'une texture plus dure.

Les fruits fondans & délicats, qui
n'ont qu'une matière extractive, fe digèrent mieux que les fruits huileux,
tels que les amandes émulfives ; les
femences des légumes, comme les
fèves & les haricots, font les plus
difficiles à digérer, fans doute parce
qu'on les mâche mal, car leur farine fe
digère fort bien.

Après tout ce que j'ai fait voir, on
comprendra que dans tous les cas la
digeftion fe fera d'autant mieux qu'on
mangera moins, parce que toute l'é-
nergie du fuc gaftrique fe réunira fur
une maffe plus petite, & que les alimens qu'on prendra feront plus digef-

tibles , parce que les fucs gaftriques auront moins d'efforts à faire pour les diffoudre. Je fuppofe au refte qu'on ne fait rien qui puiffe contrarier leur action , foit en buvant avec trop d'abondance, foit en mangeant continuellement.

En réfumant tout ceci , il eft évident que les alimens acides & falés font peu propres à la digeftion, parce qu'ils changent la nature des fucs gaftriques ; les alimens doux, pris en très-grande quantité , feroient dans le même cas , parce qu'ils font fujets à s'aigrir ; la chair des animaux vieux, maigres, fumés & falés , de même que la peau, la couenne, font encore des alimens indigeftibles , parce qu'ils font durs. Certainement, je n'ai pas le deffein de refferrer le nombre des alimens digeftibles ; les expériences de l'Abbé SPALLANZANI prouvent que tout peut fe digérer hors les os durs, & je ne doute pas de l'aphorifme d'HYPOCRATE, que tout eft fain pour ceux qui fe portent bien, quand on n'en fait aucun excès ; mais il eft auffi vrai que tout ce qui peut dénaturer les fucs gaftriques, comme les acides violens, tels que ceux des graiffes rouf-fies au feu, dans les ragoûts & la pà-tifferie, doivent être extrêmement nui-fibles.

Entre les obfervations & les expé-riences de ce Recueil, je fus frappé d'une de celles que fournirent les di-geftions artificielles ; les fubftances vé-gétales ou animales, mêlées avec le fuc gaftrique, donnoient un peu d'air après leur mélange, mais cet air ne paroif-foit pas, fi le vafe étoit fecoué pendant quelques momens, lorfque le fuc gaf-trique commençoit d'agir ; le mouve-ment ne feroit-il pas un moyen propre à prévenir les vents? J'ai expérimenté fouvent, lorfque j'ai eu des coliques venteufes, que l'exercice du cheval les diminuoit beaucoup, & que pendant que j'en éprouvai les maux, je n'étois jamais mieux qu'en faifant ma prome-nade.

V I I.

Importance des recherches fur le fuc gaftrique.

Il eft aifé de voir à préfent combien il importeroit aux Médecins de connoître à fond le fuc gaftrique, de l'examiner dans les différentes maladies de l'eftomac, de fuivre fur leur table, avec le fuc gaftrique des animaux ou celui de l'homme, les corps qui en s'uniffant avec lui favoriferoient fa force diffolvante ou la retarderoient, procureroient ainfi de mauvaifes digeftions, ou pourroient les faire finir à fa volonté, mais il faudroit pour cela faire une analyfe bien autrement étendue que celle qu'on trouve dans ce Livre ; on ne pourroit en venir à bout qu'en combinant le fuc gaftrique avec tous les corps imaginables, en cherchant leurs rapports ; peut-être alors parviendroit-on à lui trouver d'autres propriétés. J'invite les Médecins à fuivre ce travail curieux, & je fouhaiterois que M. Scopoli voulût achever ce qu'il a fi bien commencé.

VIII.

Des maux de l'eſtomac.

LES maux de l'eſtomac, relatifs à la digeſtion, ne peuvent provenir que de la quantité ou de la qualité des ſucs gaſtriques ; s'ils ſont mauvais ou peu abondans, loin d'avoir une bonne digeſtion, on aura une digeſtion ébauchée, une vraie indigeſtion ; on en eſt bientôt averti par l'angoiſſe & la fatigue qui l'accompagnent, par les vents qui ſe développent, par la nature des excrémens qu'on rend & l'état où ſe trouve le corps. Les convaleſcens digèrent mal à ces deux égards.

La qualité des ſucs gaſtriques ne ſera viciée que par un mal organique de l'eſtomac, ou par des maux univerſels qui changeront l'économie animale, & que le Médecin exercé ne manquera pas de reconnoître.

La petite quantité des ſucs gaſtriques ſe fera de même remarquer par la lenteur des digeſtions, & l'on pourra diſtinguer ce cas du précédent, parce que la digestion, quoique lente, sera toujours bien faite, & ne sera pas accompagnée de symptômes désagréables qui suivent la précédente.

Il est évident que lorsque les sucs gastriques seront viciés par une suite du dérangement de l'économie animale, ils ne pourront être rétablis que par le rétablissement de la machine, qui pourra seul produire des suc gastriques mieux appropriés à leur office; alors on pourra tout au plus pallier le mal par le choix des alimens les plus digestibles, par leur petite quantité, & par l'essai de quelques remèdes accommodés à l'état soupçonné ou découvert des sucs gastriques. On peut cependant parvenir à changer les sucs gastriques: l'Abbé Spallanzani a accoutumé un Pigeon à se nourrir de viande, il l'a forcé à se préparer des sucs pour ce genre de nourriture.

Si le vice des sucs gastriques est plus particulier, s'il tient davantage à leur sécrétion immédiate, il seroit possible que les toniques, en donnant de l'énergie aux vaisseaux qui finissent l'élaboration de ce fuc, leur rendiffent leur première efficace, mais j'éloignerai l'ufage des fpiritueux, qui font plus propres à racornir des vaiffeaux délicats qu'à les fortifier. Je préférerai l'ufage des corps réfineux ou favoneux, qui font déja des diffolvans plus univerfels, qui femblent avoir plus d'analogie avec les fucs qui doivent s'unir avec la bouillie digérée, & qui font plus propres à faciliter la diffolution des corps gras & falins.

Ce qui me femble fonder ce foupçon, c'eft que le fuc gaftrique s'unit efficacément avec la bile dans l'eftomac de quelques animaux, qui digèrent très-vite, pour opérer leur digeftion; on l'obferve dans les gallinacés, les Corbeaux, les Hérons, il eft vrai que le fuc gaftrique de l'homme n'y paroît point mêlé; mais, connoiffant un diffolvant analogue à ceux que la Nature emploie, ne feroit-ce pas être fourd à l'inftruction de la Nature que de refufer l'effai de ce moyen : on pourroit, par exemple, employer la bile des animaux, foit par extrait, foit autrement;

mais je ne propofe ici que des idées, les Médecins jugeront leur folidité.

Je n'ignore pas que la bile n'eft point anti-feptique, qu'elle ne caille pas le lait comme le fuc gaftrique, mais elle eft d'une nature neutre, & comme il paroît que la partie anti-feptique du fuc gaftrique vient de la partie huileufe & non de la partie faline, il en réfulteroit que la bile unie en petite quantité au fuc gaftrique revêtiroit bientôt fon anti-fepticité, & lui communiqueroit fa force diffolvante qui dépend uniquement de ce qu'elle a de favonneux.

Eh pourquoi n'avaler pas dans ces cas le fuc gaftrique de quelque animal, celui de quelque oifeau de proie ou des Corneilles qu'il eft fi facile de fe procurer, il pourroit donner une nouvelle force à celui qu'il trouveroit dans l'eftomac.

Je ne me diffimule pas la légéreté de ces idées : le fuc gaftrique n'eft pas un fuc fimple, il fe forme par la réunion des fluïdes qui transfudent par les artérioles, de ceux qui fe filtrent dans l'éfophage & qui fortent de la bouche,

de

de forte que le vrai fuc gaftrique eft un mêlange de tous ceux-ci , d'où il réfulte qu'il n'y a que l'état d'une parfaite fanté qui puiffe fournir ce fuc parfait , mais rien n'empêche qu'on n'y puiffe fuppléer par les moyens que j'indique en fuppofant qu'ils aient quelque valeur.

Il paroît au moins affez démontré que les fucs gaftriques de tous les animaux ont affez d'analogie entr'eux , ils font au moins tous anti-feptiques , ils diffolvent tous plus ou moins les alimens communs , à l'exception de ceux des Chouettes & des Ducs, qui n'ont jamais digéré les matières végétales ; ainfi ce remède feroit moins un remède proprement dit , qu'un moyen de plus pour digérer ce qu'on a mangé , & une addition de fucs gaftriques dont la quantité n'eft pas fuffifante dans l'eftomac.

Je croirois de plus que le fuc gaftrique des Corneilles, qu'on peut fe procurer fi facilement par les moyens que M. SPALLANZANI indique, feroit peutêtre celui qui conviendroit le mieux, parce que c'eft celui qui me paroîtroit avoir le plus d'analogie avec le ſuc gaſtrique de l'homme ; les Corneilles ſont omnivores, elles ſe nourriſſent également bien de végétaux & d'animaux, ſoit ſéparément , ſoit enſemble ; cette idée n'eſt plus une chimère qui exiſte ſeulement dans mon cerveau , elle a été réaliſée par un diſciple de M. SPALLANZANI à Pavie, M. MONGIARDINI, a fait avaler avec ſuccès du ſuc gaſtrique de Corneilles à une perſonne qui digéroit mal ; mais il faut pluſieurs expériences répétées pour déterminer les cas & la manière d'adminiſtrer ce remède.

Je ſouhaite fort qu'on n'oublie pas que le ſuc gaſtrique n'eſt pas toujours le même dans le même animal , il varie ſuivant ſon état, ſuivant les ſécrétions qu'il peut s'en faire ; on obſerve au moins que le ſuc gaſtrique d'un malàde ou d'un convaleſcent eſt bien moins énergique que celui d'un homme en ſanté ; d'où il réſulte que comme on ne peut pas arrêter dans l'eſtomac les alimens qu'on y a mis, il faut diminuer la quantité des alimens qu'on prend , afin que le fuc gaftrique ait plus de force pour les diffoudre.

I X.

Le fuc gaftrique des animaux peut être un remède pour diverfes plaies.

On cherche pour la curation ou le foulagement de diverfes plaies des anti-feptiques qu'on puiffe employer fans crainte, c'eft ce qui a fait la célébrité de l'air fixe pour quelques plaies, & qui lui a procuré quelques fuccès pour calmer les douleurs des cancers, arrêter leur progrès, & donner même de plus grandes efpérances ; les fucs gaftriques pourroient prétendre à des avantages bien plus grands, puifque leur anti-fepticité eft bien plus confidérable, & puifqu'ils font d'une nature telle qu'ils ne fauroient caufer la moindre irritation, n'étant ni acide, ni alkali, mais d'une nature neutre, ils ne laiffent au moins fur la langue que l'impreffion d'une légère amertume.

On pourroit tenter ce remède fur les vieilles plaies, fur les ulcères malins, fur les cancers eux-mêmes ; mais on auroit lieu d'efpérer un fuccès plus grand dans les deux premiers cas, parce que le mal à guérir eft local, au lieu que dans le dernier le mal eft dans le fang ; cependant je ne doute pas que dans ce cas encore ce remède n'eût de bons effets pour profcrire la pourriture de la plaie, pour la rendre belle, pour en ôter la mauvaife odeur, & pour en diminuer la douleur.

On imbiberoit des plumaceaux de fucs gaftriques, & on les appliqueroit fur la plaie qu'on voudroit guérir, en ayant foin de la tenir toujours humectée avec ce fuc, ce qu'on feroit fans déranger l'appareil en le mouillant extérieurement.

Je ne puis m'empêcher de voir plus que des probabilités dans ces idées : on fait que les Chiens guériffent leurs plaies en fe léchant, on fait qu'ils en guériffent aux hommes de la même manière, de forte que fi l'on peut conclure analogiquement de l'ufage heureux qu'on fait de la falive dans ce cas à celui qu'on pourroit faire des fucs gaftriques dans les cas dont j'ai parlé, on a quelque efpérance de les employer avec fuccès.

Je crois que l'emploi heureux qu'on fait des excrémens des Vaches, pour foulager les douleurs qui accompagnent les cancers eft dû au refte de fuc gaftrique qui eft paffé avec les alimens, ce qui annonce encore les grands effets qu'on pourroit efpèrer de l'ufage du fuc gaftrique lui-même.

Eh puis quand il s'agit de foulager l'efpèce humaine, de la délivrer de douleurs aiguës, ne doit-on pas tout dire & tout tenter ? J'aurois voulu avoir des moyens pour faire ces expériences, mais j'efpère que des Médecins éclairés faifiront ce nouveau remède, & chercheront à en découvrir les propriétés & à en fixer l'ufage.

Le remède lui-même n'eft pas fi difficile à fe procurer, un Mouton tué à jeun peut en fournir jufqu'à trente-fept onces, & l'on peut en avoir fans tuer les animaux qui le donnent, par les moyens que l'Abbé Spallanzani indique dans l'ouvrage que j'ai traduit.

Enfin , on pourroit diminuer l'action diſſolvante de ce ſuc en l'imprégnant d'une quantité plus ou moins grande d'eau , ou même en employant des ſucs moins énergiques par eux-mêmes ; ainſi, par exemple , le ſuc gaſtrique des oiſeaux à eſtomac muſculeux paroît le plus foible de tous , celui des animaux ruminans a plus de force que celui des oiſeaux gallinacés , mais le ſuc des oiſeaux de proie paroît le plus actif.

X.

Le ſuc gaſtrique eſt un lithon-triptique.

M. l'Abbé Spallanzani m'apprend qu'un de ſes Elèves a découvert que le ſuc gaſtrique étoit lithontriptique , qu'il diſſolvoit le calcul humain ; je le comprends fort bien , il ne diſſout pas la pierre elle – même , mais le ciment animal qui unit les petites pierres, dont la réunion forme le calcul ; j'avoue que l'uſage de ce remède ne ſeroit pas facile , le ſuc gaſtrique de l'eſtomac ne produit pas cet effet , puiſque tant de gens sont sujets à la pierre, & il ne peut le produire puisqu'il n'arrive pas dans les voies urinaires, de sorte qu'on ne pourroit s'en servir qu'en l'injectant dans la vessie ; je crois bien qu'elle n'en seroit pas fatiguée, parce que ce suc étant très-doux n'y causeroit aucune irritation, mais ce remède seroit bien pénible.

X I.

Sur la propriété du suc gastrique pour cailler le lait.

JE voulois parler de la digestion des fluïdes, j'écrivis quelque chose sur ce sujet à M. l'Abbé SPALLANZANI, qui m'apprit qu'il préparoit une dissertation sur cette partie inconnue de l'histoire de la digestion, de même que sur les mauvaises digestions ; dès lors je pris le parti de ne rien dire, & d'attendre impatiemment avec le public le succès de ses expériences & le fruit de ses travaux.

En considérant la digestion sous ce point de vue, je remarquai que les ani-

maux quadrupèdes frugivores se rap-
prochoient des quadrupèdes carnivores dans leur état d'enfance, puisqu'ils se nourrissoient tous également
de lait, & que cette liqueur, quoiqu'ap-
partenant à ces deux classes différentes d'animaux, conservoit cependant
les plus grands rapports. Je me rap-
pellai bientôt que le suc gastrique
avoit la propriété de cailler le lait,
comme M. l'Abbé SPALLANZANI l'a-
voit découvert dans ses expériences,
& que la tunique intérieure de l'estomac ne devoit cette qualité qu'au suc
gastrique dont elle étoit imprégnée. Je
fis part aussi de cette remarque à mon
célèbre ami, & je ne la fis pas inutilement pour le public, puisqu'il me
communiqua les résultats suivans de
ses expériences, avec la permission
d'en faire l'usage que je voudrois.

Il avoit observé 1°. que le lait de
Vache ne se caille pas avec la salive
de l'homme, mais avec le chyme tiré
hors du duodenum d'un Poulet, & même un peu avec ses excrémens ; dans
ces deux cas le lait doit être encore.

caillé par la partie des sucs gastriques qui est mêlée avec les alimens.

2°. Le lait de Vache, avalé par des Corneilles, se caille dans leur estomac, dans leurs intestins grêles & dans ceux qui sont gros, elles le rendent même caillé.

3°. Ayant tué deux Chiens & trois Chats qui têtoient, qu'il avoit fait jeûner pendant un jour, & auxquels il avoit fait boire du lait, quoiqu'ils eussent été tués peu de minutes après ce repas, le lait qu'ils avoient bu étoit déja en partie caillé.

4°. Il trouva même caillé le lait qu'il fit avaler à des Chiens & à des Chats après leur mort, quoiqu'il les ouvrît douze minutes après que le lait eût séjourné dans leur estomac.

5°. Un Pousiin sortant de l'œuf, qui n'avoit pas encore mangé, avoit un estomac qui faisoit déja très-vîte cailler le lait.

6°. L'estomac des oiseaux de proie a la même propriété.

7°. Le suc gastrique surnage le lait qu'il a fait cailler, & ce suc conserve la propriété de le faire cailler tant qu'il en reste une goutte.

Ceci montre 1°. qu'il y a une singulière ressemblance entre les sucs gastriques de divers animaux à cet égard comme à plusieurs autres.

2°. Que le lait, quoiqu'une matière déja animalisée, n'a pas moins besoin d'une préparation particulière des sucs gastriques pour se changer en chyle, & qu'il doit nécessairement subir une métamorphose pour redevenir propre à passer dans notre substance ; cependant, en apparence, rien ne sembloit plus voisin du chyle que le lait ; il est vrai encore, suivant les expériences de M. Cadet sur la bile, que la bile rend au lait caillé son premier état. *V.* Mém. de l'Acad. des Sc. de Paris pour 1767.

3°. Le suc gastrique des jeunes animaux, des animaux naissans, a la même énergie que celui des adultes pour cailler le lait.

4°. Les animaux dans l'enfance paroissent même, toutes autres choses d'ailleurs égales, avoir plus de sucs gastriques que les adultes, aussi ils mangent beaucoup plus & digèrent plus vîte.

5°. Les oiseaux gallinacés, dont l'estomac est musculeux, n'ont point d'enfance pour la nourriture, ils mangent d'abord comme les adultes & digèrent comme eux, leur estomac peut broyer les alimens qu'ils avalent, & les digérer quand ils sont broyés, au lieu que les autres oiseaux reçoivent une pâte déja ramollie ou à demi digérée, & les quadrupèdes avec l'homme se nourrissent alors de lait.

X I I.

Considérations sur l'usage de la bile dans la digestion.

LE mêlange de la bile dans l'estomac avec les sucs gastriques ne se fait pas chez tous les animaux ; il y en a plusieurs, l'homme est de ce nombre, dans l'estomac desquels la bile n'entre point ou rarement, lorsque les cas sont ordinaires : il est donc évident que pour ces animaux la digestion se fait dans l'estomac indépendamment de ce fluïde savoneux.

Mais en même tems on ne peut se dissimuler qu'il y a plusieurs animaux qui digèrent très – vîte , comme les Corbeaux , les Hérons , les oiseaux de proie , les Brochets dans l'estomac desquels la bile se mêle avec assez d'abondance , & où l'on peut facilement la reconnoître mêlée avec le suc gastrique , par la couleur & le goût qu'elle lui donne , sur-tout près du pilore ; les observations exactes de l'Abbé Spallanzani ne laissent aucun doute sur ce fait.

On apprend ainsi que la bile doit être absolument inutile pour réduire les alimens en chyme dans l'estomac des animaux , où elle n'entre pas communément , qu'elle doit être utile sans être nécessaire dans l'estomac des animaux où elle se dégorge en petite quantité par le pilore ; ce qui doit arriver , parce que la vésicule du fiel se vuide dans le duodenum , assez près de l'embouchure du pilore ; cependant , dans ces animaux, elle n'y entre que pour en resortir ; mais il est très - vraisemblable que la bile est nécessaire pour la digestion des animaux, dans l'eſtomac deſquels elle entre habituellement, & où elle doit ſe décharger par une voie naturelle, comme l'Abbé Spallanzani l'a obſervé dans pluſieurs poiſſons & ſurtout dans les Carpes & les Brochets ; auſſi, dans ces animaux, la doſe de la bile qui ſe mêle au ſuc gaſtrique dans l'eſtomac eſt aſſez conſidérable : la Nature indique ainſi clairement ſes vues, & ne laiſſe aucun doute ſur ſes procédés.

Ces faits inſinuent cependant que la bile concourt avec les ſucs gaſtriques pour achever la digeſtion ; peut-être que dans les animaux, où elle ſe verſe en partie dans l'eſtomac, elle commence à y opérer ce qu'elle fait dans d'autres hors de l'eſtomac ; peut-être auſſi elle tempère l'action des ſucs gaſtriques ; peut-être même, comme corps ſavoneux, elle favoriſe le mêlange des graiſſes & des huiles avec la partie aqueuſe, mais peut-être on parviendra mieux à connoître ſes effets ſi l'on fait plus d'attention à ſes qualités.

La bile eſt un vrai ſavon compoſé

d'une graiffe animale, de la bafe alkaline du fel marin, du fel marin lui-même, d'un fel effentiel, de la nature du fucre de lait & d'une terre calcaire, un peu ferrugineufe qui lui donne l'amertume que n'a pas le favon ordinaire, telle eft la defcription folide qu'en fait M. CADET dans les Mémoires de l'Académie des Sciences de Paris pour l'année 1767.

Quel eft l'ufage de la bile ? En faifant attention à quelques faits extérieurs, je vois d'abord qu'elle eft une fecrétion du fang qui a circulé long-tems dans le foie, qu'elle ne fe mêleroit pas impunément dans le fang ; que lorfqu'elle s'y mêle, on porte bientôt fes funeftes couleurs ; il faut donc pour cela qu'elle n'entre pas comme partie compofante du chyle, car elle rentreroit alors dans la circulation du fang dont elle a été exclue. D'un autre côté je vois que le chyme, ou la matière alimentaire, fort grife de l'eftomac, qu'elle blanchit dans le duodenum, où elle fe mêle avec la bile, qu'elle y devient un chyme tout-à-fait doux, tan-

dis que le goût de la bile eſt une amertume horrible, que le chyle ou cette
matière blanchie ſe caille comme le lait,
& par conſéquent que la bile ne ſauroit
y être encore mêlée, d'autant plus que
la bile réſout le lait caillé par les acides,
que ce qui reſte dans le jejunum, après
l'abſorption du chyle, eſt jaune : ces
conſidérations font ſoupçonner que la
bile ne s'unit pas intimément au chyme.

Mais il y a d'autres raiſons qui me
ſemblent propres à confirmer les conſéquences que j'ai tirées de ces faits :
c'eſt premiérement que la bile n'agit
ſur le chyme que dans le duodenum,
de ſorte que le chyme étant abſorbé
dans le jejunum, la bile n'auroit pas le
tems d'opérer une diſſolution, & n'a
que celui de ſe mêler avec la bouillie
alimentaire.

Secondement, les excrémens ne ſont
teints que par le mêlange de la bile, ce
qui prouve qu'elle paſſe avec eux.

Troiſièmement, dans les diarrhées
qui ſuivent les indigeſtions, & en général dans tous les flux de ventre, les
excrémens ont véritablement la couleur

du chyme mêlé avec la bile , & ils ont cette couleur claire , parce que la partie blanche qui fait le chyle y reste unie, d'où il résulte que la bile passe de même avec le chyme , & s'écoule avec lui par l'anus, en restant alors jointe avec le chyle , ou cette matière blanche qui devoit être absorbée par les veines lactées.

La bile est-elle donc inutile ? Au contraire , elle est indispensable , elle fait passer le chyme à l'état de chyle , & l'on se ressent bientôt qu'elle manque ou qu'elle est d'une mauvaise qualité , par l'état du corps qui est mal nourri, mal réparé, lorsque le chyle qui s'échappe n'est pas élaboré comme il devoit l'être ; aussi, M. Tronchin, ce Médecin Philosophe, pleuré par tous ceux qui l'ont connu , comme l'ami des hommes , & le consolateur des malades qu'il ne pouvoit pas guérir, ordonnoit avec succès l'extrait de la bile de Taureau, soit lorsque les acides abondoient dans les premières voies, soit lorsque la bile elle-même étoit altérée.

La bile n'agit pas à la vérité comme diffolvant ,

diſſolvant , mais je crois qu'elle agit comme précipitant, c'eſt-à-dire, qu'elle précipite de la bouillie alimentaire la partie excrémentitielle avec laquelle elle s'unit.

Quand on réfléchit bien à l'état de fluïdité de la bouillie alimentaire & à l'état de ſolidité des excrémens , on ne voit pas comment cette bouillie ſe ſeroit changée en chyle , & auroit fourni la matière des excrémens ſans ce précipité ; pour tirer d'un fluïde un autre fluïde , & y trouver des matières plus ſolides , il faut avoir une cauſe ſuffiſante de ce changement ; il n'y a cependant ici aucun mouvement propre à produire cet effet , le ſeul mouvement qu'éprouvent les inteſtins eſt un mouvement vermiculaire , qui ne peut agir autrement ſur les corps renfermés par eux que pour les obliger à deſcendre , car je n'imagine pas qu'on ſoupçonne que l'attouchement ſeul de l'ouverture des veines lactées détermine préciſément la partie alimentaire , contenue dans tout le chyme , à venir ſe préſenter à ſes ouvertures pour faire le

h

chyme & entrer dans la circulation ,
& je ne vois pas que la bouillie alimentaire puiſſe ſe mêler avec aucun autre
fluïde dans le duodenum qu'avec le ſuc
pancréatique & la bile ; mais comme
j'obſerve que les excrémens ſont teints
avec les couleurs de la bile , comme je
ſais que la quantité qu'il en coule n'eſt
pas immenſe , je trouve très-probable
que la bile ſe mêle avec la bouillie alimentaire pour former le chyle , en ſe
précipitant avec la partie de cette bouillie qui doit former les excrémens , dans
leſquels on ne trouve aucun acide développé , parce qu'ils ont été neutra-
liſés par la bile.

Mais il y a plus , Astruc apprend
que les alimens ſont grumeleux là où
la bile ſe mêle avec eux , & qu'ils ſont
uniformes par-tout où elle n'y eſt
pas unie : Verduc , dans ſon Livre
de l'uſage des parties , dit que ſi l'on
lie le jejunum d'un Chien dans le moment où commence à ſe faire la diſtri-
bution du chyle , & qu'on remette le
boyau à ſa place , le chyle au-deſſous
de la ligature eſt rempli de petits gru-

meaux fans liaifon , & celui qui entre dans le duodenum eft liquide , cependant la bile n'a pu agir que pendant peu de tems fur le chyle ; mais , fuivant la manière dont fe font les précipités , elle a agi affez long-tems pour féparer la partie alimentaire , & la mettre en état d'être afpirée par les bouches des vaiffeaux lactés.

Enfin , il ne faut pas oublier que le chyle eft une nouvelle production , c'eft un fluïde blanc , fon goût eft agréable , il fe caille comme le lait , ce qui n'arrive pas à la bouillie alimentaire , qui n'a ni fon goût ni fa couleur en fortant de l'eftomac , & qui lui reffemble bien moins quand elle eft mêlée avec la bile , d'où il me femble réfulter clairement que le chyle eft une partie féparée de la bouillie alimentaire , & comme cette féparation fe fait dans le tems où la bile fe mêle avec ce qui fort de l'eftomac , & que le chyle ne conferve , au moins en apparence , aucune partie bilieufe , il faut conclure que la bile s'eft précipitée avec tout ce qui ne doit pas compofer le chyle.

h ij

Outre cela , il faut confidérer que le chyle eſt toujours une liqueur à-peu-près la même , quelle que ſoit la nourriture qu'on ait priſe ; la différence qui ſe trouve entre les divers chyles conſiſte ſeulement dans une quantité plus ou moins grande de parties ſalines ou ſpiritueuſes , portées dans la circulation , mais la partie eſſentielle du chyle , celle qui en fait la ſubſtance , c'eſt toujours la partie mucilagineuſe des alimens végétaux & animaux qu'on a pris ; peut - on croire que cette partie ſoit ſi conſtamment extraite , ſans une cauſe conſtamment & ſemblablement agiſſante pour faire cet extrait ? & cet extrait pourroit-il ſe faire auſſi rapidement ſans une cauſe bien énergique ? La bile préſente ce moyen ; auſſi , dès qu'elle eſt viciée , le chyle ne ſe prépare plus convenablement , & le corps qui n'eſt plus ſoutenu tombe dans la plus grande langueur.

Enfin , les expériences de M. Spielman , dans ſa diſſertation ſur la bile , & les miennes , prouvent que la bile ſépare , dans le lait & les émulſions ,

la crême du férum & de la partie ca-
feufe ; au refte, quand je dis que la
bile fépare la crême du lait, je ne
m'exprime pas exactement, & je crois
que M. Spielman n'a pas été plus
exact, car j'ignore fi la partie féparée
du lait par la bile eft la crême, mais
je fais bien qu'il furnage fur le mêlange
une partie blanche qui eft en petite
quantité, tandis que le refte conferve
une couleur jaune, tant foit peu verdâtre.

J'ai mêlé du fuc gaftrique de Mouton avec la bile du même animal, j'eus
un précipité prefque noir, & le mêlange refta olivâtre ; il eft vrai que dans
un flacon femblable où j'avois mis du
fuc gaftrique, j'obfervai auffi un précipité, mais il me parut de la couleur
du mêlange, peut-être un peu plus
jaune, c'étoit les brins de foin qui n'é-
toient pas parfaitement diffous.

Je mêlai de la bile de Mouton avec
une émulfion compofée d'amandes dou-
ces & de fucre, j'eus un précipité blanc
& un mêlange couleur de briques pi-
lées ; cette émulfion mêlée avec le fuc
gaftrique forma un mêlange olive. En

mêlant du lait & de la bile, j'eus un mélange rougeâtre, une partie blanche y furnageoit.

Le lait mêlé avec le fuc gaftrique fe cailla prefque fur le champ, je verfai de la bile fur le lait caillé, il me parut approcher alors de l'état d'un fluïde blanc, il me fembla n'être plus un corps folide, mais un fluïde ; au refte, toute la partie caillée ne fut pas changée de cette manière, il en refta quelques légers grumeaux.

Ces expériences ont été faites dans des flacons qui contenoient trois onçes d'eau, dont je remplis les deux tiers par ces mêlanges, & que je fermai avec des bouchons ufés à l'émeril. Je les plaçai fur un fourneau où ils éprouvoient pendant plufieurs heures une chaleur au moins de vingt degrés. Mais je n'en dis pas davantage ; ces expériences ont été faites fort à la hâte, pendant l'impreffion de ce Livre, elles n'ont point été fuivies & variées, comme j'aurois pu le faire, & je me garderai bien de traiter une matière que M. l'Abbé SPALLANZANI peut feul dévoiler.

Mon suffrage n'ajoutera rien à la confiance qu'on doit à l'Abbé Spallanzani, cependant je dois dire que j'ai vu la mie de pain mâché, digérée dans mes petits flacons par le suc gastrique de Mouton, au bout de quelques jours ; j'ai remarqué de même que le suc gastrique, au bout de quinze jours, n'a donné aucune apparence de putréfation, quoiqu'il fût resté sur mon fourneau, & quoique la bile eût donné des preuves évidentes de fermentation entre le second & le troisième jour.

XIII.

Comment le suc gastrique coule dans l'estomac.

L'Abbé Spallanzani a démontré dans ses recherches une quantité de follicules glanduleux qui tapissent les parois internes de l'estomac, il a fait voir que les extrêmités des artérioles, qui rampent dans cet organe, pouvoient produire le même effet; mais il a montré de plus qu'en étirant la membrane de l'estomac, on déterminoit par cette feule tenfion la fortie du fuc gaftrique hors des follicules glanduleux & des artérioles. Je penfe donc que la tenfion, occafionnée dans l'eftomac par les alimens qui le rempliffent, fait fortir ce fuc dont le befoin eft alors fi preffant ; nous voyons la compreffion des glandes occafionner, dans tous les cas, la fortie du fuc qu'elles ont préparé. La falive fort quand on mange ; on pleure, lorfqu'on baille ou lorfqu'on rit ; enfin, en étirant la tunique de l'eftomac, on fait rendre à fes glandes le fuc qu'elles ont préparé. V. cet ouvrage §. XCIII.

Le fentiment de la faim ne feroit-il pas alors produit par l'action du fuc gaftrique fur les petits organes qui l'élaborent, fentiment dont l'intenfité doit s'accroître avec la durée de l'action de ce fuc dans les glandes qui le préparent ? Cette explication me femble beaucoup plus naturelle que toutes celles qu'on a propofées.

Il feroit poffible même que les alimens agiffent encore fur les parois de l'eftomac comme irritans, & qu'ils déterminaffent les fucs gaftriques à couler , comme les corps falins qu'on met dans la bouche y attirent la falive ; il paroît au moins que des corps peu irritans en apparence , déterminent le vomiffement , tels font les corps pourris , & des dofes bien légères d'émétique ; de forte qu'on auroit ici deux caufes bien fuffifantes de la fortie du fuc gaftrique hors des glandes qui le renferment.

Il en réfulteroit que l'atonie des petits vaiffeaux doit être une fource fréquente des maux d'eftomac , & qu'il faut éviter foigneufement l'ufage trop fréquent des alimens trop relâchans ou trop ftimulans , qui pourroient occafionner cet état de foibleffe.

Si l'on mange trop , & que l'eftomac foit trop tendu , il eft clair encore que les petits vaiffeaux , les follicules glanduleux , par cette tenfion exceffive , doivent être dérangés dans leur excrétion , ce qui caufera néceffairement une indigeftion , parce qu'il n'y aura pas fuffifamment de fuc gaftrique pour diffoudre ce qu'on lui préfente , & parce que tout le fuc gaftrique qui pourroit fortir d'abord , eft retenu dans les organes où il fe filtre.

X I V.

Expériences de M. Gosse sur la digestion.

Les expériences de L'Abbé Spallanzani sur la digestion des animaux portoient la lumière sur cette fonction de l'économie animale , & ne laissoient rien à desirer , dans ces recherches , pour ce qui regarde la digestion des alimens solides. Les expériences que ce grand Naturaliste a eu le courage de faire sur lui-même complétoient ce qu'on pouvoit attendre de lui , mais elles ne répondoient pas à tout ce qu'on pouvoit demander. Qu'arrive-t-il aux alimens contenus dans l'estomac pendant qu'ils y sont ? Quand commence la digestion ? Quand se fait-elle ? Quels sont les alimens qui se digèrent le plus promtement ? voilà des questions que les tubes avalés , & rendus par l'anus , ne pouvoient résoudre. Il falloit pouvoir vomir à volonté, il falloit pouvoir vomir sans nuire à son estomac , pour éclairer ce sujet important , & c'est ce qu'a pu exécuter M. Gosse; ſes expériences ſont faites avec toute l'attention poſſible ; comme il étoit ſans ſyſtême , & qu'il ne connoiſſoit point les expériences de l'Abbé Spallanzani , il n'a vu que des faits , mais il les a vu avec les yeux d'un Naturaliſte ſavant & exercé, d'un Chy-miſte éclairé , & ſur-tout d'un Philo-ſophe qui préfère la vérité à tout. S'il avoit eu plus de tems , il auroit tourné ſes recherches au profit de la ſcience , il les avoit ſeulement deſtinées à la con-ſervation de ſa ſanté.

Quand je connus les ſingulières ex-périences de M. Gosse , je le priai de me permettre d'en faire uſage, afin que chacun pût en retirer le fruit qu'il en eſpéroit pour lui-même; ſes expériences ſont uniques, & elles le ſeront peut-être long-tems , quoiqu'il m'ait expliqué la manière de les répéter ; elles ſont extrê-mement curieuſes , parce qu'elles for-ment une nouvelle démonſtration des découvertes de l'Abbé Spallanzani, & elles deviennent infiniment impor-tantes par les détails qu'elles fourniſſent ſur la digeſtibilité des alimens qui ſervent à notre nourriture, & qui doivent concourir à l'affermissement de notre santé.

M. Gosse n'a joint aucune remarque au récit des expériences nombreuses qu'il m'a remis, celles qui y seront jointes seront le résultat des réflexions qu'elles m'auront fait faire.

X V.

Observations sur la déglutition de l'air atmosphérique.

M. Gosse avoit acquis dans son enfance la faculté d'avaler de l'air, un jour se sentant l'estomac mal à l'aise, ayant des rapports acides, il pensa à avaler de l'air, cet air le fit vomir & & lui rendit son bien être ; il s'est toujours servi de ce moyen dans ses indigestions, l'air est pour lui un émétique sûr, qui fait son effet sans lui causer ni dégoût ni fatigue, & qui lui fournit les moyens de laver son estomac par l'eau qu'il avale, comme s'il l'avoit dans ses mains.

Cet usage précieux de l'air ne fut

pas le seul qu'il en retira, son goût pour les sciences lui fit employer ce moyen pour peser à la balance de l'expérience, les différens systêmes qu'on avoit fait sur la digestion, il commença ses recherches en 1760.

Pour avaler l'air, il arrête sa respiration, ferme la bouche, comprime l'air contre son palais avec la langue, ensuite, comme s'il avaloit un autre corps, il force cet air à descendre par l'action des muscles du pharinx sur lui. Le passage des gorgées d'air devient sensible par le volume qu'il occupe, & le bruit qu'il fait dans son passage.

C'est par ce moyen bien simple en apparence, mais qui n'est pas si facile à exécuter qu'on pourroit le croire, que M. GOSSE parvient à vomir quand il veut, & il juge que l'air, par l'augmentation de son volume dans l'estomac, produit cet effet, parce que plus l'air atmosphérique a une température froide & plus il est forcé de diminuer le nombre des gorgées d'air qu'il doit avaler pour vomir; chacune de ces gorgées peut contenir un pouce cubique d'air.

Deux gorgées d'air, à la tempéra-ture de quatre à cinq degrés au-deſſus de zéro, avalées dans un moment où l'eſtomac étoit vuide, cauſèrent à M. Gosse une diſtenſion douloureuſe, dont il ne ſe guérit que par l'évacua-tion de cet air dilaté & la déglutition de quelques alimens.

Lorſque M. Gosse veut vomir plu-ſieurs fois de ſuite, il eſt obligé d'ava-ler de l'air chaque fois juſqu'à-ce qu'il ne ſorte plus que l'air lui-même.

Voici un émétique d'un genre nou-veau, & d'un caractère tout-à-fait doux, les eſtomacs les plus foibles le ſuppor-teroient ſans peine, & les plus forts pourroient le répéter très-ſouvent ſans en être incommodés ; mais il faudroit apprendre aux malades à s'en ſervir, à moins qu'on ne trouve des moyens pour le leur adminiſtrer.

XVI.

Expériences générales sur la digestion.

1°. M. GOSSE étoit en parfaite santé, il dîna avec un potage composé de bouillon de bœuf dégraissé & salé, de pain ordinaire de Paris, d'herbes hâchées, entre lesquelles étoient le Cerfeuil, la Bourache & la Ciboule. Le bouilli étoit du bœuf sans graisse, assaisonné avec un peu de sel marin ; le légume consistoit en Epinards cuits au bouillon. Le pain étoit celui du potage fait depuis un jour, & vraisemblablement préparé avec la levure de bierre. Le vin étoit celui d'Orléans rouge, au bout d'une demi-heure après son dîner il fit entrer quelques gorgées d'air dans son estomac ; il vomit, & les alimens qui avoient subi une bonne mastication n'avoient presque pas éprouvé de changement, ils avoient conservé leur saveur, il en obtint à-peu-près le meme poids, & il n'y eut qu'une très-petite quantité de suc gastrique mêlée avec eux.

2°. En avalant le même nombre de gorgées d'air une heure après un repas femblable, M. Gosse trouva les alimens réduits en bouillie, le fuc gaftrique étoit étroitement mêlé avec eux en grande abondance; ils avoient très-peu changé pour leur faveur, le goût du vin étoit feulement très-fenfiblement adouci, & le poids des alimens étoit augmenté par l'addition du fuc gaftrique, mais malgré le féjour des alimens pendant une heure dans l'eftomac, il ne trouva pas qu'ils euffent fubi aucune apparence de fermentation.

3°. Il répéta cette expérience deux heures après un repas femblable; il obferva les alimens qu'il avoit pris dans le même état que dans l'expérience précédente, ils étoient réduits en bouillie fans avoir beaucoup changé de faveur, fans paroître avoir éprouvé aucune efpèce de fermentation; mais il ne put faire fortir de fon l'eftomac que la moitié des alimens qu'il avoit pris.

XVII.

XVII.

Conséquences de ces expériences.

QUAND on confulte la Nature, & qu'on ne veut voir qu'elle on la rencontre toujours ; ces expériences font parfaitement confonnantes avec celles de l'Abbé SPALLANZANI. On y voit clairement que les alimens ne peuvent fe diffoudre que lorfqu'ils font baignés de fucs gaftriques ; que quand ces fucs peuvent agir, ils agiffent avec une grande célérité, puifqu'au bout d'une heure & demie, les alimens font réduits en bouillie, qu'ils ne font pas dénaturés, mais feulement rendus fluïdes ; que quand la digeftion fe fait bien, ils ne donnent aucune apparence d'acidité & d'alkalinité ; qu'ils n'éprouvent aucune fermentation ; que la digeftion n'eft abfolument finie que dans l'efpace de deux ou trois heures.

On voit bien que nos deux obfervateurs ont lu le même livre, & qu'ils y ont lu les mêmes chofes, avec cette différence que l'Abbé SPALLANZANI a établi ces vérités & plufieurs autres de toutes les façons poſſibles, & ſans laiſſer le plus léger ſcrupule ſur la ſolidité de ſes concluſions dans tout le règne animal, & que M. Gosse a bien vu les phénomènes qui ſe paſſoient dans ſon eſtomac.

Les expériences de M. Gosse confirment une conjecture que j'avois formée ſur les moyens qui faiſoient ſortir le ſuc gaſtrique hors des glandules où il ſe forme ; j'avois ſoupçonné que le poids des alimens en étirant la membrane interne de l'eſtomac forçoit ce ſuc à ſortir, comme lorſqu'on étire cette membrane avec les mains quand l'animal eſt mort, & effectivement dans la première demi-heure, les alimens changent à peine de poids ; il faut que cette tenſion ſe prolonge encore quelque tems pour produire cet effet par l'addition du ſuc gaſtrique ; mais il y a plus, le lait que M. Gosse boit ne ſe caille qu'au bout d'une demi-heure ; il faut, ſans doute, qu'il ne ſe trouve point d'abord de ſuc gaſtrique dans ſon eſtomac, & que le ſéjour des alimens pendant cet eſpace de tems ſoit néceſſaire pour le faire couler.

XVIII.

Expériences faites pour connoître le degré de digeſtibilité de différentes eſpèces d'alimens.

M. GOSSE, après avoir obſervé ce qui ſe paſſoit dans les digeſtions or‑ dinaires de ſon eſtomac, fut curieux de connoître par le vomiſſement le degré de digeſtibilité des différens alimens, dont il pouvoit ſe nourrir, afin de choi‑ ſir ceux qui lui conviendroient le mieux. L'entrepriſe étoit vaſte, il l'a remplie à bien des égards. Voici le réſultat de ſes expériences qu'il diviſe en trois claſſes.

La première renferme tous les ali‑ mens qui lui ont paru indigeſtes.

La ſeconde contient les alimens qu'il digère en partie.

La troiſième offre le catalogue des alimens d'une digeſtion facile. Il ſub‑ diviſe chacune de ces claſſes en ali‑ mens tirés du règne animal & du règne végétal.

1°. Substances indigestes, ou qui n'ont pu être digérées dans le tems ordinaire.

Subſtances animales.

1°. Les parties tendineuſes aponeurotiques de *Bœuf*, de *Veau*, de *porc*, de *volailles*, de *raie*.

2°. Les os.

3°. Les ſubſtances graiſſeuſes & huileuſes de ces animaux.

4°. Le blanc d'œuf durci par la chaleur.

Subſtances végétales.

5°. Les *Champignons*, les *Morilles*, les *Truffes*.

6°. Les ſemences huileuſes ou émulſives, telles que les *noix*, les *amandes*, les *noiſettes*, les *pignons*, les *piſtaches*, les pepins de *raiſins*, de *pommes*, de *poires*, d'*oranges*, de *citron*, de *groſeilles*, de *citron*, les *olives*, le *cacao*.

7°. Les huiles graſſes extraites des *noix*, des *amandes*, des *noiſettes*, des *olives*.

8°. Les *raiſins* ſecs bien mâchés, ſont reſtés intacts dans l'eſtomac au bout de deux jours.

9°. Les raffles de raiſin dans leur état de fraîcheur.

10°. L'enveloppe des ſubſtances farineuſes, celle des *pois*, des *fêves*, des *lentilles*, du *bled*, de l'*orge*.

11°. Les gouſſes des *pois*, des *Haricots*.

12°. L'écorce ou peau des fruits à noyaux, comme des *ceriſes*, *abricots*, *prunes*, *pêches*, *pruneaux*.

13°. L'écorce ou peau des fruits à pepins & à baies, tels que des *pommes*, *poires*, *groſeilles*, *oranges*, *citrons*; l'orangeat & le citronat, malgré leur préparation, ſont très-difficiles à digérer.

14°. Les loges intérieures des fruits à pepins, *pommes*, *poires*.

15°. Les ſemences ligneuſes, comme celles des *prunes* & des *ceriſes*.

Il faut obſerver que ces ſemences, comme les ſemences émulſives, ne perdent pas leur faculté végétante par leur ſéjour dans l'eſtomac, & il y en a même quelques-unes dont la germination est ainsi accélérée ; que de plantes croissent quand on a répandu les fumiers ! La douce amère , le gui , le chenevis qu'on trouve sur les arbres , font produits par les excrémens des oiseaux.

Ces substances indigestes font nécessairement peu alimentaires.

II. Substances moins indigestes dont M. Gosse a digéré une partie.

Substances animales.

1°. La chair de Porc & toutes ses préparations.

2°. Le sang cuit.

3°. Les *jaunes d'œufs* durcis.

4°. Les *omelettes aux œufs* ; les *œufs au miroir* ont presque toujours pris un caractère alkalin & une saveur de foie de soufre , produite par l'alkali fixe contenu dans le blanc d'œuf & le soufre trouvé dans le jaune par M. Deyeux.

5°. Les *omelettes au lard* se font digérées très-difficilement ; la graisse du lard a empêché l'alkalinité des œufs , mais l'acidité l'a remplacée souvent.

Subſtances végétales.

6°. Les herbes crues dans la ſalade, *laitue*, *dent-de-lion*, *creſſon de fon-taine*, *chicorées* : l'amertume de quel-ques-unes paroiſſoit faciliter leur di-geſtion.

Le mêlange d'huile & de vinaigre qu'on met aux ſalades ralentiroit ſa di-geſtion, ſi l'on n'y mettoit du ſel & du poivre qui en balancent l'effet.

L'uſage des végétaux cruds ne put pas durer long-tems par les rapports acides qu'il produiſoit.

7°. Les *choux blancs* paroiſſent plus indigeſtes que les *choux rouges*, & les groſſes nervures plus que les parties parenchymateuſes.

8°. Les *bettes*, *poirées*, *cardes* ou *cardons*.

9°. Les *oignons* cuits & cruds, les *poireaux*.

10°. Les racines du *raifort*.

Les carottes rouges & jaunes, la chicorée ſont plus indigeſtes en ſalade.

11°. La pulpe des fruits à pepins qui ne ſont pas fondans.

12°. Le pain chaud a causé de fortes indigestions acides.

13°. Les *figues* fraîches & sèches.

14°. Les pâtisseries lui font éprouver une acidité insupportable.

15°. Toutes ces substances perdent de leur digestibilité quand elles sont frites dans le beurre ou dans l'huile.

Mais si ces alimens ne se dissolvent pas parfaitement dans l'estomac, M. Gosse a observé qu'ils finissoient de se dissoudre dans leur passage au travers des intestins, soit par l'action continuée des sucs gastriques, soit par leur mélange avec la bile, le suc pancréatique & les autres fluides qu'ils y trouvent.

III. Substances faciles a digérer, qui ont été réduites en bouillie dans l'estomac, au bout d'une heure ou d'une heure & demi.

Substances animales.

1°. La chair de Veau, de Poulain, de jeune Mouton se digère plus facilement que celle de ces animaux plus âgés. Toutes les volailles & fur-tout les jeunes.

2°. Les *œufs de Poule* nouvellement pondus, cuits à la coque.

3°. Le *lait de Vache.*

4°. La *Perche* cuite à l'eau, légére- ment falée avec du perfil ; quand elle eft frite, elle fe digère moins bien ; de même lorfqu'elle eft accommodée à l'huile, au vin ou à la fauce blanche.

Subftances végétales.

5°. Les *légumes*, tels que l'*épinard* ; fon mêlange avec l'ofeille en diminue la digeftibilité.

Le *céleri* ; fes côtes font un peu in- digeftes.

Les bourgeons d'*afperges*, d'*hou- blon*, de l'*ornithogale des Pyrénées*, connu fous le nom *de houblon* de mon- tagne.

6°. Les culs ou placenta d'artichauts.

7°. La pulpe cuite des fruits à pepins & à noyaux, leur affaifonnement avec le fucre & la canelle en augmente la digeftibilité.

8°. La pulpe ou farine des femences

farineufes, de gros bled, d'orge, de ris, de maïs, de pois, de fèves, de chataignes, &c.

Les chataignes cuites à l'eau & riffo-lées font plus indigeftes.

9°. Les divers pains de farine de froment fans beurre, mangés un jour après leur cuiffon.

La *croute* n'a pas paru plus digefti-ble que la *mie*.

Le pain falé de Genève fe digère mieux que celui de Paris qui eft fans fel.

Le pain de farine de feigle & de bled noir fe digère moins bien, de même que le pain bis, en raifon de la quantité de fon qui y refte.

10°. Les raves, navets, pommes de terre, falfifis d'une bonne qualité, & qui ne font pas vieux.

11°. La gomme arabique, mais fon acidité fe manifefte bientôt : les Ara-bes qui s'en nourriffent en préviennent peut-être les effets par quelques moyens.

Subſtances éprouvées par M. GOSSE qui ont facilité la digeſtion.

1°. Le *ſel marin.*

2°. Les épices, tels que *poivre, canelle, muſcade, cloux de girofle.*

3°. La *moutarde*, le *meredit* ou *raifort* ſauvage, *cochlearia armoracia* Lin. le *raifort, raphanus ſativus.*

4°. Les *capres.*

5°. Le *vin*, les *liqueurs* en petites doſes.

6°. Les *fromages*, ſur-tout le vieux.

7°. Le *ſucre.*

8°. Les différens amers, comme le cachou.

Subſtances qui ont ralenti la digeſtion.

1°. L'*eau*, ſur-tout la chaude priſe en grandes doſes; les alimens paſſent dans les inteſtins ſans avoir ſubi la diſſolution qui leur eſt néceſſaire.

2°. Tous les *acides.*

3°. Tous les *aſtringens*, un denier de *kina-kina*, pris demi-heure après le repas, arrêta la digeſtion.

4°. Tous les *corps gras.*

5°. Une forte décoction de *douce-amère*, prise dans une journée, l'empêcha de digérer les alimens les plus digestibles, ils s'aigrirent.

6°. Un grain de *kermès*, pris après le repas, produisit le même effet.

7°. Un grain de *sublimé corrosif* arrêta aussi la digestion.

Enfin, M. Gosse a remarqué que l'occupation, après le repas, suspendoit la digestion ou la ralentissoit, de même que la flexion de la poitrine sur une table ; & il a observé que le repos de l'esprit, laposition verticale du corps, & même l'exercice léger après le repas, favorisoient la digestion.

X I X.

Utilité de ces observations.

Ces observations qui sont uniques, & qui le seront sûrement long – tems, offrent aux malades & aux Médecins des connoissances précieuses sur les alimens les plus convenables , & sur la manière la plus salubre de les assaisonner pour en faciliter la digestion ; il feroit à fouhaiter qu'on pût les combiner deux à deux, trois à trois, &c. pour juger mieux leur action réciproque, mais je ne le confeillerai pas à l'Auteur des obfervations que je viens de rapporter, il vaudroit mieux que quelqu'un pût partager avec lui les dangers & la peine de ces expériences, & qu'il reprit le travail là où M. GOSSE l'a laiffé.

Ces expériences détruifent tout-à-fait celles de M. REUSS, publiées dans une differtation latine de Médecine, imprimée à Edimbourg en 1768, puifqu'une foule de ces expériences n'ont jamais fait obferver à M. GOSSE la moindre acidité dans ce qu'il vomiffoit lorfque la digeftion étoit bien faite; cependant l'amour de la vérité veut que je les rapporte.

M. REUSS, avant de manger, avoit pris cinq grains d'alkali pour neutralifer l'acide s'il y en avoit dans l'eftomac: il mangea du bœuf, des pois, du pain, de la biere. Trois heures après il vomit, par le moyen de deux grains d'émétique; la partie vomie avoit un goût acide, & rougit une infufion de campanules à feuilles rondes.

Un repas de veau, de pois & de pain avec de l'eau produiſit le même effet ; le pain n'avoit pas le goût acide.

Un repas de poule, de choux, de pain ſans levain produiſit les mêmes effets.

La ſalive mêlée avec la chair de mouton, du pain, à la doſe d'une dragme de chacun ſur une demi once de ſalive, placés ſur un bain de ſable avec un vaiſſeau contenant les mêmes alimens & de l'eau ; au bout de cinq heures, le mélange avec la ſalive fermenta ; au bout de ſept heures, il donnoit des ſignes d'acidité ; au bout de douze heures, une odeur de pourriture : dans l'eau il n'y eut aucun changement qu'au bout de vingt heures.

Mais il faut obſerver qu'au bout de trois heures il devoit reſter peu d'alimens dans l'eſtomac, & que le tartre émétique teint en rouge la teinture de tourneſol, de ſorte que les belles expériences de M. l'Abbé SPALLANZANI ſur le caractère neutre du ſuc gaſtrique ſont à l'abri de toute eſpèce d'objection.

X X.

Cauſe finale.

PLATON, GALIEN, NEWTON, BOY-
LE, LEIBNITZ, WOLF, ces hommes
célèbres dont le génie ſupérieur éclai-
rera tous les ſiècles , à qui l'étendue de
leurs connoiſſances permettoit de s'arrêter utilement ſur tant d'objets importans , trouvoient leur plaiſir à s'occuper
de la Divinité dans leurs profondes
méditations , cherchoient avec délices
le nom de l'Eternel empreint ſur chaque partie de l'Univers , & aimoient
démontrer ainſi ſon exiſtence aux ſa-
ges ; ce n'eſt pas pour imiter ces hommes extraordinaires que je m'occupe
du Créateur du monde , mes efforts
ſeroient inutiles & n'annonceroient
qu'une ſtérile audace ; mais c'eſt pour
faire plaiſir à mon cœur que je cherche
mon Dieu, c'eſt pour me ſoutenir dans
mes travaux que je marque les endroits
où j'ai cru voir ſur-tout briller ſa ſageſſe
& ſa bonté.

J'ai obſervé d'abord dans les expé-

riences de l'Abbé Spallazani , que
la Divine Providence agit toujours fur
le même plan ; elle veut faire paſſer
dans la ſubſtance des animaux les alimens qu'ils mangent : dans les cieux, ſur
la terre , ſous la terre , dans les eaux,
tous les animaux diſſolvent par le
moyen d'un ſuc gaſtrique plus ou moins
actif l'aliment qui doit conſerver leur
vie.

Mais comment eſt-il poſſible d'opérer la digeſtion des alimens par le même moyen , dans des êtres auſſi différens , qui ſe nourriſſent avec des corps
auſſi peu ſemblables en apparence.
Quoi ! l'oiſeau qui avale les grains d'une
ſemence dure , le Bœuf qui remplit un
large eſtomac du foin qu'il broute ;
l'Aigle qui dévore les animaux , la
Couleuvre , le Brochet qui les en-
gloutiſſent , tous ces êtres digéreroient-
ils de la même façon ?

Ne nous en laiſſons point impoſer
par la forme extérieure des animaux ;
approchons - nous d'eux avec l'Abbé
Spallanzani , &, avec un peu d'attention , nous verrons ſubſiſter cette unité

de

de plan au milieu des différences apparentes qui frappent nos regards.

Les animaux ruminans, qui manquent d'inftrument pour une maftication promte & convenable, peuvent rappeller dans leur bouche les alimens qu'ils ont avalés; ils font ramollis dans leur premier eftomac, & ils peuvent les mâcher de nouveau avec plus d'aifance, jufqu'à ce qu'ils foient affez divifés pour être attaqués dans tous les côtés poffibles par le fuc gaftrique qui peut feulement alors les diffoudre.

Les oifeaux gallinacés ramolliffent auffi dans leur géfier humide ces grains fecs & durs qu'ils avalent; quand ils font dans cet état, ils defcendent dans l'eftomac, où ils font réduits en une pâte extrêmement fine, menuifés en morceaux extrêmement menus par l'action des mufcles robuftes de leurs eftomacs, & c'eft alors que leurs fucs gaftriques peuvent les diffoudre entiérement.

Les oifeaux de proie, les animaux à eftomacs membraneux, fuppléent par l'énergie de leurs fucs gaftriques, à l'action des dents qui leur manquent, & les Corneilles, qui ont un eftomac moyen, brifent avec leurs pieds & leurs becs les graines dont elles veulent fe nourrir.

Les animaux qui ont des dents remplacent par la maftication l'action des eftomacs mufculeux, & fuppléent à la rumination. La Providence, toujours femblable à elle-même, fait toujours tout ce qui convenoit le mieux, de la manière unique, qui pouvoit le mieux harmonifer avec fon plan; & tout nous répéte encore cette Devife fublime de l'Univers, & *Dieu vit que ce qu'il avoit fait étoit bon* (1).

L'énergie des fucs gaftriques eft proportionnelle à leur ufage; ainfi plus les animaux ont de moyens pour me-nuifer leurs alimens, moins leurs fucs gaftriques ont d'activité, & réciproquement les oifeaux gallinacés, les animaux ruminans, qui peuvent réduire en poudre les alimens dont ils fe nour-

____

(1) *Gen. ch. I. ℣. 31.*

riffent, ont auffi le fuc gaftrique qui a
le moins de force, tandis que les oifeaux de proie, qui avalent par lam-
beaux la chair qu'ils déchirent, ont le
fuc gaftrique qui a le plus de force pour
diffoudre promtement ce qu'ils ont
dans l'eftomac. De même, car les rè-
gles de la Nature ne fouffrent guère
d'exceptions, les animaux qui ne peuvent pas vomir les corps qui font naturellement difficiles à digérer, & qui
ne pourroient pas s'en débarraffer par
l'anus, ont plus d'énergie dans leurs fucs
gaftriques pour les digérer ; les Corneilles qui vomiffent les os, les digèrent moins bien que les Hérons qui ne
vomiffent jamais.

Qu'on ne s'étonne plus fi le fuc gaftrique a les mêmes propriétés dans
tous les animaux, & fi elles ne diffèrent que par leur énergie, il devoit
produire les mêmes effets, animalifer
& revivifier la même matière morte ;
& comme la nourriture de tous les animaux fe reffemble beaucoup, il devoit
y avoir la même reffemblance dans les
fucs qui devoient l'élaborer.

k ij

Enfin, le fuc gaftrique devoit fur-tout avoir une affinité décidée avec la matière nourricière des alimens, avec leur partie mucilagineufe, & cette partie eft précifément la même dans les deux règnes, qui fourniffent la nourriture des animaux.

Ce feroit un beau préfent à faire à la Chymie, que le diffolvant univerfel de toutes les matières végétales & ani-males : on le trouve dans le fuc gaftri-que, & nous ne favons point encore ce qu'il pourra faire fur les corps du règne minéral ; mais ce qui eft bien étonnant, c'eft qu'un menftrue auffi puiffant foit d'un caractère neutre, qu'il ait un extérieur auffi doux, qu'il féjourne impunément dans des vaif-feaux auffi délicats, faits avec des ma-tières qu'il peut diffoudre.

Mais ce diffolvant a une propriété bien importante & bien fingulière, il eft un des plus puiffans anti-feptiques que l'on connoiffe ; ce n'étoit pas fans deffein : les alimens, dans l'eftomac, le chyle, dans la circulation, rifqueroient de fermenter, fi cette fermentation n'étoit suspendue par l'action des sucs gastriques. Que deviendroient les animaux qui se nourrissent de corps pourrissans, les animaux à sang froid qui ne digèrent leurs alimens qu'au bout de plusieurs jours? que deviendroient tant d'hommes qui mangent par goût ou par force des animaux qui commencent à se putréfier, si le suc gastrique n'arrêtoit pas les progrès de cette putréfaction? Mais j'en ai dit assez pour engager ceux qui me liront à s'écrier avec reconnoissance pour le plus sage & le meilleur des Etres : Le tout est bien, & le tout est l'ouvrage du seul Bon !

ERRATA.

Page LXIII , *ligne* 17 , il fe réfervera toujours ; *lifez* il ne profcrira pas toujours.

Page 5 , *ligne* 25 , non affez éloignés ; *lifez* affez éloignés.

Page 16 , *ligne première* , qui me mit ; *lifez* qu'il me mit.

Page 23 , *ligne* 5 , mais n'ayant ; *lifez* n'ayant.

Page 176 , *lig.* 5 , que je trouvois ; *lifez* que je trouois.

Page 198 , *ligne* 18 , grefque ; *lifez* prefque.

Page 217 , *ligne* 18 , fermée ; *lifez* formée.

Page 256 , *ligne* 33 , chairs ; *lifez* chocs.

Page 260 , *ligne* 13 , digérèrent ; *lifez* digéroient.

Page 298 , *ligne* 25 , fubits ; *lifez* fubis.

EXPÉRIENCES

EXPÉRIENCES

SUR

LA DIGESTION

DE

DIFFÉRENTES ESPECES

D'ANIMAUX.

INTRODUCTION.

Dans mes Leçons publiques de l'année 1777, je répétois les fameuses expériences de l'Académie *del Cimento* sur la force étonnante que doit exercer le ventricule des Poules & des Oies, pour réduire en poudre, en peu d'heures, de petites boules de verre. Je m'affurai de la vérité de ces expériences, & je réfolus de les étendre à d'autres oifeaux, qui ont un eftomac appelé *mufculeux*, comme les Poules & les Canards. Tels furent les élémens d'un travail auquel je n'aurois pas penfé, mais

qui s'eſt accru avec la curioſité produite par le
deſir de pénétrer un ſujet auſſi beau & auſſi
utile que celui qui traite de la Digeſtion : c'eſt
pour cela que je m'occupe encore de la Digeſtion dans les animaux d'un eſtomac appelé
moyen, & de celle qui s'opère dans les animaux
dont l'eſtomac eſt *membraneux*. J'eus ainſi le
plaiſir de voir mes recherches renfermer les
claſſes les plus capitales du Régne animal, &
je ne négligeai point de porter mes regards
ſur l'homme lui-même, qui eſt l'être le plus
noble & le plus important.

Je ne pouvois entrer dans cet examen, ſans
diſcuter les plus fameux ſyſtêmes de la Digeſtion ; il me fallut rechercher ſi elle s'opéroit par la trituration, ou par des liqueurs diſ-
ſolvantes, ou par la fermentation, ou par un
principe de putréfaction, ou enfin ſi elle étoit
l'effet de toutes ces cauſes réunies, comme
BOERHAAVE l'avoit penſé : je repris donc cette
matière, traitée depuis ſi long-tems & ſi profondément par de ſi grands Phyſiciens ; mais
comme elle ne me parut pas ſuffiſamment éclair-
cie, & que les divers Auteurs avoient préféré
de fonder une théorie à faire des expériences,
je réſolus de ſuivre cette dernière route, qui
peut ſeule conduire à la vérité. Ai-je rempli
ce but ? La lecture de cet ouvrage pourra en
inſtruire le Philoſophe impartial qui voudra la
faire.

DISSERTATION PREMIERE.

De la Digeſtion des Animaux à ventricule muſ-
culeux. *Nos Poules, les Poules d'Inde, les
Canards, les Oies, les Pigeons ramiers & les
Pigeons.*

I.

QUOIQU'IL n'y ait peut - être aucun animal
dont l'eſtomac n'ait ſes muſcles, il y en a cependant une claſſe appelée avec raiſon par les
Phyſiologiſtes à *eſtomac muſculeux*, parce que
ce viſcère des animaux qui la forment eſt ſur-
tout fourni de muſcles très-gros & très - forts;
teis ſont les Poules, les Canards, les Pigeons,
les Oies, les Perdrix & d'autres ſemblables.
La force de ces muſcles a fait penſer à pluſieurs que la digeſtion ſe faiſoit dans ces oiſeaux
par le moyen des muſcles de leur ventricule, dont les chocs rompoient, menuiſoient,
& réduiſoient en une bouillie, ou en un chyle
imparfait, les corps qui y étoient renfermés.
On a généraliſé cette idée, on l'a étendue aux
autres animaux, ſans en excepter l'homme lui-
même; on a prétendu que la digeſtion des
alimens étoit produite par l'action des muſcles
de l'eſtomac ſur eux, ou par la *trituration*,
comme on l'a déſigné.

I I.

IL n'eſt pas difficile d'imaginer un moyen
pour obſerver le briſement & la diſſolution des

alimens, qui eſt l'effet de l'action muſculaire dans le ventricule des animaux qui ont un eſtomac muſculeux. De Reaumur l'avoit trouvé, & s'en étoit heureuſement ſervi, comme il l'apprend dans deux Mémoires très-bien faits ſur ce ſujet, & dont je me ſervirai pluſieurs fois utilement. On voit dans le premier de ces Mémoires, publié parmi ceux de l'Académie des Sciences de Paris pour l'année 1752, qu'il faiſoit avaler, par pluſieurs animaux qui avoient un eſtomac muſculeux, quelques tubes de métal ouverts dans les deux extrêmités, & remplis avec les alimens qui ſervent de nourriture à ces animaux; de ſorte qu'ils contenoient des graines céréales, quand il faiſoit ſes expériences ſur les oiſeaux de l'eſpèce des gallinacées. Il falloit alors, ou que ces grains, après être reſtés pendant un tems donné dans leur eſtomac, fuſſent décompoſés & menuiſés; ce qui ne pouvoit être occaſionné que par un fluïde diſſolvant, agiſſant ſur eux dans ces tubes, car les parois des tubes métalliques étoient un obſtacle inſurmontable à l'action des muſcles gaſtriques; ou bien ces grains devoient ſe conſerver ſains & entiers, & alors il étoit clair que la diſſolution des alimens dans ces animaux n'étoit pas l'effet d'un diſſolvant, mais de l'action des muſcles de l'eſtomac. Cet habile Naturaliſte ayant fait avaler pluſieurs tubes de métal, ouverts par les deux bouts & remplis d'orge, à nos Poules, à des Poules d'Inde & à des Canards, & les ayant tué quelques heures après, il trouva les grains d'orge parfaitement entiers dans les tubes qu'il retira de l'eſtomac de ces oiſeaux, d'où il conclut que le broyement des alimens dans les animaux gallinacées n'eſt pas produit par un diſſolvant, mais par l'action des muſcles de l'eſtomac.

I I I.

QUOIQUE l'expérience des grains d'orge reſtés intacts dans les tubes, ſoit aſſez propre à favoriſer l'opinion de la trituration, il me ſemble cependant qu'elle lui auroit été plus favorable, ſi elle avoit réuſſi conſtamment de la même manière avec les autres oiſeaux gallinacés, & ſi elle avoit été faite avec les autres graines dont ces animaux ſe nourriſſent, comme le froment, le bled de Turquie, la veſce, les pois, les haricots, &c. J'ai fait ces expériences de cette manière : je rempliſſois avec ces graines des tubes de huit lignes de longueur & de quatre lignes de diamètre, & je faiſois entrer dans chacun un nombre de grains proportionné à leur groſſeur ; je laiſſai ouvertes les deux extrêmités des tubes, & je les couvrois ſeulement avec une eſpèce de grille, dont les fils de fer croiſés étoient ſuffiſamment ſerrés pour empêcher la ſortie des grains, mais non aſſez éloignés pour laiſſer entrer les ſucs de l'eſtomac. J'ai toujours adapté ce grillage à tous les tubes dont je me ſuis ſervi dans toutes mes expériences de ce genre, quand j'ai employé des tubes ouverts. J'entrepris d'abord ces expériences ſur nos Poules, & je faiſois entrer quelques - uns de ces tubes dans leur eſtomac, en les accompagnant avec

le doigt index & le pouce au-travers de l'éſophage, juſqu'à ce que je fuſſe certain qu'ils
étoient entrés dans la cavité de l'eſtomac; ce
qui peut s'exécuter ſans faire éprouver aucun
mal aux animaux qui ſont les objets de ces
expériences. Après vingt-quatre heures, je tirai
ces tubes hors de l'eſtomac; & ayant examiné
les graines qu'ils renfermoient, je les trouvois
intactes, elles paroiſſoient n'avoir changé ni
de couleur ni de ſaveur; elles avoient contracté
un peu d'amertume; le plus grand changement
qu'elles avoient éprouvé étoit un gonflement
& un ramolliſſement produits par l'imbibition
d'un fluïde dont elles étoient pénétrées. Je
n'obſervai rien autre dans les mêmes graines,
enfermées de la même manière que les précédentes, qui avoient ſéjourné pendant deux
jours & même pendant trois dans l'eſtomac de
nos Poules.

I V.

PLUS d'une fois, après avoir introduit ces
tubes pleins de graines dans l'eſtomac de ces
animaux, je leur donnai à manger les mêmes
graines; mais au bout de quelques heures,
ces mêmes graines qu'ils avoient mangé étoient
briſées dans l'eſtomac, tandis que celles qui
étoient dans les tubes s'étoient conſervées
entières.

V.

ON ſait que les alimens pris ſpontanément
par les oiſeaux de cette eſpèce ne paſſent pas
ſur le champ dans l'eſtomac, mais qu'ils ſéjournent quelque tems dans leur jabot, où ils

fe ramolliffent & fe macèrent. Cette macération des graines ne feroit - elle pas néceffaire
pour faciliter leur diffolution dans les tubes ?
J'ignorois la néceffité de cette condition, mais
il ne falloit pas négliger de s'en affurer ;
je répétai donc les expériences précédentes
avec les mêmes graines, mais après les avoir
tiré du jabot d'une Poule, où elles avoient été
pleinement macérées; cependant, malgré cette
préparation, les graines fe confervèrent entières dans les tubes où je les avois mifes.

V I.

CES réfultats me firent augurer que ces graines dépouillées de leur peau ne fubiroient pas
des changemens particuliers, & l'expérience
confirma mon foupçon. Je dois ajouter que
les autres graines, différentes de celles que
j'ai nommées, qui me fervirent pour mes expériences, ne fouffrirent dans l'eftomac des Poules aucune diffolution, quoiqu'elles y euffent
féjourné plus d'un jour.

V I I.

LA méthode que j'ai fuivie dans ces expériences, eft celle de REAUMUR ; les fucs de
l'eftomac pouvoient certainement entrer librement dans les tubes ouverts à leurs deux extrêmités ; mais il faut l'avouer, les fucs de l'eftomac ne pouvoient pas agir fur ces graines
mifes dans les tubes, comme ils agiffent fur
elles dans l'eftomac lui-même : REAUMUR l'a-
voit reconnu. Pour faciliter donc l'action des
fucs de l'eftomac fur les graines renfermées
dans les tubes, je laiffai ouvertes les deux ex-

trêmités, & je fis faire une foule de trous à leur parois, afin que les fucs gaftriques puffent humecter par - tout les graines qui y étoient. J'eus recours encore à un autre moyen ; je fis faire des boules de laiton d'un demi pouce de diamètre, criblées de trous, & que j'ouvrois & fermois à ma volonté, par le moyen d'une vis placée fur le bord des deux hémifphères qui partageoient la boule : je répétai par ce moyen encore les expériences précédentes , non - feulement fur nos Poules, mais encore fur les Poules d'Inde, les Oies, les Pigeons & les Ramiers. Comme les graines renfermées dans ces tubes furent plus baignées par les fucs gaftriques , elles contractèrent auffi une plus grande amertume, § III, mais je ne pus y appercevoir aucune diffolution , quoiqu'elles euffent demeuré long-tems dans l'eftomac.

V I I I.

L'UNION de ces faits prouve donc que cette efpèce de mouture des graines dans l'eftomac de ces oifeaux granivores, ne peut être produite que par une vive preffion & les chocs violens des parois internes de l'eftomac, qui font les effets des mufcles très - forts auxquels ces parois font liées.

I X.

LES mouvemens violens qu'éprouvent les matières defcendues dans l'eftomac, les chaffent dans les tubes, non - feulement par les ouvertures des extrémités, mais encore dans les trous dont ils font percés, de même que dans les fphères ; d'où il arrive que ces ouver-

tures étant bouchées, les réfultats de l'obfervation ne font plus auffi exacts ; mais pour
prévenir cet inconvénient, j'ai fouvent fait entrer mes tubes & mes fphères dans l'eftomac
de ces animaux qui étoient vuides , & je les
tenois à jeun pendant tout le tems de l'expérience.

X.

Les chocs des parois de l'eftomac fur les
tubes exigent une précaution très-capitale. Il
faut que les tubes ou les boules de métal ayent
une épaiffeur fuffifante pour leur réfifter, autrement on les trouveroit dans l'eftomac froiffés , ou rompus, ou écrafés , fur-tout s'ils y
féjournoient long-tems. Reaumur avoit obfervé ces étonnans effets , & j'en ai eu une
foule de preuves. Voyant que les tubes de fer-
blanc, dont je me fervois dans mes expériences fur nos Poules, ne réfiftoient pas aux efforts
de l'eftomac des Coqs-d'Inde , & n'ayant pas
alors du fer-blanc plus épais pour faire d'autres
tubes , je penfois qu'il fuffiroit d'en renforcer
les extrêmités , en les formant avec deux lames circulaires foudées à l'argent , & en ne
faifant que quelques trous pour le paffage des
fucs gaftriques : mais ce moyen fut inutile.
Après vingt-quatre heures de féjour dans l'eftomac d'un jeune Coq-d'Inde , je trouvai les
tubes fi délabrés , que non-feulement les lames
circulaires en étoient détachées , mais qu'elles
étoient encore en partie rompues , écrafées
& bizarrement contournées.

XI.

JE crus pouvoir furmonter cet obftacle de cette manière. Ayant percé dans le centre les lames circulaires de fer-blanc foudées aux extrêmités des tubes, je fis traverfer le tube à un gros fil de fer qui paffoit par les deux trous de ces deux lames, & je les forçois à s'appliquer fur les parois extérieures du tube, où je tordis en fpirale fes deux bouts. Par ce moyen, quand la foudure auroit manqué, les deux lames circulaires ne pouvoient fe féparer des trous qu'elles bouchoient, à moins que le fil de fer qui les traverfoit ne fe rompît. J'arrangeai de cette manière quatre tubes, que je fis avaler à un Coq-d'Inde de fix mois, & que je fis tuer, quand ces tubes eurent refté un jour entier dans fon eftomac. Je fus extrêmement étonné de voir l'état de deftruction de ces tubes, malgré l'expédient que je venois d'employer ; premiérement tous les fils de fer furent rompus, il y en eut deux qui l'étoient là où les deux bouts avoient été joints & tournés en fpirale, & les deux autres là où il s'appuyoit fur les lames. Pour les lames, bien loin d'être reftées foudées aux tubes, elles étoient mêlées avec les alimens contenus dans l'eftomac ; elles n'étoient plus plates comme auparavant, mais pliées ou courbées dans le milieu, de manière qu'elles formoient un angle ; il y en avoit un morceau qui étoit abfolument appliqué fur l'autre. Les tubes n'avoient pas moins fouffert ; il y en avoit deux qui paroiffoient écrafés comme s'ils l'avoient été fous le marteau ; un troifième étoit

outre cela courbé en forme de gouttière, &
le dernier, ouvert à la foudure, s'étoit étendu
comme une oublie.

XII.

CES phénomènes furprendront moins ceux
qui auront lu les ouvrages de REDI (1) & de
MAGALOTTI (2); ils y auront déja vu comment les Poules, les Canards, les Pigeons réduifent en petits morceaux & en farine les
boules de cryftal : ces effets feront produits en
très-peu de tems fi les boules font vuides, &
au bout de quelques femaines, fi elles font
maffives. J'ai déja dit (3) que j'avois refait ces
curiéufes expériences avec le même fuccès. Les
petits globes de verre que j'avois fait faire à la
lampe, & dont l'épaiffeur étoit affez grande
pour les préferver d'être caffés en les jettant
avec force contre terre, furent réduits en très-
grande partie, au bout de trois heures de féjour dans l'eftomac des Chapons & des Poules, en très - petits morceaux, & ces petits
morceaux n'avoient rien de tranchant, leurs
angles étoient parfaitement émouffés, comme
fi on les avoit paffés fur une meule ; c'eft au
moins ce que j'éprouvois en les touchant. Je
remarquois encore que plus ces petits globes
féjournoient dans l'eftomac de ces oifeaux ; &
plus la pouffière dans laquelle ils étoient réduits
étoit fine ; après quelques heures ils devenoient

____

(1) *Efperienxe intorno a cofe naturali.*
(2) *Saggio di naturali efperienxe.*
(3) Dans l'Introduction.

feulement une quantité de petites particules
vitreufes, qui n'étoient pas plus groffes que des
grains de fable. J'obfervois en même tems, que
la promtitude de la rupture des petits globes
étoit en raifon de la groffeur de l'animal : un
Pigeon ramier les brife plus tard qu'un Poulet ;
un Poulet les brife plus tard qu'un Chapon ,
& une Oie plus vîte que les autres oifeaux. La
caufe m'en paroît claire , la force des oifeaux
eft proportionnée à leur groffeur , & l'eftomac
des oifeaux les plus gros a les mufcles qui ont
le plus d'énergie.

X I I I.

ON voit par-là & on le verra bien mieux
enfuite , que M. POZZI , Profeffeur à Bologne,
fe trompe fort dans fon petit Commentaire
anatomique (1) , lorfqu'il penfe que les expériences des Académiciens de Florence & de
REDI que je viens de rapporter , fur la force
de quelques animaux pour brifer les boules de
verre , font fabuleufes , parce qu'il n'avoit pu
voir ces réfultats en répétant ces expériences.
Qu'on nous permette de le dire ; quelques Phi-
lofophes s'imaginent pouvoir nier en Phyfique
des faits rapportés par des Auteurs juftement
célèbres , feulement parce qu'ils ne peuvent
pas parvenir à en être les témoins , mais ils ne
réfléchiffent pas qu'en bonne Logique mille
faits négatifs ne fauroient détruire un fait po-
fitif ; il eft trop aifé de négliger quelqu'une des
conditions néceffaires pour le fuccès de l'expé-

______

(1) *Bononiæ apud Lælium a Vulpe.*

rience : tel est le cas du Médecin de Bologne. Ses expériences ne devoient pas le faire conclure trop vîte à la fausseté de celles des autres ; mais elles devoient l'engager plutôt à les répéter & à les varier en mille manières : alors, en observant toutes les attentions nécessaires pour le succès de ces expériences , au lieu d'avoir des résultats contraires à ceux des Physiciens de Florence , il en auroit eu sûrement qui les auroient confirmés. Il faut le dire , il se servit de Pigeons pour ces expériences ; leur estomac est trop foible pour briser des corps aussi durs que le verre ; peut-être encore ces Pigeons étoient-ils malades ou trop jeunes , & par conséquent incapables de produire ces effets, comme je l'ai observé moi-même dans ces cas.

X I V.

LE célèbre VALLISNERI , dans l'anatomie qu'il a faite d'une Autruche (1) , croit aussi que les corps les plus durs , comme les pierres , le bois , le verre , le fer lui-même étoient triturés dans l'estomac de cet oiseau, par un dissolvant qui s'y préparoit ; il prétend en conséquence que c'est une liqueur semblable , existant dans l'estomac des Poules , qui réduit en poudre les globes de verre qu'on y fait entrer , & que la force musculaire ne joue aucun rôle dans cette pulvérisation. Mais l'opinion de VALLISNERI est démontrée fausse , puisque les graines restent intactes dans les tubes , quoiqu'elles y soyent

______

(1) *Opera in fol.* T. I.

baignées par les sucs de l'estomac. J'ai vu encore qu'en faisant avaler à des Pigeons, à des Poules, à des Canards, à des Coqs - d'Inde, plusieurs petites boules de verre, les unes renfermées dans les tubes & les autres sans enveloppes ; celles-ci se réduisent en poussière, suivant toutes mes observations, & les premières restent entières. Mais les faits que j'ai encore à rapporter, prouveront bien mieux que les muscles gastriques sont les seuls auteurs du brisement de tous ces corps, §. XV.

X V.

Avant d'entreprendre le récit de mes expériences, qui ont la digestion pour objet unique & immédiat, j'ai cru convenable de m'arrêter encore au récit d'autres phénomènes très-analogues à ceux dont j'ai parlé ; d'autant plus qu'ils sont très-propres à nous éclairer sur la digestion elle - même des animaux à estomac musculeux. Les corps que j'ai employé jusqu'ici sont les tubes de fer-blanc & les boules de verre; mais comme ils sont polis & sans aspérités, ils ne pouvoient causer dans l'estomac aucune espèce de dérangement ; il étoit donc curieux de savoir ce qu'il arriveroit en y introduisant des corps aigus & tranchans. On sait avec quelle facilité les petits morceaux de verre déchirent les chairs, lorsqu'ils ont été faits par le choc d'un corps dur : eh bien, ayant cassé une lame de verre, en ayant choisi les morceaux qui étoient de la grosseur d'un pois, & les ayant enveloppés d'une carte à jouer, pour qu'ils ne déchirassent pas l'ésophage en le traverfant, je les fis avaler à un Coq de cette manière, parce que je favois bien que l'enveloppe faite par la carte fe romproit à fon entrée dans l'eftomac, & laifferoit au verre la liberté d'agir avec toutes fes pointes & fes vives arêtes. Je tuai le Coq au bout de vingt heures, les morceaux de verre étoient tous dans fon eftomac, mais leurs arétes & leurs pointes étoient difparues, comme dans les morceaux de petites boules de verre, au point qu'ayant mis ces morceaux de verre fur la paume de la main, je pouvois les frotter fortement avec l'autre, fans qu'il y reftât aucune trace de déchirure. J'avois pefé ces morceaux de verre, avant qu'ils euffent été avalés par le Coq, & je les trouvai diminués de trente-deux grains en les retirant de fon eftomac. Il ne fut pas difficile de favoir où le verre qui manquoit étoit paffé ; en vifitant attentivement les parois de l'eftomac, je voyois ces particules de verre, emportées à ces morceaux, y briller avec vivacité, tandis que quelques frag-mens de ce verre enfermés dans deux tubes, & qui féjournèrent vingt heures, l'un dans l'eftomac d'une Poule, l'autre dans celui d'un Coq-d'Inde, confervèrent entièrement & leurs taillans & leurs pointes.

X V I.

J'OBSERVAI des effets auffi remarquables fur des morceaux de verre qui pafsèrent deux jours dans l'eftomac d'un Pigeon ramier, les angles & les pointes en furent également rompus. Mais, puifque je parle de cet oifeau, je raconterai un fait qui me mit dans le cas d'obferver. Ayant fait avaler à un Pigeon de cette efpèce un grenat brut de la groffeur d'une noifette & d'une figure dodécaëdre, je le plaçois dans une cage pour pouvoir vifiter fon eftomac quelques heures après ; mais il fut fe tirer de fa prifon, & fe confondit avec une foule d'autres qui vivoient ailleurs, de manière que je ne pus plus le diftinguer alors ; mais je le repris au bout d'un mois. Le grenat qui étoit refté dans l'eftomac, en occupoit une très-grande partie, & malgré cela l'oifeau s'étoit bien nourri & fe portoit à merveille ; mais ce qui eft fort étonnant, les angles de cette pierre qui eft très-dure étoient légérement émouffés en quelques endroits.

X V I I.

MAIS le Lecteur eft fûrement curieux de favoir quel fera l'effet produit fur l'eftomac, par ces corps tranchans & aigus, qui y roulent fans ceffe pendant qu'ils y font limés au point d'y perdre leurs tranchans & leurs pointes ? En ouvrant l'eftomac du Coq & des deux Pigeons, §. XV & XVI, je vifitai très-attentivement la tunique intérieure de leurs eftomacs après l'avoir bien lavée & nettoyée. Je la féparai même de l'eftomac, ce qui fe fait facilement, & il me fut aifé de l'examiner auffi fcrupuleufement que je fouhaitois ; mais, malgré tous ces foins, je la trouvai parfaitement entière, fans déchirure ni égratignure, ni coupure ; cette tunique me parut abfolument femblable à celles des oifeaux de la même efpèce, qui n'a-
voient

voient point avalé des corps étrangers : j'obfervois feulement que la tunique de l'eftomac, où
le grenat féjourna pendant un mois, avoit acquis
une épaiffeur trois fois plus grande que dans
fon état naturel.

XVIII.

CES expériences n'ayant caufé aucun mal
aux oifeaux qui en furent les objets, je leur
en fis fubir deux autres bien plus périlleufes.
Je fixai dans une balle de plomb douze groffes
aiguilles d'acier, qui débordoient la balle de
trois lignes, & je fis avaler cette balle hériffée
de pointes & pliée dans une carte à un Coq-
d'Inde, qui la garda pendant un jour & demi
dans fon eftomac; pendant ce tems, il ne me
parut pas en avoir éprouvé aucun mal : & cela
devoit être, car fon eftomac n'avoit pas reçu
la plus légère bleffure de ce barbare appareil,
quoiqu'il fût entiérement détruit, toutes les
aiguilles étoient rompues, féparées de la balle
de plomb : la fracture des aiguilles s'étoit faite
à la furface de la balle ; il y en avoit eu feulement trois qui s'étoient brifées un peu plus
haut, comme il paroiffoit par leurs tronçons.
Quoique la balle n'eût pas changé de figure,
elle étoit fillonnée de quelques petits traits &
de contufions qui n'y exiftoient pas auparavant.
Parmi les alimens contenus dans l'eftomac, je
trouvai deux pointes rompues, mais dont l'extrêmité avoit été rendue obtufe : les dix autres
s'étoient perdues ; & comme je ne pus les découvrir dans le long circuit des inteftins, je
jugeai qu'elles étoient forties avec les excrémens.

B

XIX.

Voici la feconde tentative que j'ai annoncée: dans une autre balle de plomb femblable à la première, je fixai douze petites lancettes très-aiguës à leurs extrémités & très-tranchantes dans leurs côtés ; je m'en fers pour anatomifer des animaux très-petits : je fis avaler cette pillule à un autre Coq-d'Inde, elle féjourna feize heures dans fon eftomac ; au bout de ce tems, je l'ouvris, & je ne trouvai que la balle privée de fes lancettes, qui avoient toutes été rompues ; trois d'entr'elles, dont les pointes étoient abfolument émouffées, étoient enveloppées d'excrémens dans les gros inteftins ; les autres neuf avoient difparu fans doute par l'anus : le ventricule étoit auffi fain après cette digeftion que le précédent dont j'ai parlé.

X X.

J'observai les mêmes phénomènes fur deux Chapons foumis aux deux mêmes épreuves ; mais je voulus favoir dans quel tems ces aiguilles & ces lancettes commençoient à fe rompre dans l'eftomac de nos oifeaux : je répétai dans ce but ces expériences fur des Coqs-d'Inde, que je tuois fucceffivement au bout d'un tems toujours plus court après leur déglutition de ces mets piquans, & je m'apperçus que les corps aigus & tranchans commençoient à fe rompre & à perdre leur figure dans l'eftomac d'un Chapon deux heures après avoir été avalé : je vis au moins ceci dans deux de ces oifeaux ; pendant cet efpace de tems, il s'étoit rompu dans l'un quatre lancettes,

& dans l'autre trois aiguilles ; les pointes des unes & des autres qui reſtoient implantées dans la balle de plomb étoient fort émouſſées.

X X I.

ON n'auroit pas imaginé que l'eſtomac de ces oiſeaux fût invulnérable au point de braver l'action des corps les plus aigus : celui des jeunes Poules en a été quelquefois fortement bleſſé. Je fis avaler un jour à deux Poulettes un certain nombre d'épingles dont j'avois ôté la tête ; j'ouvris l'une huit heures après, & l'autre au bout de trente-deux heures. La première n'avoit éprouvé aucun mal ; mais deux épingles s'étoient plantées dans l'eſtomac de la ſeconde. Ces eſtomacs, comme ceux de pluſieurs autres animaux, étoient ſillonnés de rides ; les deux épingles étoient plantées preſque perpendiculairement au milieu d'un de ces ſillons ; l'un à la profondeur d'une ligne & demi, l'autre à la profondeur de trois lignes : elles correſpondoient à la partie la plus charnue de cet organe. Il me fallut employer quelque force pour les en arracher ; il y avoit du ſang caillé dans le trou, & les environs me parurent ſenſiblement livides.

X X I I.

QUOIQU'IL en ſoit de ce dernier fait, ce n'eſt pas moins une choſe certaine & confirmée pleinement par un nombre très-grand de mes expériences, que les eſtomacs de ces oiſeaux ne ſouffrent abſolument point de l'entrée, du ſéjour & de la rupture qu'il s'y fait des corps aigus & tranchans. Mais comment ces muſcles

de l'eſtomac ſerrent-ils ces corps aigus & tranchans? Comment les rompent - ils, les rédui-
ſent-ils quelquefois en poudre, comme le verre,
§. XII, XIV, XV, XVI, ſans en ſouffrir? Si
ces muſcles agiſſent avec force ſur ces corps,
ces corps ne réagiront - ils pas avec la même
force ſur les muſcles? Cette réaction ne dé-
chirera-t-elle pas la tunique intérieure de l'eſtomac, qui a bien quelque conſiſtance, mais qui
paroît incapable de ſoutenir ces chocs?

X X I I I.

CETTE objection fut faite auſſi-tôt qu'on eût
découvert la force étonnante qui agit dans la
digeſtion des Poules, & on crut l'avoir réſolue
par cette ingénieuſe réponſe. On avoit obſervé
un nombre plus ou moins grand de petites
pierres dans l'eſtomac de tous les oiſeaux de
cette eſpèce, ce qui fit penſer que ces petites
pierres ſervoient de bouclier aux muſcles qui en
étoient couverts, & que la mouture des corps
dans le fond de l'eſtomac étoit l'effet immédiat
des petites pierres, miſes en mouvement par
l'action des muſcles. Les Académiciens *del
Cimento* ont obſervé que les Canards & les
Poules qui pulvériſoient le mieux les boules de
verre, étoient ceux qui avoient le plus de petites pierres dans leur eſtomac; REDI penſe que
ces petites pierres font dans ces animaux l'office des dents; REAUMUR les croit néceſſaires
au travail de la digeſtion.

X X I V.

Je dirai d'abord que, dans mes nombreuſes
expériences, je n'ai ouvert l'eſtomac d'aucun

Pigeon , d'aucune Tourterelle , d'aucun Ramier, d'aucun Canard , d'aucune Poule , d'aucun Coq - d'Inde , d'aucune Oie , &c. fans y trouver des petites pierres. J'ai auffi vu ce que remarque REAUMUR ; la groffeur de ces petites pierres eft en raifon de la groffeur des oifeaux qui les avalent. Elles font communément d'une figure ronde , foit parce qu'elles ont acquis cette figure en roulant dans le fond de l'eftomac , foit parce qu'elles l'avoient avant d'y entrer ; fouvent ce font des petits morceaux de quartz mêlés avec des petites pierres calcaires. J'ai compté plus de deux cent de ces petites pierres dans l'eftomac d'une Poule d'Inde , & au - delà de mille dans celui d'une Oie : l'exiftence de ces petites pierres ne fauroit être mife en doute. Mais font - elles les inftrumens immédiats de la trituration des corps renfermés dans l'eftomac ? Si l'on n'a pris aucun parti , on s'apperçoit bientôt que cette idée n'eft qu'une hypothèfe commode & plaufible , mais qui réclame encore l'autorité de l'expérience.

X X V.

J'AI donc cherché à l'examiner dans ce creufet , & je voudrois pouvoir me flatter d'avoir réfolu la queftion. Les Académiciens *del Cimento* ont obfervé que les oifeaux dans l'eftomac defquels les corps durs fe brifoient le mieux , étoient ceux dont l'eftomac contenoit le plus de petites pierres. L'obfervation étoit facile à répéter & je la répétai fur les Canards & les Poules qui avoient fervi de fujets pour les expériences de ces Savans. Je fis donc avaler à ces oiſeaux des petites boules de verre, des tubes de fer - blanc qui n'étoient pas trop épais, des graines végétales couvertes d'une écorce dure, comme des noiſettes d'une groſſeur moyenne, mais je ne négligeai pas de tenir toutes les circonſtances de l'expérience égales à tous ces égards, comme auſſi relativement aux oiſeaux, que je choiſiſſois de la même eſpèce, du même âge & de la même force. Afin de ne pas ennuyer le lecteur, je ne donnerai que les réſultats généraux de ces expériences. Une Poule & deux Canards, qui n'avoient qu'une petite quantité de ces petites pierres dans leur eſtomac, n'offrirent pas une trituration des corps avalés auſſi grande que trois autres oiſeaux ſemblables qui en avoient une grande quantité ; mais je la trouvai auſſi grande dans quatre Poules ſur leſquelles je fis enſuite des expériences, quoique les eſtomacs de trois euſſent beaucoup moins de pierres que celui de la quatrième.

XXVI.

Ayant tué un très - grand nombre d'oiſeaux à eſtomac muſculeux, je fis une abondante collection des petites pierres contenues dans leurs eſtomacs ; je penſai de m'en ſervir dans cette recherche, & d'en faire avaler à des Poules & à des Canards un nombre donné, en laiſſant des oiſeaux ſemblables avec les pierres qu'ils avoient pris ſpontanément. Suivant les obſervations des Académiciens *del Cimento*, les premiers oiſeaux devoient briſer les corps

durs beaucoup mieux que les autres ; j'eus occasion d'obferver quelquefois les mêmes faits
que les Académiciens , mais j'obfervois auffi
des réfultats qui étoient parfaitement contraires ; mais, n'ayant pas trouvé ce que je cherchois, je me tournai d'un autre côté pour obtenir la folution de ce problême.

X X V I I.

LE moyen le plus décifif pour déterminer
l'ufage de ces petites pierres dans la digeftion ,
étoit de faire enforte qu'il n'y en eût pas dans
l'eftomac , & je ne pouvois parvenir à ce but
que par ces deux moyens, ou en cherchant à
faire fortir de l'eftomac les pierres qui y étoient,
ou en empêchant qu'elles n'y entraffent. Pour
délivrer l'eftomac de toutes ces petites pierres,
il falloit tenir les oifeaux dans des lieux féparés , comme dans une cage, où ils ne puffent
en prendre d'autres , alors il étoit poffible d'efpérer que les pierres avalées en fortiffent avec
les excrémens. Je fis donc ces tentatives fur
des Poules, des Poules d'Inde , des Pigeons &
des Canards, qui reftèrent pendant un mois dans
des cages féparées , & affez élevées au-deffus
du terrein pour que le bec des oifeaux ne pût
pas le piquer, afin d'ôter toute crainte fur les
pierres qu'ils auroient pu avaler. Il falloit encore que le plancher inférieur de la cage fût
fait avec des ofiers affez écartés les uns des
autres, afin de laiffer échapper avec les excrémens les pierres qu'ils pourroient renfermer ,
de peur que les oifeaux ne puffent les avaler
de nouveau. Enfin, j'eus foin de faire fcrupu-

leufement monder la vefce & le maïs avec lefquels je les nourris, pour en écarter toute
efpèce de fable ou de petites pierres, que les
oifeaux auroient pu prendre avec ces alimens.

XXVIII.

Au bout de plufieurs jours, j'apperçus quelques pierres dans les excrémens de mes oifeaux,
& j'en vis plus ou moins tant qu'ils féjournèrent dans leurs cages. Enfin, deux jours avant
la fin du mois que j'avois déterminé pour celle
de leur vie, je fis avaler à tous quelque chofe,
aux uns des petits tubes de fer-blanc, aux autres des petites boules de verre, à d'autres des
balles de plomb, à d'autres des balles de plomb
hériffées d'aiguilles & de lancettes de la manière indiquée, §. XVIII, XIX, XX. Je fis entrer encore dans l'eftomac d'autres oifeaux des
grains de froment & de vefce, fans les laiffer
fe macérer dans le jabot, comme cela arrive
naturellement. Enfin au trentième jour, tous
leurs eftomacs furent fcrupuleufement examinés ; & quoique je n'obtîns pas parfaitement
le but que je m'étois propofé, je commençois
cependant d'acquérir des lumières fur cette
matière. Il eft vrai qu'il n'y eût aucun de ces
eftomacs qui ne contînt quelqu'une de ces petites pierres, mais leur nombre étoit fort diminué ; il y eut même de ces eftomacs, où
je n'en trouvai que quatre ou cinq qui étoient
encore des plus petites. Malgré cela, le froiffement des tubes de fer-blanc, les fillons tracés
fur les balles de plomb qui étoient nues, la
rupture des aiguilles & des lancettes, la tritu-

ration des grains & fur-tout celle des petites boules de cryftal, s'obfervoient dans tous les eftomacs, de la même manière que fi toutes les pierres y étoient reftées, du moins il me fut impoffible d'appercevoir aucune différence dans les effets produits alors fur ces corps ; les eftomacs eux - mêmes n'avoient pas plus fouffert du féjour que ces corps aigus y avoient fait, quoiqu'ils duffent être bien moins à l'abri de leurs pointes & de leurs tranchans. Je dois avertir enfin que pour fupprimer toute efpèce de doute, & afin qu'on ne pût pas foupçonner que ces corps durs, que j'avois fait entrer dans l'eftomac de ces oifeaux, y pouvoient tenir lieu des petites pierres que j'en avois chaffées, en fe choquant les uns contre les autres par la compreffion & l'action des mufcles gaftriques; je fis enforte que quelques-uns de ces oifeaux n'euffent dans l'eftomac qu'un feul de ces corps, comme, par exemple, qu'une feule boule de verre, un feul tube de fer-blanc; mais ces corps folitaires furent également brifés, comme s'ils avoient été nombreux, & leurs eftomacs furent également garantis de toute efpèce de bleffure.

X X I X.

QUOIQUE ces faits prouvaffent fuffifamment que le brifement & la trituration des corps dans les oifeaux à eftomac mufculeux, ne dépendent point de ces gros grains de fable qu'ils avalent, mais feulement de la force & du choc des mufcles gaftriques ; je voulus cependant m'en procurer une preuve plus tranchante, en obfervant ce qui fe paffe dans les eftomacs qui font abfolument fans petites pierres & qui n'en ont jamais eu. On apperçoit aifément que, pour remplir ce but, je devois me procurer des oifeaux qui font encore dans leurs nids, & qui ne vont pas encore chercher leur nourriture. C'eft ce que je fis, en me procurant des Pigeons pris dans leurs nids, & qui commençoient à fe couvrir de plumes; mais je fus trompé dans mon attente : je trouvois déja de petites pierres dans leurs jeunes eftomacs, & je penfois bien qu'elles n'y étoient entrées qu'avec la becquée que leurs parens leur donnoient. Trois de ces petits Pigeons furent les victimes de ma curiofité. Le premier avoit dans fon eftomac huit petites pierres, le fecond onze & le troifième quinze, toutes enfemble pefoient trente-deux grains; la plus grande partie de ces pierres étoit d'une nature quartzeufe.

X X X.

COMME ces expériences n'avoient point rempli mes vues, je penfai de prendre les chofes de plus haut, & de me pourvoir d'oifeaux qui fortiffent de l'œuf & qui n'euffent point encore reçu la becquée paternelle. Ces oifeaux furent encore des Pigeons, ils n'avoient point alors de petites pierres dans leur eftomac; je pris la peine d'en garder quelques-uns dans un lieu chaud, jufqu'à-ce qu'ils euffent pris leurs plumes, & de les nourrir jufqu'à-ce qu'ils fuffent manger feuls. Je les renfermai enfuite dans une cage, où je les ai nourri d'abord avec de la vefce macérée dans l'eau, enfuite avec

de la vesce sèche & dure ; seulement au bout
d'un mois , après qu'ils eurent commencé de
manger seuls , je commençai de mêler à leur
nourriture des corps durs , comme quelques
tubes de fer-blanc , quelques boules de verre,
de petits éclats de verre , & je n'en fis avaler
qu'un à chaque Pigeon. Deux jours après, ces
Pigeons furent tués ; aucun d'eux n'avoit aucune petite pierre dans son estomac ; cependant,
les tubes de fer-blanc étoient froissés , les petites boules de verre , les éclats de verre,
étoient rompus & émoussés, & tout cela s'opéra
sur ces corps qui existoient solitairement dans
l'estomac, sans laisser la plus petite déchirure
sur les tuniques qui le couvroient.

X X X I.

Je ne me contentai pas de faire ces expériences sur une seule espèce d'oiseau. Je fis cou-
ver à une Poule-d'Inde plusieurs de ses œufs
& de ceux de nos Poules , je prenois soin des
Poussins aussi-tôt qu'ils naissoient , en observant les précautions que j'ai indiquées, § XXX.
Je les gardai dans diverses cages pendant cin-
quante-cinq jours , & je les ai nourri pendant
ce tems avec diverses graines céréales; seulement
pendant les derniers jours de leur vie , je leur
fis avaler des corps durs & indigestibles. J'examinai ensuite leurs estomacs , & quoiqu'il n'y
eût aucune petite pierre , les éclats, les petites
boules de verre , les tubes de fer-blanc , n'en
étoient pas moins brisés & froissés. Voilà donc
la fameuse question, sur les petites pierres qu'on
trouve dans l'estomac de différens oiseaux ,

enfin réfolue , après avoir été fi long-tems agitée par différens auteurs ; il eft donc décidé contre l'opinion de tant d'Anatomiftes & de Phyfiologiftes anciens & modernes , que ces petites pierres font abfolument inutiles aux oifeaux, pour la mouture de leurs alimens les plus durs & des corps très-durs qu'on leur fait avaler ; mais je ne nie pas pourtant que lorfque ces petites pierres font mifes en mouvement par les mufcles de l'eftomac, elles ne puiffent occafionner quelque contufion ou quelque rupture aux corps renfermés avec elles.

XXXII.

Mais quel eft l'ufage de ces petites pierres ? Si elles font inutiles à la trituration des alimens, ne concourroient-elles point à opérer leur digeftion ? Ne feroient-elles pas comme quelques-uns croient une caufe de l'augmentation de leur appétit ? Enfin ces pierres entrent-elles dans l'eftomac de ces oifeaux parce qu'elles fe trouvent mêlées par hafard dans leurs alimens , & même parce qu'elles y font cachées, ou bien les oifeaux les avalent-ils volontairement & par choix ?

Les premières queftions me femblent réfolues par mes dernières expériences, qui prouvent que les oifeaux digèrent fort bien fans avoir aucune petite pierre dans leur eftomac, que les alimens les nourriffent parfaitement , qu'alors ils croiffent comme à l'ordinaire & font auffi gais , comme je l'ai obfervé dans les Pouffins de Pigeons, de nos Poules, & des Poules d'Inde , que j'ai élevés , gardés & fuivis , de la manière que je l'ai dit , §. XXX. XXXI.

XXXIII.

Quant à la dernière queſtion, elle feroit ſur-le-champ réſolue, ſi les Pouſſins gallinacés avoient les mêmes inclinations *pour prendre* leur nourriture, que ces oiſeaux quand ils ſont adultes. Quand ils ſont tout-à-fait jeunes, ils piquent tout, ils avalent tout : j'ai jetté ſouvent ſur le pavé d'une chambre où je les tenois renfermés pluſieurs corps très-différens & tous également incapables de les nourrir, comme des petites pierres, des fragmens de briques cuites, du plâtre endurci, des brins de terre ſèche ou de platras ; ils accouroient avec gloutonnerie pour les dévorer, ſoit qu'ils fuſſent à jeun ou qu'ils euſſent bien mangé. Un jour je leur jettai un nombre très-grand de coquilles de ces Limaçons que les Conchyliologiſtes appellent *Pous*, & ſur-le-champ ces Pouſſins ſe mirent à les manger, & en remplirent leurs jabots comme ſi ces coquilles euſſent été l'aliment qui leur faiſoit le plus de plaiſir. Si ces oiſeaux en devenant grands euſſent conſervé ces mêmes goûts, on auroit pu dire que les pierres qu'ils ont dans leur eſtomac ſont moins le réſultat de leur choix que de leur ſtupidité, & qu'ils ſont ſemblables à l'Autruche, qui, ſuivant les obſervations de Vallisneri & de Buffon, avale indiſtinctement les pierres, les cordes, le verre, & les métaux, parce qu'elle eſt très-ſtupide & qu'elle a le ſens du goût fort obtus (1). Mais ces

______

(1) Buffon, *Hiſt. des Oiſeaux, T. II. in - 12.* Vallisneri, *T. I. in fol.*

Pouſſins en croiſſant développent leur inſtinct qui étoit endormi pendant leur enfance, & ils changent à cet égard de mœurs & de caractère, comme dans pluſieurs autres choſes. François REDI enferma un Chapon dans une cage avec des petites pierres, & il mourut de faim plutôt que d'en avaler une (1). Je vis de même mourir au bout de pluſieurs jours, trois de nos Poules & une d'Inde, auxquelles je n'avois donné ni à manger ni à boire, mais devant leſquelles j'avois répandu ſur le plancher un nombre donné de pierres, que je trouvai le même après leur mort, quoique ces pierres duſſent être celles qui devoient le mieux leur convenir, puiſqu'elles avoient été tirées de l'eſtomac d'oiſeaux ſemblables. Lorſque ces pierres ſont mêlées avec les alimens, alors j'ai vu que nos oiſeaux les prennent bien ſouvent & les avalent quand ils ſont affamés. Il me ſembleroit donc que la quantité des pierres qu'on trouve dans l'eſtomac des oiſeaux gallinacés, ne ſeroit pas produite par la recherche qu'ils en font, comme pluſieurs le ſoupçonnent, mais plutôt par leur rencontre fortuite dans les alimens qu'ils prennent & avec leſquels elles ſont mêlées.

X X X I V.

APRES avoir démontré que les petites pierres ne ſont pas la cauſe du briſement & de la diſſolution des alimens & d'autres corps plus durs, §. XXX, XXXI, il faut conclure que ce

-----

(1) *Degli animali viventi , negli animali viventi.*

brifement & cette diſſolution font les effets immédiats des muſcles gaſtriques ; dans les oiſeaux gallinacés, ces muſcles font non-ſeulement très-gros, mais encore très-fermes, & compoſés de bandes épaiſſes, compactes, qui ont une très-grande force quand ils font mis en mouvement. On le concevra mieux ſi l'on compare l'eſtomac d'un Chien, d'une Brebis, d'un homme à celui d'un Canard, d'un Coq-d'Inde, ou d'une Oie, & l'on verra la différence énorme qu'il y a entre l'épaiſſeur de la tunique muſculaire des derniers & la mince tunique des premiers.

X X X V.

La tunique intérieure, celle qui couvre immédiatement la cavité de l'eſtomac dans nos oiſeaux, mérite à tous ces égards d'être particuliérement examinée. Dans pluſieurs animaux, dans l'homme lui-même, cette tunique eſt molle, couverte de poils ; dans nos oiſeaux elle eſt dûre, cartilagineuſe. Si on la ſépare de la tunique qui la couvre, appelée par les Anatomiſtes *nerveuſe*, elle ne tarde pas à ſe ſécher, & alors elle acquiert une dureté plus grande. Cette tunique intérieure eſt dans les Coqs-d'Inde & les Oies plus épaiſſe & plus dure que dans les autres gallinacés ; je choiſis celles-ci pour cette expérience : j'en ſéparai pluſieurs fois qui étoient très-entières, je les étendis ſur une table, & je fis paſſer ſur elles des corps tranchans & pointus comme des aiguilles & des lancettes, des morceaux de verre rompus, en un mot, tous ces corps qui ſe briſent dans leur eſtomac ſans y cauſer la moindre bleſſure. Il eſt vrai que ſi ces corps étoient preſſés avec quelque force ſur la tunique, ils y cauſoient quelques déchiremens dans l'endroit où ils étoient preſſés par ces corps tranchans & pointus : la même choſe arrivoit en faiſant l'expérience ſur cette membrane lorſqu'elle adhéroit à l'eſtomac.

X X X V I.

MAIS il eſt vrai auſſi que ces corps dirigés par la main pouvoient agir d'une manière différente ſur la tunique de l'eſtomac, que lorſqu'ils étoient mis en mouvement par l'action des muſcles gaſtriques ; d'ailleurs, la tunique n'eſt point alors tendue, elle fait une concavité comme lorſque l'eſtomac eſt plein. Je voulus cependant éprouver moi-même ce qui arriveroit en renfermant ces corps dans l'eſtomac détaché du corps d'un oiſeau, en le preſſant avec les paumes des mains & en l'agitant de diverſes manières ; je vuidai des alimens contenus dans l'eſtomac d'un Coq-d'Inde par le pilore, & j'y fis entrer pluſieurs éclats tranchans de verre, enſuite pendant un quart-d'heure je cherchai de mettre l'eſtomac en mouvement, & de l'agiter fortement par le moyen des ſecouſſes que je lui donnois & des chocs aſſez vifs que je lui faiſois éprouver, j'eſpérois imiter ainſi le mouvement naturel. Cet expédient ne fut pas entiérement inutile, puiſque la tunique de l'eſtomac que j'examinai attentivement n'avoit reçu que deux petites déchirures ſemblables à celles que pouvoient

y

y avoir faites la pointe d'une aiguille ; cependant les éclats du verre commençoient à perdre leur tranchant. Il n'eſt donc pas égal que cette tunique ſoit miſe en mouvement après avoir été détachée de ſon ſiège naturel, ou qu'elle éprouve ce mouvement lorſqu'elle eſt adhérente à l'eſtomac ; quoiqu'il en ſoit, on comprend pourtant par-là, comment cette tunique miſe en mouvement par des muſcles très-forts parvient à émouſſer & à briſer les corps les plus tranchans & les plus pointus ſans en ſouffrir ; mais l'effet n'en paroît pas moins étonnant & digne de fixer nos regards.

X X X V I I.

Si les parties intérieures de l'eſtomac ſont agitées par des mouvemens violens pendant la diſſolution des alimens, ces mouvemens ne ſe manifeſteroient-ils pas au-dehors & ne s'offriroient-ils pas aux regards de l'obſervateur ? Reaumur encouragé par cette réflexion ouvrit l'abdomen de quelques-uns de ces oiſeaux vivans pour en obſerver les eſtomacs, mais il ne put point y découvrir ce qu'il avoit peut-être imaginé ; il les trouva toujours dans un parfait repos, à l'exception de l'eſtomac d'un Chapon, qu'il vit ſe contraćter & enſuite ſe dilater ; il apperçut la formation de cordons charnus qui ſe formèrent à la ſurface, qui changèrent de places comme des ondes mais tout cela s'opéroit très-lentement (1).

____

(1) Mémoire cité.

XXXVIII.

J'AI obfervé des mouvemens analogues dans deux Poules d'Inde ; cependant, en cherchant d'éclaircir mieux le fait, j'appliquai immédiatement ma main fur l'eftomac, & je fentis une légère pulfation, qui occafionna fur la paume de la main & fur les doigts une efpèce de fourmillement, mais je m'apperçus bientôt que tout cela étoit l'effet du battement des artêres qui rampoient fur la furface de l'eftomac. Si l'on perce le cœur d'un animal vivant, & fi l'on met fon doigt dans le trou, la compreffion que l'on fent dans la fyftole eft très-remarquable. Je l'obfervai dans l'eftomac d'un Canard, mais je ne diftinguai aucune efpèce de choc.

Comme il me paroiffoit que l'eftomac devoit principalement agir lorfque les matières, en y defcendant & rempliffant fa capacité, irritoient & dilatoient fes parois, je fis entrer des noifettes dans l'éfophage ; elles defcendirent dans l'eftomac d'une Poule-d'Inde, tenue à jeun pendant un jour, j'obfervai fon eftomac par une ouverture faite à l'abdomen. Tant que l'eftomac ne contint que quelques noifettes, il ne laiffa appercevoir aucun mouvement ; mais quand il commença d'être plein, je le vis s'enfler fortement & s'affaiffer fubitement : ces alternatives s'étendoient tantôt à une grande furface de l'eftomac & tantôt fe terminoient à un petit nombre de points. Je n'obfervai pas ces phénomènes pendant dix minutes, probablement par ce que l'animal étoit près de mourir à cauſe de la plaie faite à l'abdomen. Ayant tiré les noiſettes hors de l'eſtomac, je les trouvai entières ; mais elles avoient de ſenſibles meurtriſſures. Je dois attribuer à un heureux haſard l'obſervation diſtincte de ces mouvemens; car ſi j'excepte un autre Coq-d'Inde, les eſtomacs de pluſieurs autres Poules, Pigeons & Canards ont conſervé leur immobilité, lorſque je rempliſſois leurs eſtomacs de corps étrangers de la manière indiquée pour la Poule-d'Inde. Il ne faut pas en être étonné, ſi l'on conſidère l'état de maladie dans lequel ſe trouvent les animaux dont l'abdomen eſt ouvert pendant ces expériences.

X X X I X.

LA ſuite nombreuſe des faits expoſés dans les paragraphes précédens, prouve ſans replique que les alimens dont ſe nourriſſent les Canards, les Poules, les Oies, les Pigeons, les Perdrix & les oiſeaux ſemblables, ſont briſés, triturés, réduits en très-petits fragmens par l'action méchanique des muſcles gaſtriques. Mais penſeroit-on que cette action produit la digeſtion de ces alimens dans l'eſtomac, & que la trituration ſeule les convertit en cette ſubſtance pultacée, appelée *chyme* ? Ou plutôt cette ſubſtance ne ſeroit-elle pas produite par le moyen des ſucs préparés & raſſemblés dans l'eſtomac ; & la trituration des alimens ne ſeroit-elle pas plutôt une aide de la digeſtion que ſa cauſe ? J'ai penſé que les petits tubes & les petites ſphères qui m'ont été ſi utiles dans ces recherches, §. III, IV, V, VI & VII, ne me ferviroient pas moins utilement à préfent, pour découvrir fi les fucs gaftriques réduifent en chyme les alimens difpofés à fe digérer par la trituration : je me difois en mettant dans les tubes & dans les petites fphères des alimens ainfi triturés, je verrois s'ils s'y diffoudront, comme cela devroit arriver dans cette hypothèfe, puifqu'ils feroient enveloppés & baignés par les fucs gaftriques. J'employai d'abord de la mie de pain de froment machée ; j'en remplis un petit tube & une petite fphère, je les introduifis dans l'eftomac d'une Poule, & je les en tirai au bout de vingt-trois heures : je trouvai cette mie fort diminuée, fur-tout aux deux extrêmités du tube, où elle étoit plus ramollie & où elle avoit acquis un goût amer. J'introduifis de nouveau ce tube & cette fphère dans l'eftomac d'une autre Poule, & au bout de quatorze heures je les en tirai ; mais je ne trouvai plus ni dans l'un ni dans l'autre aucune trace de pain.

X L.

JE répétai l'expérience fur une troifième Poule avec la petite fphère & le petit tube, en fubftituant le pain de bled de Turquie à celui de froment ; au bout d'un jour & demi la fphère & le tube furent trouvés vuides. Et comme la trituration ne pouvoit agir ici, il me parut que j'étois fondé à croire que la diffolution du pain avoit été faite feulement par les fucs gaftriques ; qu'ils l'avoient réduit en chyme, que ce chyme étoit paffé dans l'eftomac par les trous des tubes. Cependant je doutois encore ; il me falloit fuppofer cette tranfmutation de pain en chyme : ces fucs, en détrempant le pain comme l'eau auroit pu le produire, n'auroient-ils donc pas pu de même faire fortir le pain fous cette forme hors des tubes ?

X L I.

UN corps indiffoluble par la fimple imbibition des fluïdes & par leur choc, plus mol que les graines céréales fur lefquelles les fucs gaftriques n'ont prefque aucune prife, §. III, IV, V, VI & VII, étoit bien propre pour m'éclaircir ce fait. La chair étoit ce corps qui pouvoit remplir mes vues ; plufieurs oifeaux à eftomac mufcu-leux la digèrent, parce que la plupart font en même tems frugivores & carnivores. Je pris donc de la chair de veau (1) ; je la réduifis en très-petits morceaux, afin de fuppléer par-là à la trituration : j'en remplis quatre petits tubes, que j'introduifis dans l'eftomac d'une Poule. Au bout de vingt-fept heures j'en retirai ces tubes ; voici l'état où je trouvai la chair : celle du premier tube qui me tomba fous la main étoit fi diminuée qu'elle n'étoit pas la ving-tième partie de celle que j'y avois mife ; dans les deux autres tubes j'obfervai à-peu-près la même diminution. Il y eut quelque différence dans le quatrième. Il n'étoit pas ouvert dans fes deux extrêmités comme les trois autres, mais une d'elles étoit fermée par une lame de fer ; la portion de chair qui touchoit cette

____

(1) Quand je parle de *chair*, fans y joindre une épithète, j'entends toujours la chair *crue*.

lame avoit confervé fa couleur rouge & fa
confiftance, elle ne paroiffoit abfolument point
diminuée, mais la chair vers la partie ouverte
du tube avoit fouffert beaucoup d'altération,
un tiers du tube s'étoit vuidé, & tandis que
la portion que j'ai peinte rouge avoit confervé
fon goût de chair, celle de la partie oppofée l'avoit perdu, elle étoit réduite à une efpèce de bouillie dans l'épaiffeur d'une bonne
ligne. Les petits reftes de chair trouvés dans
les trois autres tubes avoient fubi les mêmes
changemens.

Les conféquences immédiates de cette expérience font claires ; la grande diminution que
les petits morceaux de chair ont éprouvé ne
provenoit que de ce qu'ils étoient en grande
partie diffous & digérés ; au moins tous les
Phyfiologiftes s'accordent pour donner comme
fignes caractériftiques d'une vraie digeftion, le
changement dans la couleur & la faveur des
alimens qui ont féjourné dans l'eftomac, de
même que leur métamorphofe en une fubftance pultacée. Il paroît auffi évident que les
fucs gaftriques font les feuls agens de cette
digeftion. Les trois tubes troués dans la longueur de leurs côtés & ouverts à leurs deux
extrêmités, recevoient de toutes parts le fuc
gaftrique, auffi la diffolution de la chair qu'ils
renfermoient fut confidérable. Il n'arriva pas
la même chofe à l'autre petit tube, dont une
des extrêmités étoit fermée avec une lame de
fer ; la raifon en eft claire, le fuc gaftrique
ne pouvoit diffoudre que la partie de la viande

qu'il touchoit, & il devoit laisser le reste parfaitement intact.

X L I I.

CETTE expérience, si décisive pour montrer
que le suc gastrique est la cause de la digestion
dans cet oiseau gallinacé, annonçoit bien qu'elle
ne seroit pas l'unique de ce genre qu'on put
faire dans cette classe d'animaux. Un Coq-
d'Inde des plus gros fut le second sujet sur
lequel je les tentai : mais le grillage qui fermoit l'extrêmité des tubes, & qui étoit fait
avec du fil-de-fer, ne put résister aux efforts de
son estomac vigoureux. Je visitai les tubes au
bout de sept heures, ils avoient déja perdu
leur grillage, ils ne faisoient qu'une espèce de
peloton, ils étoient à demi-rompus, & ensevelis dans le voisinage du pilore au milieu des
petites pierres & des restes des alimens. Ces
petites pierres & ces restes d'alimens avoient
rempli la cavité des tubes, & tout cela y étoit
si fortement chassé & comprimé, que j'avois
de la peine à le faire sortir avec la pointe d'un
couteau, mais je n'y trouvai pas le plus petit
morceau de chair ; je restai cependant indécis
si la chair avoit été digérée ou si elle avoit été
chassée hors des tubes par les corps étrangers.
Mais ayant résolu de poursuivre mes expériences sur cette espèce d'oiseau, je pris le
parti d'employer les petites sphères dont j'ai
parlé §. VII ; j'eus soin que leurs parois fussent
fortes & robustes, & qu'elles fussent couvertes
de trous très-petits dans toute leur surface,
afin d'éviter que ces sphères ne fussent froissées

par l'action de l'eſtomac ſur elles, & pour empêcher les matières contenues dans l'eſtomac
& comprimées par ſon action, d'entrer dans
ces ſphères par des trous qui ſeroient trop
grands. Je fis avaler à un Coq-d'Inde de onze
mois deux de ces petites ſphères, & je les
retirai hors de ſon eſtomac au bout de trente
heures : j'avois mis dans une de ces ſphères de
la chair de bœuf & dans l'autre de la chair
d'un jeune veau ; la chair miſe dans ces deux
ſphères avoit été réduite en très - petits morceaux, elles en contenoient vingt-huit grains ;
en les peſant enſuite, je trouvai la chair de
bœuf diminuée de neuf grains & celle de veau
l'étoit de treize. Je dois dire que l'une & l'autre
étoient baignées de ſuc gaſtrique, & qu'elles
auroient peſé bien moins, ſi elles en avoient
été bien délivrées. Après les avoir ſondé avec
la pointe d'un canif, elles me parurent reſſem-
bler davantage à une pâte très-molle qu'à une
vraie chair : elles étoient amères au goût comme le ſuc gaſtrique qui les baignoit, & leur couleur étoit plus blanchâtre que rouge. Je remis
ces morceaux de chair dans leurs ſphères que
je fis avaler à un autre Coq-d'Inde ; elles ſéjournèrent douze heures dans ſon eſtomac,
alors la chair de bœuf ne peſoit plus que huit
grains & celle de veau que cinq. Le ſuc gaſtrique avoit donc occaſionné une nouvelle diſſolution de ces chairs, & elles furent tout-à-fait
diſſoutes dans ces ſphères, lorſque, pour la troiſième fois, je les eus fait avaler à un troiſième
Coq-d'Inde, & ſéjourner pendant cinq heures
dans ſon eſtomac.

XLIII.

CETTE digeſtion des chairs produite par le ſuc gaſtrique des Coqs-d'Inde, fut également opérée par celui des Oies. Onze grains de chair de Vache, enfermés dans une petite ſphère, furent entiérement diſſous après avoir ſéjourné deux jours dans l'eſtomac de ces gros oiſeaux.

Je ne parlerai pas de trois autres réſultats que j'ai eu par le moyen d'une de nos Poules & de deux Chapons : la digeſtion de la chair a été la même dans ces trois cas que dans les précédens.

Toutes ces expériences ont été faites avec des chairs coupées en très-petits morceaux ; cette condition n'étoit pas indiſpenſablement néceſſaire, mais elle étoit très-propre à favoriſer la digeſtion. La chair coupée en petits morceaux, placée de cette manière dans ces petits récipiens de métal, ſe diſſolvoit dans l'eſtomac pendant l'eſpace de deux jours, mais il en falloit quatre & même cinq pour opérer cette diſſolution quand la chair étoit entière. La cauſe eſt évidente : à meſure que les morceaux de chair ſont rendus plus petits, ils acquièrent une plus grande ſurface, & par conſéquent un plus grand nombre de leurs points ſont baignés, enveloppés par le ſuc gaſtrique & reçoivent l'influence de ſon action diſſolvante ; d'où il réſulte qu'ils doivent être plus promtement diſſous.

XLIV.

AVANT d'aller plus loin & de finir cette diſ-

fertation , je veux parler d'une expérience de
REAUMUR qui ne s'accorde point avec celles
que je viens de raconter. Après avoir fait voir
la grande force de l'eftomac des oifeaux gallinacés , pour rompre & triturer leurs alimens ,
il cherche à prouver qu'il n'y a dans leur eftomac aucun menftrue propre à opérer cette diffolution. Il rapporte dans ce but la confervation
tion des grains d'orge , qui reftent intacts dans
l'eftomac , quand ils font enfermés dans des
tubes ouverts , §. II. Il ajoute encore des preuves tirées des chairs elles-mêmes , mais il eft
néceffaire de faire connoître ceci en détail.
Comme on fait que les Canards font très-avi-
des de viande & qu'ils la digèrent très - vîte ,
REAUMUR eut recours à cet oifeau pour trouver la décifion de ce qu'il cherchoit. Ayant donc
préparé fix tubes , quatre de plomb & deux de
fer-blanc , remplis d'un petit morceau de chair
de Veau , qui n'étoit pas plus gros dans les
quatre premiers qu'un grain d'orge , mais un
peu plus confidérable dans les deux autres ,
il les fit avaler tous à un Canard , mais dans
des tems différens ; à dix heures du matin , le
premier tube de plomb entra dans l'eftomac
de cet oifeau , le fecond à huit heures du foir ;
le jour fuivant , à fix heures du matin , il fit
avaler le troifième tube de plomb avec les deux
tubes de fer - blanc ; enfin à neuf heures du
matin , il reçut dans fon eftomac le quatrième
tube de plomb , & à dix heures il fut tué. Il
étoit forti par l'anus un des quatre tubes de
plomb à neuf heures du foir du jour précédent ;

c'étoit celui qui avoit été avalé le même jour à dix heures du matin. Les cinq autres tubes n'étoient pas fortis de l'eftomac, & chacun contenoit fon petit morceau de chair dans fon entier & avec toute fa confiftance ; quelques-uns même de ces morceaux avoient confervé leur couleur rouge, mais trois l'avoient un peu perdue ; il y en avoit où la chair n'occu-poit plus les extrêmités des tubes, non parce qu'elle avoit été diminuée, mais parce qu'elle avoit été comprimée par les petites pierres & les petits morceaux des alimens qui y étoient entrés. REAUMUR conclut de ces expériences, que puifqu'il n'y a point eu de divifion dans la chair ni aucune diffolution, il faut dire qu'au-cun diffolvant n'a agi fur elle. Et comme il n'eft point difpofé à croire que la digeftion dans les oifeaux gallinacés foit le feul ouvrage de la diffolution, il conclut cependant qu'il n'exifte pas dans leur eftomac un menftrue capable de diffoudre les alimens qui les nourriffent (1).

X L V.

TOUT ce que j'ai dit détermine bientôt l'é-tendue des conclufions de REAUMUR ; s'il s'agit d'alimens dont la texture foit dure, comme celle de quelques graines, il eft indubitable que les fucs gaftriques n'ont aucune prife fur eux, §. II. III. IV. V. VI. VII. Si l'on parle de ces alimens qui font tendres par eux - mêmes, comme les chairs, ou qui font rendus tels par l'art, comme ces mêmes graines réduites en

---

(1) Mém. cité.

pain maché, il est également indubitable que les sucs gastriques peuvent seuls les dissoudre, §. XXXIX. XL. XLI. XLII. XLIII. Ensuite, si l'on fait attention à l'expérience de REAUMUR, il n'est point étonnant que la chair contenue dans les tubes donnés aux Canards n'y soit pas sensiblement dissoute, elle n'est pas restée assez long-tems dans leur estomac; car en calculant le tems pendant lequel le tube qui a séjourné le plus long-tems dans l'estomac du Canard y a resté, on trouve qu'il n'a été que de quatorze heures, & par mes expériences sur nos Poules, les Coqs-d'Inde & les Oies, §. XLI. XLII. XLIII., il paroît que ce tems n'est pas suffisant au suc gastrique des oiseaux gallinacés pour dissoudre sensiblement la chair contenue. dans les tubes. Malgré tout cela, j'aurois cru commettre une omission considérable, si je m'étois contenté de la preuve tirée de l'analogie, & si je n'en avois pas employé de directes en faisant des expériences sur quelques Canards : je répétai donc l'expérience de REAUMUR sur deux Canards & je les variai de cette manière. Je fis avaler quatre tubes à l'un de ces Canards; chacun d'eux renfermoit un morceau de chair de Veau qui avoit la grosseur d'un grain d'orge, avec cette différence, que dans deux tubes la chair étoit entière, & que dans les deux autres elle avoit été réduite en morceaux très-petits avec un couteau petit & affilé. Au bout de quatorze heures, je visitai l'estomac, où je trouvai les quatre tubes; les deux grains entiers de chair me parurent avoir conservé

leur volume, feulement ils étoient plus blancs
que rouges. Les deux autres grains, qui avoient
été réduits en petits morceaux, paroiſſoient
avoir la même maſſe, mais ils étoient changés
en une pâte gélatineuſe; je réitérai cette expérience fur l'autre Canard, qui ne fut mis à mort
qu'au bout de deux jours; les tubes contenant
la chair réduite en petits morceaux étoient
abſolument vuides; les autres deux auroient été
également vuidés, s'il n'étoit pas reſté attachés à leurs parois quelques petits morceaux
de chair dans un état gélatineux. En combinant ces faits avec les autres, il paroît clair que
la trituration & les ſucs gaſtriques concourent
dans la digeſtion des oiſeaux gallinacés. Celle-
la en fait la préparation par le briſement des
alimens & leur pulvériſation; ceux-ci l'achèvent
en pénétrant ces alimens ainſi préparés, en
les décompoſant, en diſſolvant leurs parties les
plus petites, en les diſpoſant à changer de nature, à s'animaliſer, en leur faiſant perdre une
grande partie des qualités qui leur étoient propres

X L V I.

Mais quelle eſt la ſource de ces ſucs gaſtriques? Comment ſe mêlent-ils avec les alimens? Quels changemens ſucceſſifs les alimens
reçoivent-ils par la combinaiſon de l'action de
la trituration & des ſucs gaſtriques ſur eux?
Il étoit impoſſible d'éclaircir ces queſtions importantes ſans faire un examen ſcrupuleux de
l'éſophage & de l'eſtomac de ces animaux,
de même que des alimens dans leur trajet &
leur ſéjour dans ces organes. Mais comme les

obfervations & les expériences réuffiffent d'autant mieux qu'on les fait plus en grand, j'ai
cru devoir fur-tout porter mes regards fur les
oifeaux dont le corps eft le plus gros comme
les Oies, les Coqs-d'Inde, les Canards & nos
Poules. Je m'occupois d'abord de l'éfophage
d'une Oie, pour la partie qui appartient à la
bouche; ce canal paroît fous la forme d'un
boudin gonflé, ayant la longueur d'un pied
& la largeur d'un pouce à fon orifice fupérieur,
mais s'élargiffant toujours davantage en defcendant dans l'étendue de fept pouces & davantage; après cela, il fe refferre en forme
de tuyau, enfuite il s'élargit, & l'élargiffement
continue jufqu'à l'eftomac. L'éfophage eft
membraneux, compofé de parois fermes &
paffablement groffes, leur groffeur augmente
fur-tout à la diftance d'environ trois pouces de
l'eftomac, au moyen d'une bande charnue dont
je parlerai. En faifant tous fes efforts, on
découvre avec les yeux que tout l'éfophage
eft femé de points ou de petites taches allon-
gées, qui font fur-tout très-nombreufes au-deffus
de cette efpèce de tuyau dont je viens de parler. La bande charnue femble un compofé de
petits corps cylindriques un peu plus gros que
les grains de millet, ces corpufcules pénètrent
au travers d'une membrane fubtile qui enveloppe la bande extérieurement.

X L V I I.

Si l'on renverfe l'éfophage de manière que
les parois intérieures deviennent extérieures,
alors, en obfervant de nouveau les petites ta-

ches avec une lentille, il eſt facile de remarquer que ce ne ſont pas celles qu'on a d'abord vues, mais qu'elles ſont autant de très-petits follicules glanduleux, puiſqu'on les trouve couvertes d'une humidité ſenſible quand on les preſſe. Mais il y a des follicules glanduleux, bien plus gros & plus viſibles dans la bande charnue, pénétrant la ſurface extérieure ſous la forme de corpuſcules cylindriques qui reſſemblent aux grains de millet, § XLVI. Cette bande charnue environne l'éſophage comme un anneau, & ſa largeur a plus d'un pouce ; elle a l'épaiſſeur d'une ligne. Elle eſt couverte en grande partie d'une tunique ſubtile dont la couleur eſt d'un jaune obſcur, elle eſt très-tendre, & par conſéquent, très-facile à ſe déchirer : lorſque cette dernière tunique eſt levée la bande reſte découverte, ſa couleur eſt extérieurement blanche, elle eſt fort inégale & raboteuſe, à cauſe des innombrables petites papilles qui la tapiſſent, chacune d'elles a viſiblement un trou au milieu. En étirant cette bande & en la preſſant avec le doigt par-deſſous, il jaillit de chaque trou dans l'éſophage une petite goutte trouble & blanche, qui s'augmente en augmentant l'étirement & la preſſion. La liqueur qui forme cette petite goutte eſt aſſez denſe, un peu viſqueuſe, légérement douce, & comme il m'a paru, un peu ſalée. Les premières idées d'Anatomie apprennent bientôt que ces petits trous ſont les canaux excrétoires des follicules glanduleux placés ſous eux, qui ſe manifeſtent clairement quand

on a raclé la membrane où ils s'implantent &
où s'ouvrent tous ces petits trous. Ces follicules d'un rouge pâle paroissent pleins de cette
liqueur trouble, qui continue au bout de plusieurs jours de sortir hors des canaux excrétoires si l'on tient l'éfophage dans l'eau.

XLVIII.

Au-desſous de la bande charnue, l'éfophage
eſt membraneux dans la largeur des trois quarts
d'un pouce, puis il s'unit à l'eſtomac. Cet
organe eſt de la groſſeur d'un poing, ſa dureté
eſt remarquable, ſa forme eſt groſſiérement
elliptique. Si l'on coupe l'eſtomac dans ſa longueur, & dans la partie la moins épaiſſe, l'eſtomac reſte diviſé en deux muſcles très-grands,
chacun d'eux a plus d'un pouce en groſſeur,
il eſt formé par une chair très-compacte. On
voit bien que toute l'action de ces deux grands
muſcles eſt de ſe rapprocher avec une très-grande force, afin de comprimer, froiſſer & briſer
les corps placés entr'eux comme dans un étau.
La tunique nerveuſe eſt adhérente au plan de
ces deux grands muſcles ; mais quoiqu'elle ſoit
robuſte, elle pourroit être bleſſée par des
chocs très-vifs ; auſſi la Nature, avec une ſage
prévoyance, l'a couverte d'une autre tunique
plus forte, capable d'une réſiſtance plus grande;
celle-ci eſt cartilagineuſe, & elle tapiſſe intérieurement la cavité de l'eſtomac.

XLIX.

L'éſophage & l'eſtomac des Coqs & des
Poules d'Inde a beaucoup de reſſemblance
avec celui des Oies. L'éſophage des Coqs-
d'Inde ,

d'Inde, eft membraneux, couvert de follicules glanduleux, mais plus grands & plus fenfibles ; on y voit les canaux excrétoires d'où
il eft facile de faire fortir par une fimple preffion la liqueur qui y eft renfermée. Cette liqueur eft à-peu-près tranfparente; elle s'attache
à ce qui la touche, elle eft douce plutôt qu'infipide. Mais l'éfophage des Coqs & des Poules
d'Inde a une particularité qu'on n'obferve pas
dans les Oies, il eft lié à une efpèce de bourfe
ou de veffie qu'on appelle *jabot*; elle eft très-
groffe dans ces oifeaux. Le jabot eft certainement fourni de follicules glanduleux très-fem-
blables à ceux que j'ai décrit, & il en a peut-
être de même par-tout ; il a auffi fa bande
charnue, fituée dans les parties les plus baffes
de l'éfophage & dont la largeur a un pouce,
elle eft couverte de fes follicules qui font
beaucoup plus gros que ceux de l'éfophage &
du jabot ; & ils y font fi nombreux qu'il n'y a
aucune partie de la bande qui n'en foit couverte. La liqueur qu'on en tire femble de la
même nature que dans les Oies, elle eft vifqueufe au toucher, entre le doux & le falé ;
elle eft d'un blanc fâle & un peu obfcur.

L'eftomac des Coqs & des Poules-d'Inde eft
parfaitement femblable à celui des Oies, foit
dans fa conformation extérieure, foit dans la
nature des trois tuniques, la mufculeufe, la
nerveufe & la cartilagineufe ; fi elles différent,
c'eft par leur épaiffeur : ces trois tuniques font
moins folides & moins grandes dans les Coqs
& les Poules-d'Inde que dans les Oies ; mais

D

auſſi ces premiers oiſeaux ſont moins gros que les ſeconds.

L.

Tout ce que j'ai obſervé ſur l'éſophage & l'eſtomac des Oies & des Coqs-d'Inde, & leurs follicules glanduleux, s'obſerve encore dans une groſſeur proportionnelle ſur les Canards, ſur nos Poules & les autres oiſeaux de cette claſſe, comme les Pigeons, les Perdrix, les Tourterelles, les Cailles. Je n'ai remarqué que cette différence : l'éſophage des Canards, au lieu de s'élargir pour former un jabot, ſe dilate & forme un large canal, comme nous l'avons vu dans les Oies, §. XLVI ; mais je laiſſe la deſcription de toutes ces parties, elle ſeroit ſuperflue, & je paſſe à quelques conſi-dérations phyſiques ſur l'eſtomac.

L I.

En parlant de cet organe, je n'ai rien dit des follicules glanduleux ni des glandes, parce que, dans l'eſtomac de tous les oiſeaux galli-nacés dont j'ai parlé, je ne les ai jamais ſu trouver. La tunique cartilagineuſe qui tapiſſe l'eſtomac ne me paroît point propre pour loger les corps glanduleux, & je n'ai pu y en dé-couvrir aucune trace, non plus que dans les tuniques nerveuſes & muſculeuſes, malgré mes ſoins pour les chercher. Réaumur ayant trouvé dans les oiſeaux gallinacés qu'il y avoit une grande quantité de filets blancs & courts entre la tunique cartilagineuſe & la nerveuſe, n'eſt pas éloigné de ſoupçonner qu'ils ſont autant de petits tubes ou de petits vaiſſeaux propres à décharger leur liqueur dans l'eſtomac (1). J'ai auſſi vu ces filets dans tous les oiſeaux gallinacés que j'ai obſervé : mais je ne ſuis point d'accord avec lui, lorſqu'il dit que ces filets reſtent attachés à la tunique nerveuſe, quand on la ſépare de la cartilagineuſe. J'ai conſtamment vu que, dans cette ſéparation, les filets reſtent toujours adhérens à la tunique cartilagineuſe, & jamais à la nerveuſe, comme on peut facilement s'en aſſurer. Ces filets ſont très-nombreux, & pointus à l'extrêmité oppoſée de celle qui s'implante ſur le plan de cette tunique : ils reſſemblent à des poils folets courts & blancs, viſibles à l'œil dans les Oies & les Coqs-d'Inde, mais qu'on ne peut diſtinguer nettement dans les oiſeaux plus petits qu'avec le ſecours d'une lentille. J'en ai analyſé de différentes grandeurs avec la pointe d'une aiguille fort aiguë, pour voir s'ils ſont intérieurement creux ou glanduleux ; mais je n'ai rien apperçu de ſemblable : je les ai auſſi comprimé, pour voir s'il en ſortiroit quelque liqueur, mais rien ne s'eſt échappé ; auſſi, au lieu de ſoupçonner ces filets vaſculaires, je ſerois porté à les croire de ſimples attaches par leſquelles les deux tuniques, la cartilagineuſe & la nerveuſe, reſtent unies ou du moins plus étroitement liées.

Nous verrons ailleurs que quelques eſtomacs membraneux, bien lavés, après avoir été détachés de l'animal & enſuite bien ſéchés, ne tardent pas à s'humecter de nouveau ; ce qui eſt

─────────────

(1) Mémoire cité.

l'effet de petits vaiſſeaux ou de petites glandes inviſibles qui ſe déchargent de leur liqueur dans la cavité de l'eſtomac. Les eſtomacs muſculeux ne m'ont jamais fait éprouver cet effet ; mais ils ſont toujours reſtés bien ſecs, & la même choſe eſt arrivée aux eſtomacs membraneux, ſi j'avois ſoin de les comprimer par-deſſous afin d'accélérer la ſortie de cette liqueur. Je crois par cette raiſon que les ſucs qu'on trouve dans les eſtomacs muſculeux ne leur appartiennent pas proprement, mais qu'ils proviennent en très-grande partie de l'éſophage & ſur-tout de l'inteſtin duodenum, comme nous le verrons plus bas.

L I I.

C'EST ainſi que la Nature fournit la quantité de ſucs néceſſaires pour la digeſtion. On a vu le nombre immenſe de follicules glanduleux dont l'éſophage eſt couvert, §. XLVI, XLVII, XLVIII, XLIX ; ils ne peuvent verſer le fluïde qu'ils préparent que dans l'eſtomac : la raiſon le perſuade, l'expérience le confirme. J'ai fait entrer dans le jabot vuide d'un Pigeon une petite éponge bien ſèche, mais bien lavée auparavant, afin d'en ôter toute eſpèce de ſaleté : elle y reſta douze heures ; j'ouvris alors le jabot, je l'en tirai : elle étoit imprégnée de liqueur ; & l'ayant exprimée dans un verre, j'en eus une once & au - delà. J'employai des éponges plus grandes avec nos Poules & celles d'Inde, & leurs jabots me fournirent bien plus de cette liqueur éſophagique : un Coq-d'Inde m'en donna ſept onces dans dix heures. On en trouve également dans l'éfophage de ces oifeaux qui s'élargiffent pour former un large canal, comme dans les Canards & les Oies, §. XLVI, L, quoiqu'ils n'aient point de jabots. On ne fauroit douter que ce fluïde ne foit deftiné à ramollir les alimens qui demeurent pendant un tems donné dans le jabot ou dans le grand canal de nos oifeaux, que les alimens ne foient ainfi mis en état d'être plus facilement brifés, & qu'ils ne reçoivent même quelques qualités qui les rendent plus digeftibles. Mais il eft auffi certain, & l'expérience le démontre, qu'une portion confidérable de ce fuc defcend dans l'eftomac avec celui qui diftille de la bande charnue fituée à l'extrêmité de l'éfophage ; celui-ci eft à la vérité plus vifqueux & plus denfe, §. XLVII.

L I I I.

CES différens fucs de l'éfophage contractent dans l'eftomac une faveur amère femblable à celle des alimens qui y ont féjourné, de même que celle qu'on éprouve quand on approche de la langue la tunique cartilagineufe ; & comme cette faveur eft celle de la bile de ces oifeaux qui fe décharge en eux dans le duodenum par le moyen du canal ciftique, je fuis très-perfuadé qu'elle dérive de la même fource, d'autant plus que la bile du duodenum regorge dans la cavité de l'eftomac, & s'y mêle avec les alimens & les liqueurs de l'éfophage qui y font. Plufieurs autres faits me confirment dans cette idée : je les rapporterai ailleurs ; j'ajouterai feulement, qu'on a trouvé souvent la bile dans l'estomac de divers animaux (1).

L I V.

CETTE variété de liqueurs rassemblées dans l'estomac de nos oiseaux sert donc de menstrue pour dissoudre les alimens & les disposer à se convertir en chyle ; mais la première opération de ce travail s'exécute dans le jabot de ces oiseaux. C'est-là que les substances mangées se pénètrent de ce fluïde, y changent de saveur, d'odeur, s'y amollissent, & y deviennent en état d'être brisées dans l'estomac, qui sert de dents à ces oiseaux.

La manière dont les alimens descendent de la bouche dans l'estomac mérite quelque réflexion. Lorsqu'on les leur donne avec abondance, ils s'en remplissent d'abord le jabot ; mais ces alimens ne passent pas si vîte dans l'estomac, ils n'y entrent qu'après avoir été macérés plus ou moins long-tems dans le jabot ; ils n'y entrent même qu'en très-petite dose à la fois : elle semble proportionnée à la quantité de la trituration qu'il peut s'en faire dans le même tems. Il arrive ici ce qu'on observe dans les moulins ; sur les deux grandes meules destinées à la mouture est placé un récipient immobile, plein, par exemple, de froment ; d'où il coule continuellement une petite quantité de grains, qui s'insinue par le trou central de la meule supérieure, & qui se répand dans l'espace vuide

____

(1) HALLERI, *Physiol. T. VI.* VALLISNERI, *opera in fol. T. I.*

placé entre les deux meules où il eft rompu ,
moulu & changé en farine par les chocs vifs de
la meule fupérieure qui tourne avec vîteffe fur
l'autre. Les matières moulues fortent hors des
meules , & il en arrive d'autres : de même , les
alimens brifés dans l'eftomac de ces oifeaux &
diffous par le fuc gaftrique , font chaffés par le
pilore dans les inteftins grêles.

L V.

On obfervera tout cela en vifitant le canal
des alimens pendant la digeftion. Si l'oifeau a
mangé des graines végétales , on les trouve
dans l'eftomac en partie entières, mais ramollies & plus ou moins impregnées de fucs. La
portion de l'éfophage , qui s'étend depuis le
jabot à l'eftomac, ou ne contient point de ces
graines , ou elle en contient très - peu & elles
font entières. C'eft feulement dans l'eftomac
qu'elles fe triturent ; auffi c'eft là que les premières graines qui y font defcendues , ne confervent que leur écorce nue , la partie farineufe
en eft fortie. Les autres graines venues enfuite ,
font plus ou moins brifées & les dernières qui
y font defcendues font entières. Au milieu de
ce mélange de fon , de graines rompues & entières , l'on obferve une bouillie à demi-fluïde
d'une couleur entre le blanc & le jaune , qui
eft la fubftance farineufe des grains, décompofés par les fucs gaftriques & convertis en chyme. Il s'échappe de nouvelles graines du jabot,
qui éprouvent les mêmes révolutions & les
mêmes changemens , & le travail admirable

de la Nature continue tant qu'il deſcend des alimens dans l'eſtomac.

Ces apparences & ces changemens, que j'ai obſervé ſur les graines & que j'ai décrit, s'obſervent de même ſur les matières animales , quand les oiſeaux à eſtomac muſculeux s'en nourriſſent.

L V I.

Quand on ouvre les eſtomacs de nos oiſeaux, on y trouve toujours une certaine doſe de ſuc gaſtrique ; il y eſt moins abondant quand ils ſont remplis d'alimens, parce que ceux-ci l'ont abſorbé ; il n'y en a jamais plus que lorſqu'ils ſont vuides. Et comme je voulois faire des expériences avec ce ſuc, & par conſéquent en avoir ſuffiſamment, je l'ai toujours tiré hors de l'eſtomac de ces oiſeaux à jeun ; il eſt même alors plus pur , il n'eſt point mêlé avec les alimens. En l'examinant dans cet état de pureté, on le trouve preſque auſſi tranſparent que l'eau ; pour l'ordinaire cependant il tire un peu ſur le jaune, il a la fluïdité de l'eau, mais il n'a pas ſon inſipidité , il eſt un peu amer & ſalé. L'eſtomac des oiſeaux où j'ai trouvé le plus de ſuc gaſtrique a été celui des Coqs-d'Inde & des Oies, probablement parce qu'ils étoient plus gros que les autres. Leur abondance me fit naître l'idée d'une expérience, dont le ſuccès devoit décider bien mieux, ſi la trituration n'étoit qu'une aide à la digeſtion & ne l'opéroit pas elle-même. Il falloit chercher ſi ces ſucs conſervoient hors de l'eſtomac leur faculté diſſolvante. J'en remplis deux petits tubes de verre fermés hermétiquement par un bout, & dont l'autre étoit bouché avec de la cire d'Espagne; après avoir mis dans l'un de petits morceaux de chair de Chapon & dans l'autre des grains de froment brisés; j'avois laissé macérer la chair & les grains dans le jabot d'un Coq-d'Inde, afin qu'ils eussent toutes les qualités nécessaires dans ces oiseaux pour la digestion. Outre cela, comme la chaleur de l'estomac étoit probablement encore une condition requise pour la dissolution des alimens, je pensai d'y suppléer en faisant éprouver aux tubes un degré de chaleur à-peu-près semblable à celui qu'ils éprouvent dans l'estomac. Je les mis tous les deux sous mes *aisselles*, je les laissai dans cette position pendant trois jours; je les ouvris ensuite & je visitai d'abord le petit tube où étoient les grains de froment : leur plus grande partie n'avoit plus qu'une écorce nue, la pulpe farineuse en étoit sortie & formoit dans le fond du tube un sédiment gris-blanc & assez épais. La chair de l'autre tube n'avoit pas la moindre odeur de putréfaction; elle étoit en grande partie dissoute & incorporée dans le suc gastrique, qui avoit perdu sa limpidité & qui étoit plus épais; le reste de cette viande avoit perdu sa rougeur naturelle & étoit devenu très-tendre. Je remis ces restes dans le tube que je remplis avec un nouveau suc gastrique & que je replaçai sous l'aisselle; au bout d'un autre jour toute la chair fut entiérement dissoute.

Je répétai ces expériences sur d'autres grains de froment & sur d'autre viande, que je fis macérer de la même manière que dans l'expérience précédente ; mais au lieu de les placer ensuite dans le suc gaftrique, je les mis dans l'eau commune. Je vifitai les tubes femblablement au bout d'un féjour de trois jours fous mes aiffelles, & je trouvai que les grains avoient été creufés là où ils avoient été brifés, ce qui annonçoit un principe de diffolution dans la fubftance pulpeufe du grain. La chair avoit fouffert de même une très - légère diffolution dans fa furface, mais elle étoit intérieurement fibreufe, cohérente, rouge ; en un mot, elle étoit une vraie chair, elle fentoit mauvais & le froment avoit contracté quelque acidité ; ces deux effets ne furent point obfervés dans les grains & la chair que je tins dans le fuc gaftrique. Ces faits prouvent donc fans réplique que le fuc gaftrique fur lequel j'ai fait ces expériences, lors même qu'il n'eft plus dans fa place naturelle, conferve encore le pouvoir de diffoudre les fubftances végétales & animales d'une manière bien fupérieure à l'eau.

L V I I.

Le fuc gaftrique d'une Oie me fournit les mêmes phénomènes que ceux des Coqs-d'Inde ; mais pour réuffir dans ces diffolutions des matières végétales & animales, j'ai obfervé qu'il étoit néceffaire que ces fucs fuffent frais, c'eft-à-dire, qu'ils fuffent tirés fur le champ de l'eftomac ; ils perdent leur énergie quand on les emploie, après avoir féjourné quelque tems dans des vafes, fur-tout s'ils ont été ouverts. Ils font de même abfolument fans force, quand

on les a fait fervir une fois. Enfin, un degré
de chaleur, femblable à celui qu'éprouvent habituellement les hommes ou les oifeaux, eft
indifpenfablement néceffaire. Sans lui, les fucs
gaftriques n'ont pas beaucoup plus d'efficace
que l'eau pour diffoudre les végétaux & les
animaux. A l'égard de ces digeftions artificielles qui font exécutées par les-fucs gaftriques
hors du corps de l'animal vivant, & qui font
fi propres pour éclairer cette matière, je renvoie d'en parler plus amplement dans les Differtations fuivantes.

DISSERTATION SECONDE.

De la Digestion des Animaux à eſtomac moyen. *Des Corneilles & des Hérons.*

LVIII.

J'ENTENDS par un eſtomac *moyen*, celui qui n'eſt proprement ni muſculeux, c'eſt-à-dire, fourni de parois groſſes & robuſtes, comme celui des oiſeaux gallinacés §. I, mais auſſi qui n'eſt pas membraneux, c'eſt-à-dire, d'une mince épaiſſeur, comme l'eſtomac des oiſeaux de proie & de l'homme, dont l'épaiſſeur & la ſolidité ſont moyennes entre l'une & l'autre. L'eſtomac des Corneilles cendrées & noires peut être conſidéré ſous ce point de vue (1); il participe plus cependant de la nature de l'eſtomac muſculeux que de celle de l'eſtomac membraneux. La force moyenne de ces eſtomacs concourt encore à les appeler ainſi : les effets qu'ils produiſent ſont bien éloignés d'égaler ceux qui ſont produits par les eſtomacs muſculeux ; mais ils ſont bien ſupérieurs à ceux que produiſent les eſtomacs membraneux. Les petits tubes de fer-blanc qui ſe froiſſent

---

(1) LINNÆUS les appelle ainſi : *Corvus cineraſcens capite jugulo aliſque nigris. Corvus ater, dorſo atro cæruleſcente cauda ſubrotunda.* Syſtême Nat. T. I.

& se contournent dans l'estomac des gros Pigeons, ne souffrent aucun changement dans
l'estomac des Corneilles ; les graines céréales
ne s'y triturent pas même. Ce n'est pas que leurs
muscles gastriques restent oisifs, mais ils ont
beaucoup moins de force que ceux des oiseaux
gallinacés ; cependant, s'ils ne peuvent pas
froisser les petits tubes de fer-blanc, ils frois-
sent les tubes de plomb lorsqu'ils sont très-
minces ; & même ces tubes, qui ne souffrent
aucune altération lorsqu'ils ne séjournent que
quelques jours dans leur estomac, sont enfin
légérement courbés dans leurs bords lorsqu'ils
y ont été plus long-tems, & pour l'ordinaire
ils sont remplis alors avec les restes de leurs
alimens ; ce qui prouve bien clairement un
mouvement dans les muscles gastriques, mais
ce mouvement ne se fait point appercevoir par
des effets dans les animaux d'un estomac membraneux, comme nous le verrons ailleurs. J'ai
été cent fois témoin de ces faits; & j'ai pu l'être,
puisque j'ai conservé pendant plusieurs mois un
grand nombre de ces Corneilles cendrées &
noires, dont on jugera l'utilité dans ces recherches quand on aura lu cette dissertation.

L I X.

Ces oiseaux, comme l'homme, peuvent
s'appeler *omnivores.* Les herbes, le bled, les
légumes, les chairs, les chairs de toute espèce
vive & morte, tout est fait pour eux, tout les
nourrit ; leurs moyens pour digérer ces différens alimens sont ou les mêmes, ou fort analogues à ceux que nous avons pour cela ; aussi

les connoiſſances que ces oiſeaux peuvent nous fournir, feront jaillir une grande lumière ſur les moyens par leſquels la digeſtion s'opère dans les hommes. Outre cela, elles ſembloient faites pour féconder les idées d'un Obſervateur. Pour connoître les changemens opérés ſur les alimens renfermés dans les petits tubes ou les petites ſphères avalés par les oiſeaux gallinacés. Chaque expérience que j'ai racontée a coûté la vie à l'un d'entr'eux. Mais on peut faire ces expériences & les répéter ſur la même Corneille autant de fois qu'on le veut ſans les faire périr. Ces oiſeaux rejettent par le bec tous les corps, comme les tubes de métal qu'ils ne peuvent digérer; c'eſt ainſi que les oiſeaux de proie rejettent les plumes & les poils des animaux qu'ils ont dévoré : les Naturaliſtes & les Fauconniers l'ont obſervé; mais tandis que la plupart des oiſeaux de proie ne vomiſſent ainſi que toutes les vingt-quatre heures, les Corneilles vomiſſent pour le plus tard au bout de neuf heures, & réguliérement au bout de deux ou trois heures.

L X.

LES Corneilles noires m'ont fourni dans mes expériences les mêmes réſultats que les griſes; de ſorte que je ne les diſtinguerai plus par le nom de leur eſpèce. Le tems où je commençai à obſerver ces Corneilles fut l'hiver, elles ſont alors très-nombreuſes dans la Lombardie Autrichienne, ou plutôt dans la plus grande partie de l'Italie. Toutes les Corneilles que je pus me procurer, lorſqu'elles étoient nouvellement prifes, avoient une grande quantité de petites pierres dans l'eſtomac ; les plus groſſes étoient comme de petits pois & les plus petites comme des grains de millet ; il y en avoit de diverſes qualités, on y voyoit même des morceaux arrondis de briques cuites, mais en moins de dix jours toutes ces pierres diſparoiſſoient hors de leur eſtomac, comme je l'ai obſervé lorſque j'ai examiné anatomiquement leur canal des alimens. Ces pierres étoient ſorties en partie par l'anus, comme on le voyoit dans les excrémens, & en partie par le bec ; elles étoient attachées par le moyen du ſuc gaſtrique à la ſurface extérieure de quelques tubes qu'elles avoient avalés & qu'elles avoient vomi. Comme les Corneilles qui s'étoient débarraſſées de toutes les pierres contenues dans leur eſtomac, continuèrent à manger, à ſe nourrir & à ſe porter auſſi bien que lorſque ces pierres étoient dans leur eſtomac, on peut juger de-là que ces pierres ſont inutiles pour la digeſtion de ces oiſeaux à eſtomac moyen, comme nous avons montré qu'elles n'étoient d'aucun uſage dans la digeſtion des oiſeaux à eſtomac muſculeux, §. XXXI. Je ſuis ainſi fort porté à croire que la collection des petites pierres faite par ces animaux, eſt plutôt un effet du haſard que de leur choix, §. XXXIII ; car quand ces Corneilles n'ont plus de pierres dans l'eſtomac, elles n'accourent jamais pour les prendre avec leur bec à deſſein d'en prendre, mais elles les avalent ſeulement quand elles ſont mêlées & cachées, par art ou par accident, avec leur nourriture.

L X I.

Je commençai mes expériences en mettant dans les tubes des graines entières de végétaux, de fèves & de froment. On comprend aisément que ces oiseaux ne font pas assez lourds pour avaler d'eux-mêmes ces tubes, mais qu'il faut les leur faire prendre par force, en les faisant entrer dans leur gosier & en les accompagnant avec les doigts, jusqu'à ce qu'ils soient parvenus dans l'estomac. Je l'ai fait pour ces oiseaux comme pour ceux à estomac musculeux, §. III. Tous les tubes furent rendus au bout de trois heures ; les fèves & le froment avoient peu changé, ils s'étoient seulement un peu attendris & gonflés par le suc gastrique qui les avoit pénétrés médiocrement. Je remis ces grains dans les tubes, & je fis repasser les tubes dans l'estomac des Corneilles ; ils y restèrent encore deux heures sans subir d'autres changemens. Je répétai cette expérience un grand nombre de fois ; & après avoir tenu un compte exact du séjour que ces tubes avoient fait à différentes reprises dans l'estomac des Corneilles, je trouvai qu'au bout de quarante - huit heures ces grains n'avoient souffert d'autre altération que de s'être imprégnés de suc gastrique, mais ce suc ne put ainsi dissoudre les graines des végétaux.

L X I I.

Ces grains étoient entiers, comme je l'ai dit ; le suc gastrique ne pouvoit donc agir sur la substance farineuse du grain sans se filtrer au travers de son écorce, ce qui pouvoit diminuer

minuer ou amortir l'activité de cette liqueur.
Pour juger la solidité de mon soupçon, il falloit
renouveller l'expérience sur ces grains médiocrement brisés ; je le fis en remplissant quatre
tubes avec des grains médiocrement brisés ,
que je fis avaler à une Corneille : un séjour
de huit heures dans son estomac me montra la
justesse de mon idée ; ces grains avoient perdu
un quart de leur poids , ce qui ne pouvoit être
produit que par l'action du suc gastrique qui
les avoit détruits , & dont ces grains étoient
saturés ; mais ce qui confirme cette vérité ,
c'est que ces grains de froment & de fèves que
j'avois mis assez gros dans les tubes, y avoient
diminué d'une quantité sensible , ce qui ne pouvoit avoir été produit que par l'action des sucs
gastriques qui les avoient corrodés & dissous ,
à-peu-près comme l'acide nitreux , étendu dans
beaucoup d'eau , diminue & décompose lentement les substances calcaires. Ayant remis
dans les tubes les restes des grains , & les ayant
fait avaler à ma Corneille à diverses reprises ,
quand ces morceaux de grains eurent ainsi séjourné vingt & une heures dans son estomac ,
enfermés dans les petits tubes , les grains furent
entiérement dissous , & il ne resta dans les petits tubes que quelques petits morceaux d'é-
corce avec quelques fragmens très - petits de
ces grains.

L X I I I.

Les fèves & le froment éprouvèrent à nud
dans l'estomac des Corneilles les mêmes effets
qu'ils y avoient éprouvé dans les tubes ; en leur

donnant à manger ces grains, je m'apperçus qu'avant de les prendre avec le bec, elles les plaçoient fous leurs pieds, & les mettoient en pièces par les fréquens coups qu'elles leur donnoient avec leurs becs longs & pointus ; alors elles digéroient bien, & la digeſtion de ces graines étoit très-promte en comparaiſon de la digeſtion des graines enfermées dans les tubes. Mais ſi les Corneilles affamées les avalent entières, ou ſi on les oblige à les avaler ainſi, la plus grande partie de ces graines ſortent entières de leur corps, ou par l'anus ou par le vomiſſement. Il n'eſt donc pas étonnant que le ſuc gaſtrique n'ait pas pu diſſoudre ces graines enfermées dans les tubes, puiſqu'il n'a pu le faire dans l'eſtomac, où la force diſſolvante de ce ſuc eſt bien plus grande.

L X I V.

JE néglige de raconter les expériences ſemblables que j'ai faites ſur d'autres graines, comme les pois, les haricots & les amandes des noiſettes : les réſultats ont toujours été les mêmes. Je parlerai plutôt d'autres ſubſtances végétales d'une texture plus molle, & qui n'avoient pas beſoin d'être briſées pour être diſſoutes, telles ſont la mie de pain & les pommes. Non-ſeulement ces deux corps ſe diſſolvent dans les tubes, mais la diſſolution en eſt très-promte, ſi on la compare à celle du froment & des fêves. Quelques morceaux d'une pomme mûre, peſant quatre-vingt & deux grains, mis dans quatre tubes, y furent diſſous dans l'eſtomac d'une Corneille, après y avoir féjourné quatorze heures. Quatre petits morceaux d'une autre pomme, du poids de cent & trois grains, y étoient déja diffous au bout de quinze heures. Cent & fept grains de mie de pain de froment furent réduits à onze dans l'efpace d'environ treize heures.

L X V.

APRES avoir fait mes expériences fur d'autres fubftances végétales, je paffai à un examen femblable fur des fubftances animales ; fachant combien les Corneilles font friandes de ces dernières, j'augurai facilement leur diffolution dans les petits tubes. J'en remplis huit de chair de Bœuf, je les fis avaler à quatre Corneilles ; chacune en avala deux. La chair n'étoit pas coupée en petits morceaux comme pour les oifeaux gallinacés du §. XLII, mais chaque tube en renfermoit un morceau entier. Au bout d'une heure un tube fut vomi, j'examinai avec foin le morceau de chair qu'il contenoit ; & quoiqu'il ne fût pas diminué, il étoit pénétré de fuc gaftrique ; fon goût me parut un peu amer, fa couleur étoit verte tirant fur le jaune, la chair avoit pris en plufieurs endroits cette couleur & cette faveur ; au bout d'une heure & trois quarts deux autres tubes furent vomis, alors je commençai d'appercevoir des preuves de diffolution. La couleur rouge étoit changée en une couleur cendrée & obfcure, elle avoit perdu fa confiftance ; les fibres n'étoient plus cohérentes entr'elles à leur furface. La diffolution fut plus grande dans un autre tube vomi au bout de deux heures &

demi. Une gelée d'une couleur obfcure couvroit la chair & couloit quand on la touchoit, fur la langue elle laiſſoit à peine le goût de la chair ; au bout de quatre heures, la chair fut bien plus diſſoute. Deux tubes vomis alors ne contenoient plus qu'une moitié de la chair qu'on y avoit miſe, & cette moitié étoit couverte de cette gelée fous laquelle elle conſervoit ſa couleur, ſes fibres & ſon goût. Il reſtoit ſeulement encore deux tubes, qui fortirent du bec d'une de ces Corneilles au bout de ſept heures, mais ils étoient vuides, la chair avoit été diſſoute ; on n'y voyoit plus que quelques brins gélatineux attachés aux parois intérieures des tubes. Dans les progrès & la fin de ces diſſolutions, je n'ai jamais apperçu le moindre indice de putréfaction, & je le dis à préſent pour toutes les autres diſſolutions ſemblables opérées dans l'eſtomac des Corneilles & des autres animaux fur leſquels j'ai fait ces expériences. Jamais elles ne m'ont fait éprouver la plus légère odeur, ni dans les chairs, ni dans les autres matières enfermées dans les tubes que je leur donnois à digérer.

Cette expérience répandit une vive lumière dans mon efprit ; elle démontroit que le ſuc gaſtrique des Corneilles eſt le diſſolvant de la chair enfermée dans les tubes, & qu'il n'a pas befoin d'être aidé par la trituration pour agir efficacément ; d'où l'on apprend comment ce fuc agit dans les oifeaux gallinacés. On voit la chair ſe ramollir, changer de couleur, ſe décompoſer & ſe changer en une gelée différente de la chair ; cette gelée, toujours plus pénétrée du fuc gaſtrique, fort d'elle-même hors des tubes, entre dans l'eſtomac & forme le chyme. On voit encore comment ce fluïde agit feulement à la furface des chairs fans les pénétrer, & la diſſout feuillets après feuillets comme les autres menſtrues, juſqu'à ce qu'il arrive aux parties du centre pour les attendrir & les diſſoudre.

L X V I.

On a vu que la chair renfermée dans les petits tubes n'a commencé de fe diſſoudre qu'au bout d'une heure & trois quarts, & que la diſſolution a été finie après fept heures §. LXV. Mais peut-on dire que cet eſpace de tems ſoit déterminé pour cette opération du fuc gaſtrique ? N'auroit-elle pas été plus promte, s'il avoit pu agir plus librement fur la chair ? Il eſt certain que les tubes font un obſtacle à l'action du fuc gaſtrique : que feroit-il donc arrivé en diminuant cet obſtacle ? Que feroit-il arrivé en le levant abſolument, & en laiſſant la chair nue dans l'eſtomac de l'oifeau ? Pour réfoudre la première de ces queſtions très-importantes, j'ai fait, autant que je l'ai pu, agrandir les trous qui font fur les parois, §. VII. Ces tubes remplis de chair de Bœuf, comme dans l'expérience du paragraphe LXV, furent avalés par quelques Corneilles. Là je vis combien le fuc gaſtrique avoit plus d'action ; au bout d'une heure & demi la chair des tubes qui furent alors vomis par ces oifeaux étoit réduite à moins d'un quart. Les deux autres tubes, au bout de deux heures, en contenoient la moitié. Au bout de quatre heures, tous les tubes furent vuides.

L X V I I.

Avant de paſſer à l'examen de la ſeconde queſtion, il me vint dans l'eſprit de faire l'inverſe de l'expérience que je viens de raconter, §. LXVI. Au lieu de donner plus de facilité au ſuc gaſtrique pour pénétrer dans les tubes, je cherchai à multiplier les obſtacles & à lui en fermer preſque l'entrée. J'employai toujours mes tubes accoutumés, mais je les enfermai dans une bourſe de toile ; quoiqu'elle fût très-claire, elle ſuffit cependant pour retarder la diſſolution des chairs : elle ne commença que lorſque les tubes eurent ainſi ſéjourné dans l'eſtomac pendant trois heures, & elle ne fut faite qu'après y avoir été pendant dix heures.

Je n'avois employé cette toile que ſimple ; pour augmenter les obſtacles je répétai l'expérience précédente en doublant la toile. La chair ne commença à ſe diſſoudre alors qu'au bout de quatre heures, & elle ne fut pas diſſoute au bout d'un jour entier.

Après avoir triplé la toile, je n'apperçus les commencemens d'une diſſolution qu'au bout de neuf heures, & au bout d'un jour la moitié de la chair étoit à peine détruite ; mais ſi l'on en excepte la lenteur de la diſſolution, elle ſe fit comme dans les cas précédens où les tubes ſont bien ouverts : la chair y étoit devenue extérieurement gélatineuſe à demi-coulante ; elle paroiſſoit en pluſieurs endroits teinte en jaune, & fon goût à la furface, de même que fon odeur, ne differoient point de ceux du fuc gaftrique.

Pour terminer ces expériences, je cherchai ce qui feroit arrivé à la chair mife dans des tubes bien fermés par leurs extrêmités, & qui n'auroient eu que trois ou quatre trous : voici les réfultats que j'obtins. Quand ces tubes eurent féjourné neuf heures dans l'eftomac des Corneilles ; aux endroits de la chair qui correfpondoient avec les trous des tubes, il s'étoit fait de petits creux plus ou moins profonds dans la chair, d'où il s'échappoit fur la furface de petits fillons affez irréguliers; dans ces creux, comme dans ces fillons, les fibres charnues étoient devenues très - molles, elles avoient perdu leur rougeur, & avoient pris une teinte jaune. Le refte de la chair étoit intact. On voit clairement par ce que j'ai dit, que les creux & les fillons font l'ouvrage du fuc gaftrique, qui s'étoit infinué dans les tubes par les trous, qui avoit diffout & détruit la chair qu'il avoit touchée, mais qui avoit laiffé intact toute la portion où il n'avoit pu pénétrer.

L X V I I I.

Venons à préfent à l'examen de la feconde queftion, & examinons la différence qu'il y a entre la promtitude de la digeftion opérée fur la chair qui eft libre dans l'eftomac, & celle qui eft dans les tubes. Ayant pris de la chair de Bœuf, je la partageai en deux portions égales, l'une defquelles, divifée en petits morceaux, fut enfermée dans les tubes, & l'autre refta entière ; chacune de ces portions pefoit onze deniers. Je fis avaler à une Corneille les petits tubes avec cette viande , ils étoient au nombre de huit ; je fis avaler à une autre Corneille de la même efpèce , également faine & robufte & dans le même tems , la portion entière de chair à laquelle j'avois attaché un fil fort , lequel fortoit du bec de l'oifeau , & que j'attachai autour de fon col ; par fon moyen je pouvois retirer de l'eftomac la chair que j'y avois fait defcendre , & l'examiner à mon gré. Afin que tout fût plus d'accord , je fis enforte que les deux Corneilles euffent l'eftomac vuide. Au bout de trente-fept minutes , un des tubes fut vomi ; je tirai alors avec le fil la viande qui étoit dans l'eftomac de l'autre oifeau , elle étoit fort imprégnée de fuc gaftrique , fur-tout dans les parties qui correfpondoient avec le fonds de l'eftomac ; elle n'avoit plus rien de rouge , elle avoit pris une couleur de jaune , & fon volume étoit fort diminué , comme je le connus par le poids qui avoit perdu quarante-deux grains : mais la chair du petit tube avoit confervé tout fon poids.

Je fis avaler de nouveau refpectivement à mes deux Corneilles le tube & la viande qu'elles avoient eu dans leur eftomac ; à mefure que celle qui avoit les tubes dans fon eftomac les rendoit , je les lui faifois avaler encore , afin qu'ils féjournaffent dans l'eftomac auffi long-tems que la chair nue ; & auffi-tôt que j'eus vu que celle-ci étoit entiérement digérée , ce qui arriva au bout de trois heures & neuf minutes, je tuai la Corneille dans l'eſtomac de laquelle étoient les tubes, pour pouvoir examiner la chair qu'ils renfermoient ; j'en peſai les morceaux qui reſtoient, j'en trouvai environ ſept deniers ; d'où il réſulte que dans trois heures & neuf minutes, cette portion de chair avoit diminué de quatre deniers.

Mais, au contraire, la chair attachée au fil avoit été réduite à demi denier, & ne formoit plus qu'une maſſe de membranes. La partie charnue étoit entiérement diſſoute, & il paroiſſoit évidemment que la chair nue ſe digère ſans comparaiſon beaucoup plus vite que celle qui eſt renfermée dans les tubes. Le fait montre ſa cauſe, puiſque ces diſſolutions ſont produites par le ſuc gaſtrique ; il eſt bien clair que plus il enveloppe la chair, plus il la baigne, & plus vîte il doit la diſſoudre ; c'eſt auſſi pour cela que la chair doit être diſſoute plus tard dans les tubes, où elle eſt plus garantie de l'action immédiate de ce ſuc.

L X I X.

AYANT au mois de Juin une nichée de Corneilles cendrées qui mangeoient plus que les adultes, comme il arrive à tous les oiſeaux qui ſont dans leur nid, je jugeai qu'elles digéroient par conſéquent beaucoup plutôt ; je voulus donc l'éprouver, & entre pluſieurs expériences, celle dont je viens de parler étoit la plus tranchante. Un quart d'once de chair de Bœuf attachée au fil commence à ſe diſſoudre auſſi-tôt qu'il touche l'eſtomac, & il étoit entiérement diſſous au bout de quarante - trois

minutes , mais la même quantité de viande ne
fut diſſoute dans les tubes qu'au bout de quatre
heures & demi. L'ouverture de ces Corneilles
me fit voir la cauſe de ces promtes diſſolutions.
Je trouvai dans leur eſtomac une demi cueil-
lerée de ſuc gaſtrique , & il eſt bien rare d'en
trouver autant dans l'eſtomac des Corneilles
adultes. Donc , comme ces oiſeaux dans le nid
ont beſoin d'une plus grande quantité d'alimens;
pour leur accroiſſement , la Nature leur a fourni
les moyens de ſe procurer une nourriture plus
facile & plus abondante. Il n'eſt plus beſoin
que je le diſe , la ſomme des expériences rapportées dans le §. LXV. & dans les ſuivans démontre entr'autres choſes que la digeſtion des
alimens dans l'eſtomac eſt proportionnelle à la
quantité du ſuc gaſtrique qui agit ſur eux; que
leur décompoſition eſt d'autant plus lente, que
le nombre de leurs points qui touche le ſuc
gaſtrique eſt plus petit §. LXVII ; qu'en diminuant les obſtacles qui empéchent l'action du
ſuc gaſtrique ſur les alimens , leur diſſolution
s'augmente §. LXV. LXVI ; qu'elle eſt très-
promte & la plus grande lorſque tous les obſtacles ſont levés , §. LXVIII. LXIX.

L X X.

IL y a une queſtion diſcutée par les anciens
Phyſiologiſtes & les modernes : quelques animaux carnivores digèrent-ils les os ? Entre les
divers ſujets que j'ai voulu traiter dans cet ouvrage , j'ai cru que celui-ci méritoit les réflexions & l'attention des Phyſiciens ; ici comme
ailleurs je raconterai ce que j'ai vu. Quand on

voit une Corneille ou un oiseau de proie dévorer un animal, on diroit qu'il peut en diffoudre les os. Si un Faucon prend un Pigeon,
il commence à lui arracher le dos, à prendre
la partie musculaire de la poitrine, ensuite il
avale les parties intérieures, & il finit en en-
gloutissant les côtes, les vertèbres, la tête &
même les pieds & les aîles s'il est affamé. Si
l'on donne aussi un Pigeon à une Corneille,
elle en détache la chair, & abandonne sa carcasse. Ce refus qu'elle fait de manger les os ne
sauroit être pour un Philosophe une preuve
qu'elle ne puisse pas les digérer. Tout au plus
on pourroit le croire, mais cette croyance doit
être justifiée par l'expérience & je voulus la
faire. J'avois quelques phalanges humaines des
doigts des pieds, j'en renfermai deux dans un
de mes tubes; les deux phalanges pesoient
quinze deniers avant de les faire avaler avec
le tube à une Corneille; au bout de treize heures leur poids fut le même, ils ne s'étoient pas
même ramollis. Imaginant que l'épaisseur de
ces os empêchoit l'action du suc gastrique, je
fis avaler des os plus petits à ces Corneilles.
Dans la chambre où je tenois ces oiseaux, j'en
trouvai un jour une morte dévorée alors avec
fureur par ses compagnes; j'en pris un os, le
tibia, je le rompis en deux, je le mis dans un
petit tube; il resta pendant un jour dans l'estomac d'une Corneille, mais il ne s'y attendrit
pas & n'y perdit point de son poids. J'observai
la même chose sur un petit os libre dans l'estomac pendant quatorze heures.

L X X I.

La voracité avec laquelle les Corneilles se
mangent réciproquement, m'a fait remarquer
une erreur de Cheyne, qui prétend que les
Corneilles ne peuvent digérer la chair de leurs
semblables, & qu'elles la vomissent lorsqu'elles
l'ont avalée. Haller, sur l'autorité de Cheyne, le répète (1). *Ipsa Cornix Cornicis carnem
ingestam non potest coquere & deglutitam vo-
mitu rejicit.* Mais elles la digèrent, & ne la
vomissent point. Cependant, pour mieux vérifier le fait, je tuai une Corneille, & je la
jettai déplumée aux autres ; elles lui sautèrent
bientôt dessus, la dévorèrent avec avidité, &
n'en vomirent aucun morceau. Ayant même
tué une de ces Corneilles, celle qui m'avoit
paru avoir mangé le plus de sa compagne, j'en
trouvai la chair en très-grande partie dissoute
dans l'estomac, sous la forme d'une bouillie à
demi fluide, & se dissolvant en partie, comme
je l'avois souvent observé dans d'autres chairs
semblables.

L X X I I.

Nous avons vu que les os minces comme
les gros étoient indissolubles dans les sucs gastriques des Corbeaux, §. LXX. Mais ceux qui
se rapprochent par leur mollesse de l'état de
cartilage seroient-ils dans le même cas ? Je fis
l'expérience avec un autre tibia d'une Corneille
encore dans le nid ; cet os n'avoit pas encore
acquis sa dureté, quoiqu'il fût assez dur pour

––––––––––––

(1) Physiol. T. VI.

se rompre quand on vouloit le plier. Cependant, cet os qui pesoit quinze grains, au bout de sept heures de séjour dans l'estomac d'une Corneille, où il resta enfermé dans un tube, étoit diminué de cinq grains, & s'étoit ramolli de manière, qu'en le prenant entre les doigts, on pouvoit le courber comme un arc. Le ramollissement & la diminution augmentèrent toujours davantage ; & après avoir resté vingt-sept heures dans l'estomac de la Corneille, il fut réduit à l'épaisseur d'un petit tube de papier; il n'étoit pas cependant tout-à-fait gélatineux, il montroit encore quelque élasticité lorsqu'on le pressoit entre l'index & le pouce, & il reprenoit sa première forme après avoir été comprimé. Il avoit perdu toutes les inégalités qu'il pouvoit avoir extérieurement, & il étoit devenu plus poli ; pendant cinq autres heures de séjour dans l'estomac, il perdit sa forme de tube, & fut réduit en petits morceaux.

L X X I I I.

JE fis d'autres expériences sur les os tendres d'autres animaux plus grands ; ils ne purent se dissoudre que très-difficilement, dans un tems fort long, mais la dissolution se fit plus aisément dans les jeunes Corneilles, probablement à cause de la grande abondance de leurs sucs gastriques, §. LXIX.

Quant à la question sur les os, il faut conclure rélativement aux Corneilles, que les os sont indigestibles pour les Corneilles, à moins qu'ils ne soient plus cartilagineux qu'osseux.

L X X I V.

Dans la précédente differtation, comme dans celle-ci, nous avons toujours parlé de l'eftomac comme du lieu deftiné à la digeftion; & en confultant les anciens Phyfiologiftes dans mes expériences, il feroit tout-à-fait déraifonnable d'en douter. Seulement pourroit-on chercher fi la digeftion fe fait uniquement dans l'eftomac, ou fi elle ne fe fait pas ailleurs comme dans l'éfophage. Le fondement de cette recherche fe trouve dans la deftruction fenfible des alimens avalés, qu'on a trouvés encore dans l'éfophage de quelques animaux, comme du Corbeau marin & du Brochet (1). Pour m'en affurer, j'ai voulu faire quelques expériences que je raconterai, mais je donnerai avant une defcription rapide de l'éfophage & de l'eftomac des Corneilles, de même que des fources des fucs qu'on trouve dans ces deux vaiffeaux.

L X X V.

L'ésophage de ces oifeaux eft membraneux, il eft fans jabot, avec un léger étranglement dans le milieu. Quand on l'obferve à l'œil nud, on croiroit qu'il eft fans follicules glanduleux, mais avec un verre on les découvre bientôt. Ils y font fi nombreux, qu'il n'y a aucun point de ce canal qui n'en foit couvert. On diftingue à peine leurs canaux excrétoires, quoique ces follicules fourniffent abondamment leur

---

(1) Helvetius, Mém. de l'Acad. 1719. Plot. natur. hift. *of Staffordshire.*

suc. Il suffit de passer le bout du doigt pour qu'ils le versent. Cette liqueur est visqueuse, d'une blancheur cendrée & légérement douce.

La partie inférieure de l'ésophage se grossit dans cette bande charnue dont j'ai déja parlé, §. XLVI. XLVII. à l'occasion des oiseaux à estomac membraneux ; dans nos Corneilles elle a à peine un pouce de largeur, mais elle a, comme dans les oiseaux dont j'ai fait mention, une quantité considérable de follicules glanduleux, très-gros & très-visibles à l'œil nud ; leur figure est ronde, ils dégorgent toujours une liqueur douce, moins visqueuse que celle des plus petits follicules de l'ésophage membraneux, mais elle est plus cendrée & plus épaisse.

L X X V I.

Nous avons vu que l'estomac des oiseaux gallinacés étoit formé sur-tout de trois tuniques, dont l'une étoit cartilagineuse, la seconde nerveuse & la troisieme musculaire, §. XLVIII. XLIX. On voit ces trois tuniques dans les oiseaux à estomac moyen : en détachant la tunique cartilagineuse de la nerveuse, & en observant cette dernière à l'œil nud, on y découvre une multitude de petits corps blancs qui y sont logés, qui paroissent pointus ; mais lorsqu'ils sont vus avec une lentille, ils se changent bientôt en follicules glanduleux, beaucoup plus petits que ceux de la bande charnue, §. LXXV. Ces follicules sont remplis d'une liqueur visqueuse, qui se vuide par l'extrêmité des follicules tournés du côté de l'estomac, lorsqu'on les comprime avec le doigt ou autrement. Je

penſai qu'ils devoient ſe décharger dans l'eſtomac , & je cherchai dans la tunique cartilagineuſe les pores qui devoient leur ſervir d'iſſue
pour ſe verſer dans l'eſtomac, mais j'avoue que
je n'en ai point trouvé : cela ne prouve pas
qu'ils ne ſoyent pas exiſtans , ils peuvent être
ſi petits qu'ils fuyent l'œil armé des plus fortes
lentilles , & je ne ſaurois me perſuader que
ces follicules , dont les canaux excrétoires ſont
tournés vers l'eſtomac , ne ſoyent deſtinés par
la Nature à y dépoſer leurs ſucs.

L X X V I I.

MAIS je voulois rechercher s'il ſe fait quelque digeſtion hors de l'eſtomac dans l'éſophage
des Corneilles : pour le ſavoir , je fixai à un fil
de fer deux petits morceaux égaux de chair de
Veau ; l'un d'eux étoit placé à l'extrêmité du
fil de fer, & l'autre deux pouces au-deſſus. Je
fis paſſer ce fil de fer par le bec d'une jeune
Corneille encore dans le nid , & je le fis deſcendre par l'éſophage, de manière que le morceau placé dans l'extrêmité fût dans l'eſtomac ,
& que le morceau placé plus haut fût uniquement
ment dans l'éſophage. Afin que la Corneille
ne pût pas vomir l'appareil , je lui fermai le
bec , par pluſieurs tours du fil auquel le fil de
fer étoit attaché par ſa partie ſupérieure.
Je pouvois ainſi à ma volonté tirer les deux
morceaux de chair & les obſerver. Au bout
d'une heure , le morceau qui avoit ſéjourné
dans le fond de l'eſtomac étoit entiérement digéré, à l'exception de quelques petites parties
cellulaires qui reſtoient encore, mais le morceau
qui

qui étoit placé dans l'éfophage étoit intaɛ̌t. Je le remis dans l'éfophage , & au bout d'une autre heure , je remarquai que la liqueur de l'éfophage avoit commencé d'agir fur la chair & de la diffoudre ; elle pefoit d'abord fix deniers , elle n'en pefoit plus alors que cinq & demi : cette chair féjourna encore deux heures dans l'éfophage , mais alors elle fut à peine diminuée de deux deniers. Il réfultoit de-là qu'il pouvoit fe faire une efpèce de digeftion dans l'éfophage , qu'elle y étoit occafionnée par l'activité des fucs qui fortent des follicules qui le tapiffent , §. LXXV , mais cette digeftion eft très - petite relativement à celle de l'eftomac : dans celui-ci , au bout d'une heure , fix deniers de viande avoient été digérés , au lieu que dans l'éfophage , au bout de fix heures il s'en étoit feulement diffous deux.

L X X V I I I.

C E s expériences réuffirent mieux fur les jeunes Corneilles , avec un fil de fer préparé comme le précédent , auquel étoient attachés deux morceaux de viande , dont l'un fe trouvoit dans l'eftomac & l'autre dans l'éfophage; quand je le leur avois fait avaler , le premier morceau étoit toujours digéré lorfque le fecond commençoit à peine à fouffrir quelque légère diffolution , elle fut pourtant portée une fois à cinq deniers pendant treize heures.

L X X I X.

Pour favoir enfin fi la faculté digeftive étoit la même dans tous les points du canal de l'éfophage , je formai un cylindre de chair d'un

F

demi - pouce d'épaiſſeur & de la longueur de
l'éſophage , en y comprenant la cavité de l'eſtomac , ce cylindre de chair étoit enfilé dans
le fil de fer dont j'ai parlé ; je le fis ainſi deſcendre par le bec d'une Corneille , de manière
que ſa baſe touchoit le fond de l'eſtomac , &
que ſon ſommet étoit à l'entrée du bec. Au
bout d'un quart d'heure , tout le cylindre charnu étoit imprégné de ſucs, mais ſa baſe ſeule qui
repoſoit ſur l'eſtomac commençoit à ſe diſſoudre , la chair y étoit devenue blanchâtre. Quand
une heure ſe fût écoulée , le cylindre , dans la
longueur d'un pouce , c'eſt-à-dire dans toute
la partie contenue dans l'eſtomac , n'avoit plus
de chair , & la petite quantité qui reſtoit étoit
à moitié gélatineuſe & coulante , mais la portion correſpondante à l'éſophage ſembloit in-
tacte : elle ne reſta pas telle enſuite ; il commença à ſe faire ſur le cylindre une eſpèce d'é-
roſion qui s'accroiſſoit toujours , mais très-lentement ; & comme cette éroſion s'obſervoit ſur
toute la longueur du cylindre de chair , j'eus
lieu de croire que l'éſophage pouvoit produire
dans toute ſa longueur une eſpèce de digeſtion,
ſur les alimens qui y reſtoient arrêtés pendant
quelque tems. Il n'arrive preſque jamais naturellement que les alimens ſéjournent dans l'é-
ſophage , quand les Corneilles le prennent à
leur gré, & elles diffèrent en cela d'autres animaux qui prennent des alimens au-delà de ce
qu'il leur en faut pour remplir leur eſtomac.

L X X X.

- Apres avoir vu l'abondance du ſuc qui coule

dans le jabot des oifeaux gallinacés , §. LII, il étoit aifé de croire que les alimens s'y digeroient un peu en y féjournant, mais je ne l'ai pas obfervé ; j'ai remarqué feulement qu'ils s'y ramolliſſoient & s'y macéroient, §. LII. fans s'y diffoudre ; au moins je ne l'ai jamais vu dans plufieurs fubftances végétales qui y étoient reftées long-tems , & quoiqu'elles y fuſſent pénétrées de ce fuc. Il faut auſſi ajouter que la liqueur qui s'échappe hors de l'éfophage des oifeaux gallinacés eft bien différente de celle qui fort de l'éfophage des Corneilles.

L X X X I.

Mais pourquoi les alimens fe digèrent-ils fi vîte dans l'eftomac de ces oifeaux , & fi tard dans leur éfophage ? Seroit-ce parce que le fuc gaftrique feroit plus actif ou plus abondant que celui de l'éfophage ? Quelles font les propriétés & les caractères de ces fucs ? Peut-on efpérer d'opérer avec ces fucs, hors du corps des Corneilles , des effets propres à inftruire fur ce qui fe paſſe au-dedans ? Pour réfoudre ces problêmes, il falloit avoir à fa difpofition une grande quantité de ces fucs ; & comme on ne pouvoit l'obtenir que difficilement par la mort des Corneilles , il étoit néceſſaire d'imaginer un moyen pour l'en tirer pendant leur vie. Pour en venir à bout, j'employai quelques petits morceaux d'éponge sêche inférée dans les tubes ; après avoir féjournés pendant un certain tems dans l'eftomac & l'éfophage des Corneilles, ils étoient néceſſairement imprégnés des fucs qui y couloient , & à leur fortie naturelle ou artificielle, ils devoient en fournir, par l'expreſſion, une ſuffiſante quantité à l'Obſervateur. Je fis entrer ainſi trois tubes dans l'eſtomac d'une Corneille ; & après les avoir reçu au bout de quatre heures par le vomiſſement, j'obtins par l'expreſſion trente-ſept grains de ce ſuc gaſtrique, il étoit écumeux, d'une couleur jaune, troublée, d'une ſaveur très-amère & ſalée ; il laiſſa dans le fond d'un verre de montre où je le tenois, au bout de quelques heures, un ſédiment groſſier, que j'imaginai être un reſte des alimens diſſous, & mêlés avec le ſuc gaſtrique, parce que la Corneille avoit mangé après avoir avalé ces tubes. Je répétai l'expérience ſur une autre Corneille à jeun, & qui ne mangea point juſqu'à ce qu'elle eût vomi les tubes. Je ſuivis cette méthode dans mes autres expériences, en obſervant que le jeûne ne fût ni trop long ni trop ſévère. Pour prévenir la maladie de l'animal, j'eus ſoin encore que les éponges dont je me ſervis fuſſent très-propres, bien lavées & bien eſſuyées ; de cette manière, j'eus trente-trois grains de ſuc gaſtrique, ſa couleur étoit jaune, tranſparente, laiſſant très-peu de ſédiment, mais conſervant la même amertume & la même ſalure ; il eſt peu volatil, car au bout de pluſieurs jours il s'en étoit peu évaporé ; il éteignoit le feu au lieu de l'allumer, & approché d'une chandelle ardente il ne s'enflammoit pas. Un papier imprégné de ce ſuc, & jetté ſur les charbons, ne brûloit qu'après ſon évaporation. Il avoit auſſi peu de volatilité & d'inflammabilité quand il ſortoit de l'eſtomac & qu'il étoit chaud.

LXXXII.

LA quantité du fuc gaftrique, fourni par mes trois tubes, me fit efpérer d'en avoir une quantité fuffifante pour entreprendre des expériences chymiques, & même des digeftions artificielles. Je penfai donc que chaque Corneille pouvoit bien avaler huit tubes au lieu de trois, & que lorfqu'ils auroient été vomis au bout de quelques heures, je pourrois renouveller l'expé·rience. Ayant donc cinq Corneilles, je leur fis avaler à chacune huit tubes garnis de leurs éponges. Au bout de trois heures & demie, tous mes tubes furent vomis, & la quantité de fuc gaftrique que j'obtins de ces quarante tubes égaloit le poids de quatre cent quatre-vingt & un grains, j'eus bientôt au bout de peu de jours treize onces de fuc gaftrique de Corneilles, dont je me fervis de la manière dont je parlerai.

LXXXIII.

EN faifant ces expériences, je remarquai premiérement que le fuc gaftrique couloit abondamment dans l'eftomac; car en retirant ces tubes au bout d'un quart d'heure, les petites éponges étoient fortement imprégnées de ce fuc, & au bout d'une heure elles n'en pouvoient recevoir davantage. Secondement, qu'après avoir tiré de l'eftomac une quantité remarquable de ce fuc, on pouvoit en tirer encore une feconde, puis une troifième; après qu'une Corneille avoit vomi les huit tubes, je les lui faifois avaler de nouveau fur le champ avec de nouvelles éponges; je répétai même cette opération une troisième fois, & je trouvai que la quantité de suc gastrique, recueillie alors, n'étoit point inférieure à celle que j'avois eue à la première fois & à la seconde. Troisièmement, chaque fois que je retirai le suc gastrique hors des éponges, je l'ai toujours trouvé comme je l'ai dépeint §. LXXXI, il différoit seulement un peu par sa couleur. Ordinairement sa couleur est citron-pâle, mais alors elle est jaune-cendré.

L X X X I V.

C'EST par le moyen de ces petites éponges, insérées dans de petits tubes, que j'obtins les sucs qui se filtroient dans l'éfophage, j'obfervai seulement d'attacher le tube à du fil, de laisser sortir le fil par l'ouverture du bec, & de l'entortiller autour du bec pour empêcher les Corneilles de l'ouvrir ; par ce moyen, les tubes restoient dans l'éfophage sans risquer de descendre dans l'estomac ou d'être vomis, & j'avois la commodité de les retirer à mon gré. Je fis passer ainsi quatre tubes dans l'éfophage d'une Corneille, je les retirai au bout de trois heures, & je vis bientôt combien peu· de suc l'éfophage fournissoit en comparaison de l'estomac. Les quatre éponges n'en donnèrent que onze grains. Doutant que cela ne fût un effet du hasard, je répétai l'expérience, & je fis rester plus long-tems les éponges dans ce canal, mais jamais elles ne se pénétrèrent à beaucoup près de suc comme dans l'estomac ; & le fait lui-même nous montre l'abondance supérieure du suc gastrique de l'estomac, en comparaison de celle du fuc fourni par l'éfophage. Si l'on ouvre l'éfophage d'une Corneille dans fa longueur avec fon eftomac, le premier eft feulement humecté par ce fuc, tandis que le fecond en contient une quantité plus ou moins confidérable. Ce que j'avois penfé s'accorde avec les faits. La pofition du corps des Corneilles & de la plupart des oifeaux eft telle, que la liqueur qui fort de la furface intérieure de l'éfophage doit néceffairement defcendre dans les parties les plus baffes de ce vifcère, & fe verfer par conféquent dans le fond de l'eftomac, qui reçoit ainfi le fuc de l'éfophage, & qui doit avoir encore un fuc particulier, §. LXXVI. La bile fe mêle encore avec abondance aux fucs gaftriques ; j'en ai trouvé plufieurs fois dans l'eftomac des Corneilles, & c'eft la caufe de l'amertume & de la couleur jaune de ces fucs. Ayant ouvert le duodenum dans fa longueur, j'ai fouvent vu des traces d'une couleur verte tirant fur le jaune, qui étoient la bile elle - même : cette bile, à la diftance de trois bons pouces du pilore, fe décharge dans cet inteftin par le canal cyftique qui fort de la véficule du fiel. La réunion de tous ces fucs doit produire dans l'eftomac une quantité de fluïde beaucoup plus grande que celle qui fort de l'éfophage, & je ne doute point que ce ne foit la caufe pour laquelle les alimens fe digèrent plus vîte & mieux dans l'eftomac que dans l'éfophage, §. LXXVII. LXXVIII. Je crois encore que les fucs de l'eftomac font plus actifs que ceux de l'éfophage, parce qu'ils font mêlés avec la bile

qui ne remonte jamais dans l'éfophage, comme
on le voit par la couleur de fes fucs qui n'eft
ni jaune, ni amère, mais prefque infipide &
fans couleur.

L X X X V.

Il me refte à parler des digeftions artificielles, tentées avec les fucs gaftriques; je renvoie
ailleurs les expériences chymiques, faites avec
les fucs gaftriques des Corneilles & d'autres
animaux, dans le but d'en pénétrer la nature.
La facilité que me donnoit le vomiffement des
Corneilles, pour obtenir une grande abondance
de fucs gaftriques, me fournit les moyens de
faire avec ce fuc un bien plus grand nombre
d'expériences qu'avec celui des oifeaux gallinacés, §. LVI. LVII. que je ne pouvois avoir
qu'en leur donnant la mort.

Je voulus d'abord voir l'action du fuc gaftrique des Corneilles fur la chair, en l'expofant
ainfi au milieu de l'air que nous refpirons. C'é-
toit au mois de Janvier; le Thermomètre gra-
dué fur les principes de Reaumur fe tint dans
le vafe où fe fit l'expérience entre le quatrième
& le cinquième degré (1). Pour être plus fûr
de mes expériences, j'avois un terme de comparaifon dans des vaiffeaux pleins d'eau, où
je tenois alors de la chair; j'eus auffi toujours
foin que la chair fût parfaitement baignée dans
la liqueur, & que les vaiffeaux dont je me fervois fuffent fermés avec un bouchon. Pendant

____

(1) Quand je parlerai d'un Thermomètre, j'enten-
drai toujours celui de Reaumur.

fept jours, la chair fe conferva la même dans l'eau & dans le fuc gaftrique ; au bout du huitième, j'apperçus le commencement d'une diffolution très - légère , parce qu'en agitant les vafes, il fe détachoit quelques particules de la chair qui alloient à fond. Je ne vis pas enfuite plus de progrès , & le fuc gaftrique ne me parut pas plus efficace que l'eau commune, feulement la chair plongée dans le fuc gaftrique ne fe corrompit pas , tandis que celle qui étoit dans l'eau fut atteinte de pourriture.

L X X X V I.

LA chair que j'avois employée fut celle de Bœuf , mais l'expérience faite avec les chairs de Veau , de Poulet & de Pigeon me fournirent les mêmes réfultats , quoique le Thermomètre eût alors été à fept degrés. Pendant que je faifois ces expériences dans l'air naturel, j'en faifois d'autres femblables dans l'atmofphère d'une étuve dont la chaleur varioit, de manière que la plus forte indiquoit le vingt - deuxième degré , & la plus foible celle de la température. Là, les effets produits par le fuc gaftrique furent différens de ceux que l'eau produifit ; dans celle-ci, au bout de deux jours, les chairs dont j'ai parlé commencèrent à fe diffoudre légérement , mais cette diffolution étoit produite par le commencement de la pourriture qui s'annonçoit par une mauvaife odeur. Cette odeur s'accrut toujours, & au bout d'une femaine elle fut infupportable, la chair étoit réduite en bouillie. Mais dans le fuc gaftrique , la diffolution fut bien plus promte ; vingt-cinq heures fuffirent pour décompofer ces chairs, & au bout de deux il n'en reftoit plus que quelques brins. Ces diffolutions ne fentirent jamais mauvais, d'où il réfulte qu'elles ne furent point dûes à un principe de putréfaction, comme celles qui furent faites dans l'eau, mais qu'elles furent produites par un diffolvant plus efficace & d'une manière tout-à-fait différente.

LXXXVII.

JE fus forcé d'interrompre ces expériences jufqu'au mois de Juin fuivant ; & me prévalant alors de la chaleur du foleil, j'y expofai deux petits vafes de verre pleins du fuc gaftrique des Corneilles, jufqu'à une hauteur déterminée ; dans l'un je mis des petits morceaux de chair, & dans l'autre de la mie de pain de froment. L'action du foleil, pendant neuf heures, produifit un grand effet fur cette digeftion que je voulois produire artificiellement. Une bonne partie de la chair étoit réduite en une efpèce de colle qui couloit entre les doigts, il n'en reftoit que le noyau ou la partie du milieu qui étoit encore fibreufe & qui avoit quelque confiftance, mais elle perdit cela le lendemain. La chaleur folaire fut défignée pendant ces deux jours par le quarante & le quarante-cinquième degré du Thermomètre. Ces changemens produits fur la chaleur par le fuc gaftrique, furent produits de même dans une femblable proportion fur le pain ; il perdit fa blancheur & devint gris, vifqueux ; il n'avoit plus rien de la nature du pain, quoiqu'en le goûtant il en eût encore confervé le goût. Dans la comparaifon que je fis en mettant la chair dans l'eau, & en l'expofant ainfi au foleil, comme dans le §. LXXXV, je m'apperçus au bout de deux jours d'une divifion très-fuperficielle dans le pain & la chair, mais elle n'étoit rien en comparaifon de celle qu'avoit produite le fuc gaftrique. Le pain étoit devenu manifeftement acéteux, la chair fentoit fort mauvais, ce que je n'obfervai point dans les diffolutions opérées par le fuc gaftrique.

L X X X V I I I.

COMME la digeftion de ces deux fubftances animale & végétale s'étoit bien faite dans le fuc gaftrique, fomenté par la chaleur folaire, il fembloit très - vraifemblable qu'elle fe feroit encore mieux avec la chaleur naturelle des Corneilles dans leur eftomac. On a vu dans la differtation précédente, comment j'imitois la chaleur naturelle en plaçant fous mes aiffelles les petits tubes qui renfermoient la chair avec le fuc gaftrique, §. LVI. LVII. Je fus forcé d'employer ce moyen pour mettre les petits tubes à l'abri des chocs violens des eftomacs mufculeux; mais comme je n'avois plus ce danger à craindre, je crus pouvoir me fervir du moyen fuivant. Je préparai plufieurs tubes de verre longs de fix lignes, larges de trois, fermés hermétiquement par un bout; je les rempliffois de fuc gaftrique & de petits morceaux de chair par l'autre, que je fermai enfuite avec la cire d'Efpagne; je faifois avaler ainfi ces tubes aux Corneilles. Certainement la digeftion qui devoit fe faire étoit artificielle, puifque les ſucs de l'eſtomac n'y avoient aucune part. Je ne tardai pas à m'appercevoir que la cire d'Eſ-pagne ſe ramolliſſoit par la chaleur animale, & que les tubes n'étoient pas bien fermés; je ſubſtituai à la cire un ciment plus propre à ré-ſiſter à l'action de la chaleur, & je répétai l'expérience. Je fis avaler alors deux tubes à une Corneille qu'elle vomit une heure & demi après. Mais quel fut mon étonnement! Les petits morceaux de viande n'avoient ſubi aucun changement, ils avoient ſeulement pris une rougeur tirant ſur le bleu; quatre heures d'un nouveau ſéjour dans l'eſtomac d'une Corneille n'y produiſit rien de nouveau. Le poids de ces brins de viande étoit ſeulement de vingt - huit grains, & une portion de chair ſi petite auroit été diſſoute dans l'eſtomac de ces oiſeaux au bout de quelques minutes, ſi elle y avoit été plongée, & au bout de quelques heures ſi elle y avoit été placée dans des tubes de fer-blanc.

L X X X I X.

Mais ſi les chairs n'ont pu être diſſoutes dans ces petits tubes, cela ne viendroit-il point ou de la clôture des tubes, ou de ce que la communication eſt rompue entre l'air exté-rieur & l'intérieur des tubes, ou de la quan-tité trop petite de ſucs gaſtriques qu'ils con-tiennent, ou enfin parce que l'eſtomac n'agit plus ſur ces chairs? J'examinai toutes ces con-jectures, mais elles me parurent toutes inſuf-fiſantes; & à l'égard de la dernière, elle eſt abſolument détruite par la diſſolution des ali-

mens qui fe fait dans les tubes, ouverts feulement par leurs extrêmités, mais cependant garantis de l'action de l'eftomac fur ces extrêmités elles-mêmes. On ne peut imaginer que la
quantité de fuc gaftrique fût trop petite pour
cette diffolution, puifque les brins de chair y
nageoient. Enfin, la rupture de la communication de l'air extérieur avec l'air intérieur,
ne paroît pas être la caufe qui empêche la
diffolution des alimens enfermés dans ces tubes
bouchés avec un ciment. Cependant, pour
m'en affurer, je fis cette expérience curieufe.
Je pris de petits tubes de verre, longs de fix
pouces & fermés hermétiquement à la lampe
par un bout; je tirai l'autre extrêmité, de manière que ces tubes formoient de petits cônes
alongés & ouverts; par cette ouverture je faifois entrer le fuc gaftrique dans le tube avec
de petits morceaux de chair; cette dofe rempliffoit les deux tiers de la partie la plus large
du cône; je faifois defcendre ces cônes par
leurs bafes dans l'eftomac des Corneilles, jufqu'à ce qu'ils en touchaffent le fonds; mais à
caufe de leur longueur, ils pouvoient fortir du
bec par leur partie ouverte; & afin que ces
oifeaux ne puffent pas les vomir, je les fixai
de la manière que j'ai indiquée, §. LXXVI.
Ces tubes coniques devoient fort incommoder
mes Corneilles, mais ils devoient auffi m'inftruire parfaitement fur ce que je voulois favoir,
puifque la communication avec l'air extérieur
étoit entière. Cependant la chair refta quelques heures plongée dans le fuc gaftrique con-

tenu dans ces cônes, & il n'y eut aucune apparence de diffolution.

X C.

J'avertis ici le Lecteur, que, lorfque j'ai tenu les tubes dont j'ai parlé, & les cônes que je viens de décrire, dans l'eftomac de ces oifeaux pendant dix ou douze heures, la chair ne s'y réduifoit jamais qu'en une bouillie gélatineufe qui étoit obfcure ; mais cela ne détruifoit pas l'étonnement qu'excitoit en moi une diffolution fi lente dans ces récipiens fermés, fur-tout fi on la compare avec les diffolutions très-rapides qui s'opèrent naturellement dans l'eftomac. Cependant le fuc gaftrique étoit très-frais ; il étoit tiré de l'eftomac par le moyen de mes petites éponges ; il y étoit abondant, & la chair qui y étoit enfermée éprouvoit la chaleur qu'elle a dans l'eftomac, puifque les tubes y étoient contenus.

En tuant les Corneilles au moment où elles digèrent, on trouve le fond de leur eftomac plein de fuc gaftrique, qui eft un peu différent de celui qu'on retire des éponges par l'expreffion ; il eft plus denfe, plus amer & d'un jaune qui tourne au bleu : l'autre partie de ce fuc, mélée aux alimens, & qui occupe la partie la plus élevée de l'eftomac, approche plus du fuc qu'on tire des éponges. Sachant par l'expérience que le fond de l'eftomac étoit le lieu où la digeftion s'opère le plus facilement, il étoit naturel d'imaginer que le fuc gaftrique y avoit plus d'activité & d'énergie, & qu'il devoit ces avantages à la bile qui y arrivoit, qui lui donnoit fa couleur jaune tirant fur le bleu, fon goût amer : je préférai ce fuc à celui des éponges ; je répétai avec lui, dans des tubes fermés & dans les canaux coniques, les expériences que j'avois faites, & que j'ai rapportées dans les paragraphes LXXXVIII, LXXXIX, mais le réfultat ne fut point celui que j'attendois, la chair n'y fut diffoute que plufieurs heures après y avoir été mife.

X C I.

En comparant le laboratoire que la nature a préparé pour la digeftion avec les petits tubes fermés, & les cônes que nous avons imaginés pour faire des digeftions artificielles, je n'ai fu trouver que ces deux différences ; l'une que la chair dans les petits tubes & dans les cônes n'éprouvoit que l'action du fuc qu'on y mettoit, & que ce fuc n'étoit point renouvellé, tandis que dans l'eftomac le fuc gaftrique s'y renouvelle fans ceffe par une foule innombrable de follicules glanduleux qui le filtrent : la feconde différence eft que les fucs gaftriques, enfermés dans la cavité de l'eftomac, s'évaporent peu ou point ; mais ceux qu'on en a tirés & expofés à l'air, ne peuvent qu'avoir éprouvé une évaporation plus ou moins forte, & perdu par conféquent quelque portion de leurs particules les plus volatiles & les plus actives. La diffolution très-lente des chairs dans les petits tubes fermés & dans les vafes coniques feroit donc occafionnée par les deux caufes que j'ai indiquées, qui font fuffifantes pour ôter au fuc gaftrique l'énergie néceffaire pour opérer la digeſtion. L'expérience au moins m'a fait connoître que le renouvellement du ſuc gaſtrique étoit très-néceſſaire pour abréger les tems de la digeſtion ; car ſi l'on fait un très-petit trou à ces tubes bien fermés, de manière que le ſuc gaſtrique qui y eſt puiſſe en ſortir, & être renouvellé, alors la digeſtion ſe fait dans un tems beaucoup plus court, & je voyois le même effet avoir lieu, ſi je me donnois la peine de changer le ſuc gaſtrique contenu dans les vaiſſeaux coniques. Mais la chaleur eſt abſolument néceſſaire pour favoriſer l'action du ſuc gaſtrique dans la digeſtion de ces animaux. Si l'on tient ce ſuc à une chaleur de quatre ou cinq degrés au-deſſus de la glace, il n'agit pas plus efficacément que l'eau ſur la chair, §. LXXXV. La même choſe arrive avec une chaleur de ſept degrés, §. LXXXVI, mais il devient très-actif lorſque la chaleur eſt de dix degrés & ſurtout de vingt-deux, §. LXXXVI. Cependant, encore alors la digeſtion eſt lente, mais auſſi la chaleur des animaux à ſang chaud eſt de trente degrés, §. XC. Enfin, l'influence de la chaleur eſt ſi grande pour accélérer la digeſtion, que ce même ſuc gaſtrique, qui diſſout lentement la chair aux degrés de chaleur, de trente degrés, quand il n'eſt pas renouvellé, §. XC, la diſſout très-vîte quand la chaleur eſt indiquée par les degrés quarante & quarante-cinq, §. LXXXVII.

X C I I.

CHAQUE fois que j'avois exprimé hors des éponges le ſuc gaſtrique des Corneilles qu'elles contenoient,

contenoient, j'avois coutume de les laver dans l'eau pure, qui se teignoit un peu en jaune. Après avoir fait tant d'expériences sur le suc gastrique pur, je fus curieux d'essayer cette eau qui avoit servi pour laver ces éponges. J'en remplis un petit vase de verre, & j'y mis un petit morceau de chair : tout cet appareil fut exposé au soleil pendant trois jours du mois de Juillet. La chair, qui étoit celle d'un Chapon, y fut un peu dissoute ; je trouvai alors sur le fond du vase un voile d'une matière cendrée & impalpable, qui n'étoit qu'un composé de petites particules, détachées de la chair plongée dans cette eau qui avoit servi de lessive aux éponges. Quoique la saison fût très-chaude, la chair ne sentoit point mauvais, ou du moins fort peu, quoiqu'un morceau semblable, exposé de la même manière au soleil dans l'eau, eût contracté une odeur intolérable.

X C I I I.

MAIS il est tems de quitter ce qui regarde la digestion des Corneilles, pour parler de la digestion des Hérons, comme je me le suis proposé. Les Hérons que j'ai observé sont ceux que les Nomenclateurs appellent cendrés. Par toute sorte de raisons, ils doivent être mis dans le nombre des oiseaux à estomac moyen, d'autant plus que les parois de l'estomac de cet oiseau ont une grosseur & une solidité qui n'est qu'une moyenne entre les estomacs membraneux & musculeux. Lorsqu'on gonfle cet organe, il paroît large environ de deux pouces, il est aussi long, & sa figure approche de la cylindrique. Quand on l'ouvre dans fa longueur, & qu'on l'obferve intérieurement, il paroît ridé; les rides s'élèvent dans la longueur, il y en a de tranfverfales & même dans toutes les directions de ce vifcère. Les parois de ces eftomacs font couvertes d'une efpèce de chemife gélatineufe, qui a quelque confiftance, qui s'enlève facilement, dont la couleur eft entre le blanc & le jaune; elle m'a paru organifée, & je ferois porté à croire qu'elle eft la dernière tunique intérieure de l'eftomac. Au-deffus l'on trouve la tunique nerveufe, d'une couleur blanche, épaiffe, mais d'un tiffu ferme & difficile à rompre. Quand on lave cette membrane, & qu'on l'effuie avec un linge, fi on l'étire ou fi on la comprime avec le doigt par deffous, elle fe couvre de goutelettes très-fubtiles & à peine vifibles, qui, en groffiffant peu - à - peu & en s'approchant toujours plus, forment un voile aqueux; fi l'on fait difparoître ce voile, & fi l'on étire de nouveau la tunique, ou fi on la comprime encore; fi même on répète cette opération trois, quatre fois ou même davantage, on apperçoit toujours ce voile aqueux, mais il eft toujours plus léger. On ne peut douter que cette humeur ne foit une portion du fuc gaftrique qui fe décharge dans l'eftomac. J'ai fait tous les efforts poffibles pour voir fi cette liqueur tiroit fon origine des glandules ou des corps analogues, mais je n'ai apperçu ni les uns ni les autres; il refteroit donc à fuppofer qu'elle fort des vaiffeaux artériels, dont l'extrêmité s'ouvre dans l'eftomac, & qui y dépofent l'humeur qu'ils préparent. Après la tunique nerveufe, on en trouve une qui eft mufculaire, d'une couleur rouge, & dont l'épaiffeur eft à peine d'une ligne; elle eft formée par de petites bandelettes charnues, dont les unes font tranfverfales & les autres longitudinales. Les premières m'ont paru feulement à la furface, les fecondes forment les lits intérieurs, & fe prolongent jufqu'au bord de la tunique. Enfin, l'on trouve une autre tunique d'une fubftance cellulaire, qui eft la dernière de toutes.

X C I V.

L'eftomac, quand le Héron eft à jeun, contient plus ou moins de fuc gaftrique; fon goût eft amer, fa couleur trouble & jaunâtre, il a ordinairement un peu d'épaiffeur. Son amertume tire fa fource de la bile, qui auroit le même goût s'il n'étoit pas plus fort; & j'ai même trouvé la bile plufieurs fois dans le fond de l'eftomac & autour de l'orifice du pylore. La véficule du fiel a plus d'un pouce de longueur; dans fa plus grande largeur elle a cinq ou fix lignes, fa forme eft celle d'un petit œuf, dont la pointe s'implante dans le foie. Malgré mes foins, je ne fuis pas fûr d'avoir trouvé le canal cyftique; cependant, je foupçonnerois qu'il perce l'inteftin duodenum à la diftance de fept pouces du pylore, & je me fonde fur une ligne d'un bleu jaunâtre qui fe détache de la véficule du fiel, & qui fe place fur cette partie de l'inteftin.

XCV.

Sous l'eftomac, on voit cette bande charnue que j'avois obfervé dans les oifeaux gallinacés & dans les Corneilles, §. XLVI. XLVII. LXXV; elle déborde d'un pouce dans cette efpèce de Hérons. Cette bande eft entiérement couverte de cette tunique gelatineufe, que j'ai trouvé tapiffant toujours l'eftomac, §. XCIII. A cette tunique fe joint la tunique nerveufe, un peu plus fubtile que celle de l'eftomac, & qui m'a paru en être une continuation; fi on l'obferve attentivement, elle femble un crible, par les trous qui la traverfent, & chacun d'eux font les couvertures des follicules glanduleux placés deffous; ils occupent une bonne partie de l'épaiffeur de cette bande, & ils font tranfparens quoiqu'on les voie au travers. Si l'on comprime la tunique nerveufe dans quelque place, il s'échappe bientôt par les ouvertures un fuc vifqueux & trouble, qui m'a paru infipide, & qui continue à fortir lorfqu'on continue la compreffion de la tunique. Il paroît évident que ces follicules font la fource abondante de ce fluïde. Il me paroît inutile de décrire ces petits corps glanduleux, ils reffemblent entiérement à ceux des oifeaux gallinacés & des Corneilles, foit qu'on les confidère relativement à leur nombre prodigieux, ou relativement à leur pofition, à leur forme, à leur couleur, &c. Sous cet amas de follicules glanduleux, on trouve deffous la tunique mufculeufe, dont l'épaiffeur eft beaucoup moindre, & qui eft compofée de

plufieurs lits formés par des longues mais
étroites bandes charnues ; enfuite on trouve la
dernière tunique ou l'extérieure, qui eft la plus
fubtile de toutes, & qui eft formée par des
membranes cellulaires.

X C V I.

L'ÉSOPHAGE a douze pouces de longueur
depuis fon origine, & un pouce & demi de
largeur. Sa forme eft à-peu-près cylindrique,
il fembleroit fe refferrer un peu vers fon embouchure dans l'eftomac. En l'obfervant extérieurement avec un verre, il m'a paru couvert
d'une foule de petits corps que j'ai jugés d'une
nature glanduleufe. Quand on l'a renverfé &
un peu enflé, fi on l'effuye pour en ôter l'humidité qui le couvre, alors, en le comprimant
de nouveau, on fait reparoître cette humidité
dans les parties comprimées, & on renouvelle
cette humidité en renouvellant la compreffion,
ce qui arrive ici précifément comme pour l'eftomac, §. XCIII, avec cette différence cependant, que l'humeur de l'eftomac eft produite par
de petites artères, & que celle de l'éfophage
fort de très-petites glandes ou de corps analogues.

X C V I I.

L'appareil de ces liqueurs, qui diftillent continuellement dans la cavité de l'éfophage & de
l'eftomac des Hérons, étoit bien propre à faire
croire leur grande utilité pour la digeftion.
Comme j'ai eu un petit nombre de ces oifeaux
à ma difpofition, & qu'ils ne vomiffent
prefque jamais, comme les Corneilles, les ma-

G 3

tières qu'ils ne digèrent pas , & par conféquent les petits tubes , je n'ai pu faire les expériences que j'aurois fouhaité. J'ai cependant entrepris les plus importantes , l'une defquelles étoit de découvrir par quel moyen ils digéroient. Pour le découvrir, j'ai employé mes petits tubes avec la même facilité & les mêmes fuccès. Cette efpèce de Hérons fe nourrit de Poiffons , de Grenouilles , de Couleuvres aquatiques, de plufieurs fortes de Vers, & d'Infectes qui vivent dans l'eau ; ceux que j'avois étoient fur - tout très-friands de Grenouilles & de Poiffons. J'employai donc fur - tout ces animaux dans mes expériences ; & comme ils avalent entières les Grenouilles d'une groffeur moyenne, j'en fis defcendre une dans l'eftomac d'un Héron , après l'avoir enfermé dans un tube de fer-blanc plus grand que ceux dont je m'étois fervi ; je lui en fis avaler un autre où étoit enfermé un petit Poiffon d'un poids à-peu-près égal à celui d'une Grenouille. Je tuai le Héron au bout de vingt-quatre heures, j'ouvris fon eftomac, & j'y trouvai les deux tubes, qui, malgré leur petite épaiffeur , étoient entiers , & n'avoient éprouvé que deux froiffemens légers. Leur poids me fit bientôt comprendre qu'ils ne renfermoient plus la quantité de matière que j'y avois mife. Je les ouvris tous les deux : le petit Poiffon étoit déja diffous, à l'exception de quelques arêtes, de quelques os de la tête, & d'un petit morceau de la chair du dos ; mais il étoit fi tendre qu'il n'étoit plus cohérent dans fes parties. On pouvoit beaucoup mieux reconnoître la Grenouille. La chair des cuiſſes, les os eux-mêmes étoient détruits, mais on voyoit encore les extrêmités des pates de devant & de derrière qui ſubſiſtoient toujours. Les tégumens de l'abdomen & du thorax avoient diſparu, & la chair qui étoit deſſous s'étoit ramollie, au point qu'elle ſembloit avoir été légérement cuite. Les petits os avoient pris la conſiſtance des cartilages. Ces reſtes de la Grenouille & du Poiſſon étoient baignés de ſuc gaſtrique, & quand on les mettoit ſur la langue, ils lui communiquoient un goût amer. Le Lecteur éclairé apperçoit déja les conſéquences immédiates de ces expériences. On voit d'abord que l'eſtomac du Héron agit avec une certaine force ſur les alimens qu'il renferme, puiſqu'il froiſſa légérement un des tubes. Enſuite, que la digeſtion aſſez avancée ſur la Grenouille, & achevée ſur le Poiſſon, n'eſt pas un effet de la trituration ou de l'action des tuniques de l'eſtomac ſur eux, mais qu'elle eſt produite uniquement par les ſucs gaſtriques qui ſont entrés dans le tube par ſes ouvertures, qui en ont baigné ces deux animaux, & qui, par leur force diſſolvante, les ont en partie détruits en cauſant une plus grande deſtruction au Poiſſon qu'à la Grenouille, parce que le premier étoit plus tendre. Enfin, l'énergie des ſucs gaſtriques ne ſe borne pas à diſſoudre les parties molles des animaux, comme la peau, la chair, &c. mais encore les plus dures comme les os.

X C V I I I.

RELATIVEMENT au dernier fait, je voulus

avoir quelque chofe de plus exact; je mis feulement des os dans deux tubes. Nous avons vu que les Corneilles ne pouvoient pas digérer les os durs, & qu'elles digéroient difficilement les tendres, §. LXX. LXXII. LXXIII. Il étoit curieux de favoir ce qui fe pafferoit dans l'eftomac des Hérons; & pour me fatisfaire plus pleinement, je mis dans ces tubes plufieurs efpèces d'os; dans un des tubes je mis des os tendres, ceux des Grenouilles & des Poiffons; dans l'autre je mis des os durs, un fémur de Poule-d'Inde rompu en deux. Je fis avec ces os deux petits paquets que je liai avec plufieurs tours de gros fil, je les fis avaler à un Héron, qui les conferva pendant vingt-fept heures dans fon eftomac: au bout de ce tems je le fis mourir, & je trouvai avec un plaifir mêlé de furprife, que le tube qui contenoit les os de Grenouilles & de Poiffons étoit vuide, à l'exception du fil qui les avoit attachés; le fuc gaftrique les avoit donc diffous: mais il n'arriva pas la même chofe au fecond tube. J'aurois cru les os qu'il contenoit parfaitement intacts, fi je ne les avois pas trouvés plus polis, plus blancs qu'ils n'étoient auparavant; ils me parurent même plus minces, & je trouvai que leur poids étoit diminué; car les ayant pefé avant de les faire avaler, je trouvai leur poids de quatorze deniers; mais après leur féjour dans l'eftomac, ils ne me donnèrent plus que onze deniers & fix grains, deforte qu'ils avoient perdu trois deniers moins fix grains. En comparant cette expérience avec celle que j'avois faite fur les

Corneilles, il me parut que le fuc gaftrique de ces oifeaux eft moins propre pour diffoudre les os que celui des Hérons ; mais auffi les Hérons font obligés de digérer tout ce qu'ils avalent. Quand je leur donnois des Grenouilles, j'obfervai leur manière de les manger : lorfqu'elles étoient d'une groffeur médiocrè, ils les avaloient entières. Comme ces Hérons ne peuvent pas vomir les corps qu'ils ne digèrent pas, §. XCVII, & comme les os des Grenouilles avalées, ou d'autres animaux femblables, ne peuvent pas fi facilement s'échapper par les inteftins, la Nature a très - fagement ordonné les chofes de manière, que non-feulement les Hérons digèrent les chairs, mais encore les os qu'elles couvrent, & qu'ils les convertiffent en une fubftance animale.

X C I X.

UN autre genre d'expériences auffi curieufes qu'importantes, étoit de chercher s'il s'opère quelque digeftion dans l'éfophage des Hérons, comme dans celui des Corneilles, §. LXXVII. LXXVIII. LXXIX. La largeur de leur col, & par conféquent celle de leur éfophage, étoit très-propre pour cette recherche. Je fis l'expérience fur une Grenouille que j'avois écorchée, & que je fis refter pendant deux heures, la tête en bas, dans le milieu de l'éfophage d'un Héron, par le moyen d'une ficelle dont les jambes poftérieures de la Grenouille étoient liées, & que j'attachai au col du Héron. Ce féjour de la Grenouille opéra fur elle un changement plus grand que je n'avois efpéré, car quoique la Grenouille fût toujours entière, elle s'étoit fort attendrie. Ce commencement de digeſtion étoit trop avancé pour ne pas le pouſſer plus loin. Je remis la Grenouille dans le même lieu, & je l'y tins encore pendant neuf heures ; au bout de ce tems-là, je cherchai à l'avoir en la tirant avec la ficelle, mais il n'y eut que les jambes poſtérieures qui reſtèrent attachées avec les cuiſſes, le reſte du corps fut arrêté dans l'éſophage, & un moment après je m'apperçus que le Héron l'avoit fait paſſer dans l'eſtomac. Ayant trouvé les jambes & les cuiſſes à moitié défaites, & ſouhaitant ſavoir ce qui étoit arrivé au reſte de la Grenouille, je pris le parti de tuer le Héron ſur-le-champ : je trouvai ma Grenouille dans l'eſtomac. La chair muſculaire qui la couvroit étoit déja détruite, & ce qu'il en reſtoit ſe diviſoit facilement en pluſieurs parties, ſur-tout là où étoient les articulations ; la chair étoit dans cet état de deſtruction qu'elle auroit éprouvé ſi elle avoit pourri dans l'eau, mais elle ne donnoit pas le moindre indice de putréfaction.

C.

Quoique l'expérience fût ſuffiſante pour décider ſur la digeſtion qui s'opère dans l'éſophage, je n'avois pas penſé à obſerver la perte que la Grenouille y avoit ſoufferte. Je répétai donc l'expérience dans ce but, mais comme je n'avois pas des Grenouilles, j'y ſuppléai avec une autre chair, ce fut une demi - once & quarante grains de poumons de Vache. Ce morceau de poumon, retiré de l'éſophage d'un

Héron, après y avoir féjourné treize heures, fut diminué de fept deniers & deux grains. Comme l'éfophage des Hérons eft membraneux, il eft croyable que les digeftions qui y ont été faites n'ont point été le produit d'une action mécanique. Mais il falloit le prouver directement, & je pouvois fournir ces preuves par le moyen des petits tubes ; je m'en fervis donc de la même manière que lorfque j'avois voulu favoir fi l'éfophage du Héron étoit propre à digérer la chair ; & comme la digeftion s'y opéra, je reftai convaincu qu'elle ne s'étoit pas faite par un mouvement de l'éfophage , mais par la feule efficace des fucs qui en découloient.

C I.

Il ne reftoit plus qu'à faire une expérience, pour faire connoître la quantité précife de la diminution de la chair, & le rapport qu'il y avoit entre cette diminution opérée dans l'éfophage & celle qu'elle éprouvoit dans l'eftomac. Après avoir fait defcendre dans l'eftomac d'un Héron un petit morceau de poumon de Vache en forme de boulette, qui pefoit les deux tiers d'une once, je fis entrer dans l'éfophage une autre boulette du même poids , & toutes les deux féjournèrent pendant fept heures dans le lieu où je les avois mis. Je tuai alors le Héron , & la boulette de poumon contenue dans l'eftomac, qui avoit eu la groffeur d'une noix , étoit réduite à celle d'un pois , & ne pefoit plus que vingt-huit grains. La boulette femblable, qui avoit demeuré pendant le même tems dans l'é-

ſophage, étoit un peu plus petite, mais la diminution étoit peu de choſe auprès de l'autre ;
elle peſoit cinq deniers & dix-huit grains.

J'obſervai ſur ces deux digeſtions, que les ſucs
diſſolvans, dans l'eſtomac & dans l'éſophage,
ne diſſolvoient pas ces deux morceaux de viande
en les pénétrant juſqu'à leur centre, mais en
diminuant leur ſurface par la diſſolution de la
première couche la plus extérieure, & ſuc-
ceſſivement par la diſſolution des couches ſuivantes. Auſſi, après avoir lavé ſe morceau de
poumon de Vache qui avoit été dans l'éſophage,
& l'avoir nettoyé de cette couche gélatineuſe,
diſſoute par les ſucs de l'éſophage, je trouvai
qu'il offroit d'abord une couche fibreuſe, ſolide
& rouge, comme la chair dans ſon état naturel, & en partageant ce morceau en deux
parties, la ſection intérieure ne pouvoit être
plus ſaine ; il n'y paroiſſoit aucun indice de
diſſolution : on obſervoit la même choſe dans
le morceau de viande qui avoit été dans l'eſtomac ; quoiqu'il y eût ſouffert une diminution
beaucoup plus grande, la partie intérieure étoit
parfaitement ſaine.

Il ne me reſtoit que deux Hérons de tous
ceux que j'avois : je les ſacrifiai pour m'aſſurer
de la prodigieuſe différence qu'il y a entre la
digeſtion qui s'opère dans l'eſtomac & celle qui
s'opère dans l'éſophage, & je retrouvai parfaitement vrai tout ce que j'en ai dit, quoique
l'expérience fût faite ſur deux Grenouilles, qui
ſéjournèrent pendant huit heures dans l'éſophage
& l'eſtomac d'un Héron, & ſur deux Poiſſons

qui reſtèrent pendant neuf heures dans ceux d'un autre.

Ces expériences prouvent ſans replique que l'éſophage des Hérons, comme celui des Corneilles, peut digérer plus ou moins les alimens qui s'y arrêtent. D'autres animaux ont le même avantage, mais nous le verrons dans les diſſertations ſuivantes.

C I I.

Ce que nous avons dit dans cette diſſertation, comme dans la précédente, offre divers traits de reſſemblance & de différence entre les oiſeaux à eſtomacs muſculeux & ceux à eſtomacs moyens, rélativement à l'opération de la digeſtion. Il eſt important d'unir ces traits; cette union fixera mieux les regards ſur ce qui s'eſt préſenté de neuf & d'intéreſſant dans mes recherches, pour connoître la manière de digérer dans ces deux claſſes d'animaux. Tous les traits de reſſemblance ſe bornent aux rapports qu'ont entr'eux les divers ſucs gaſtriques de ces différens animaux. Il eſt premiérement prouvé que tous ces ſucs ſe reſſemblent, nonſeulement par la couleur, mais qu'ils ſont encore ſalés & amers, & que cette amertume tire ſon origine de la bile qui s'inſinue dans l'eſtomac par l'ouverture du pylore : ſecondement, que ces ſucs ſont les agens immédiats de la digeſtion, dans les eſtomacs muſculeux comme dans les moyens, indépendamment de la trituration : troiſiémement, que dans ces deux claſſes d'oiſeaux, les ſucs gaſtriques agiſſent de la même manière ſur les alimens; qu'ils les diſſolvent en ramolliffant d'abord leurs parties extérieures, en les convertiffant en gelée, & en opérant les mêmes chofes fur les parties plus intérieures, où ils s'infinuent peu à peu jufqu'à ce qu'ils les aient entiérement diffoutes : en quatrième lieu, ils ne perdent point leur force diffolvante, quoiqu'ils foient hors de l'eftomac de l'animal, s'ils éprouvent une chaleur convenable, comme je l'ai prouvé par les digeftions artificielles. Enfin, les fources de ces fucs font en grande partie les mêmes dans ces deux claffes d'oifeaux; ils font filtrés par les follicules glanduleux, dont le nombre eft très-grand.

C I I I.

A l'égard des différences, elles fe réduifent en partie à celle-ci : les fucs gaftriques des oifeaux à eftomacs mufculeux ont moins d'énergie que ceux des oifeaux à eftomacs moyens. Le fuc gaftrique des premiers ne fauroit diffoudre les alimens qui fe diffolvent aifément dans l'eftomac des autres ; outre cela, les alimens qui fe diffolvent dans les eftomacs de ces deux efpèces d'oifeaux, font beaucoup plus vîte digérés par les fucs gaftriques des oifeaux à eftomacs moyens, dans leurs eftomacs, que dans ceux des oifeaux à eftomacs mufculeux. C'eft auffi la raifon pour laquelle les digeftions artificielles fe font beaucoup plus vîte par le moyen des premiers fucs que par celui des feconds. Comme les fucs gaftriques des oifeaux à eftomacs mufculeux ne peuvent pas diffoudre certains alimens dont la texture a de la confiftance, leurs fucs de l'éfophage ne fauroient

diſſoudre ceux d'une texture très-lâche, quoiqu'ils ſoient facilement décompoſés par le ſuc
de l'éſophage des oiſeaux à eſtomacs moyens.
Les effets prodigieux de la trituration, dans les
oiſeaux à eſtomacs muſculeux, offrent une autre
différence très-remarquable entre les oiſeaux
de ces deux claſſes ; on peut à peine comparer
la petite force des eſtomacs moyens avec l'énergie des eſtomacs muſculeux : elle étoit néceſſaire à cette claſſe d'oiſeaux ; leurs ſucs étant
incapables de diſſoudre les alimens un peu durs,
comme les graines végétales dont les oiſeaux
à eſtomacs muſculeux ſe nourriſſent, il falloit
un agent qui pût les briſer & les diſpoſer à la
digeſtion ; c'eſt l'ouvrage opéré par les muſcles
de leur eſtomac.

DISSERTATION TROISIEME.

De la digestion des animaux à estomacs membraneux.
Les Grenouilles, les Salamandres, les Couleuvres terrestres & aquatiques, les Vipères, les Poissons, les Moutons, les Bœufs, les Chevaux.

C I V.

JE m'étois proposé de rechercher dans la plus grande étendue possible, par quels moyens la Nature opéroit la digestion des alimens dans le vaste règne des animaux ; & il m'a paru que je résoudrois suffisamment le problême, si j'examinois les trois classes auxquelles tous les animaux peuvent aisément se rapporter, c'est-à-dire, celle des animaux à estomacs musculeux ; celle qui renferme les animaux à estomacs moyens ; & enfin la troisième qui embrasse tous les animaux à estomacs membraneux : aussi, après avoir parlé des deux premières classes, il est convenable de s'occuper de la troisième.

Par les estomacs membraneux, je n'entends pas ceux qui ne sont qu'un tissu fait seulement de membranes : il n'y en a point de semblables ; mais il s'agit de ceux qui, étant fermés par des parois très-minces, ne semblent offrir à l'Observateur que des membranes dans ces parois.

Cette

Cette claſſe d'animaux eſt beaucoup plus nombreuſe que les deux autres. Parcourons par la
penſée le nombre immenſe des Quadrupèdes,
des Poiſſons, des Serpens, des Oiſeaux de
proie, ſans excepter l'Homme lui-même, tous
ou preſque tous ont des eſtomacs membraneux;
& je ne parle point d'une multitude de petits
êtres, tels que la plus grande partie des Inſectes.
C'eût été un travail prodigieux, d'examiner,
rélativement à la digeſtion, je ne dirai pas les
eſpèces renfermées dans chacun des genres de
ces animaux, ce travail eût été impoſſible à
pluſieurs Académies; mais il eût été également
impoſſible quand on l'auroit borné ſeulement à
une bonne partie de ces êtres. J'ai été donc
forcé de me renfermer dans l'étude d'un petit
nombre d'animaux; mais les obſervations qu'ils
me fourniront, réunies à celles que j'ai déja
rapportées, ſuffiront pour donner une théorie
de la digeſtion pour ces animaux comme pour
l'homme. Cependant, comme je ne puis raconter dans une ſeule diſſertation toutes les
obſervations que j'ai faites, j'en emploierai
pluſieurs pour remplir mon but : je commencerai à parler de quelques-uns des animaux
placés dans les échellons les plus bas de l'échelle
des êtres ſentans, & je finirai par l'hiſtoire de
la digeſtion dans l'être qui occupe la place la
plus élevée & la plus noble ; je veux parler de
l'Homme.

C V.

Les Grenouilles & les Salamandres aquatiques deux petits quadrupèdes carnivores ſont

les premiers animaux dont je parlerai. La bouche & l'éſophage des Grenouilles ſont aſſez grands pour introduire mes petits tubes dans leurs longs eſtomacs; mais je m'apperçus bientôt qu'il étoit néceſſaire de multiplier les expériences, ſi je voulois connoître les changemens ſubis par les viandes dans ces eſtomacs au bout de pluſieurs jours, parce qu'elles vomiſſoient ces tubes dans des tems indéterminés, quelquefois au bout d'une heure, de pluſieurs heures, d'un jour, ou même de pluſieurs jours. Je ſavois que cet animal eſt très-avide de toute eſpèce de chair; de ſorte que je lui donnai ſans choix celle que j'avois ſous la main; je leur fis avaler un morceau d'inteſtin de Mouton diviſé en douze portions, que je mis en douze tubes qui devoient entrer dans les eſtomacs de ſix Grenouilles des plus groſſes; je les gardois dans un très-grand vaſe plein d'eau, & dont les parois étoient fort élevées, de peur qu'elles ne s'échapaſſent. Je ne fis aucune attention aux petits tubes vomis qui étoient au fond du vaſe, mais j'obſervai ſeulement ceux qui reſtèrent dans leur eſtomac, & qui y ſéjournèrent pendant un jour. Voici les phénomènes qui ſe préſentèrent à moi par les trous de la grille qui fermoit l'extrêmité des tubes; il ſortoit une ſubſtance cendrée qui s'attachoit aux doigts & qui formoit des filamens ſemblables à ceux de la glu. Quand la grille étoit briſée, on voyoit que cette glu n'étoit que la chair elle-même qui commençoit à ſe diſſoudre dans cette partie, mais qui conſervoit la qualité de chair, dans les parties les plus internes du tube. Les eſtomacs que j'ouvris alors ne laiſsèrent point appercevoir de ſuc gaſtrique, ils me ſemblèrent eſſuyés.

C V I.

APRÈS avoir revu au bout de deux jours deux autres tubes, la chair y avoit ſouffert une plus grande décompoſition ; elle ſortoit alors, non-ſeulement ſous la forme de cette forte glu par les trous des deux grilles, mais encore par la plus grande partie des trous faits autour du tube ; ſi on la tiroit avec les pointes de pe-tites pincettes, & ſi on lavoit la partie tirée en la délivrant de cette humidité viſqueuſe qui l'entouroit, ce qui reſtoit de vraie chair ou de boyau n'étoit pas la trentième partie de ce que j'en avois mis ; à la fin du troiſième jour, il ne reſtoit plus rien dans les tubes qui avoient ſéjourné pendant ce tems dans l'eſtomac de la Grenouille ; dès la fin du troiſième jour, il ne reſtoit plus qu'un tube dans l'eſtomac d'une Grenouille, & il n'y avoit plus rien dans ce tube, mais tout ayant été diſſous & réduit en cette glu, étoit ſorti par les trous du tube & ſe trouvoit adhérent aux parois de l'eſtomac. Je goûtai cette eſpèce de colle & je la trouvai inſipide. Il étoit donc évident que le ſuc gaſ-trique avoit opéré cette diſſolution ſans l'action méchanique de l'eſtomac ſur la chair diſſoute. Mais il faut dire auſſi que ce ſuc agit très len-tement, puiſqu'il faut trois jours pour faire cette digeſtion ; ce qui pourroit arriver ou par ſa petite quantité, ou par ſa petite énergie, ou

peut - être encore par ces deux caufes réunies.
La lenteur même de l'action de ce fuc a été plus
grande ; car, ayant répété cette expérience
fur fix autres Grenouilles , il fallut cinq jours
pour achever la digeftion de la chair mife dans
les petits tubes.

C V I I.

MAIS cela n'ote point au fuc gaftrique des
Grenouilles la faculté de digérer. avec le tems,
les corps qu'on auroit cru à l'abri de fon action, comme les os. Des Pêcheurs m'apportè-
rent un jour plufieurs Grenouilles , entre lefquelles il y en avoit une très-groffe ; fa groffeur
extraordinaire me fit prendre la curiofité de la
féparer des autres , pour favoir ce qu'elle avoit
dans le corps qui pouvoit donner naiffance à
fa groffeur, & je trouvai dans fon eftomac une
Souris. Le poil commençoit à fe détacher de
la peau , elle étoit devenue très-tendre , prefque fluïde. Les quatre jambes avoient fouffert
une plus grande diffolution , il n'en reftoit plus
que les petits os, qui étoient nuds, & ceux-ci
étoient encore ufés, à demi rongés, & devenus
même à demi gélatineux. La Souris ouverte
paroiffoit très-faine, & elle n'avoit fouffert qu'à
fa furface par l'action du fuc gaftrique, qui
n'agit que fur les parties extérieures, comme
nous l'avons vu dans les animaux à eftomacs
mufculeux & à eftomacs moyens ; comme les
jambes font minces, le fuc gaftrique avoit plus
de facilité pour les baigner & les pénétrer,
c'eft auffi pour cela qu'elles étoient détruites,
& que les os eux-mêmes n'étoient pas épar-

gnés. Je n'apperçus pas des traces de trituration. La Souris n'étoit ni froissée ni déchirée, & je ne sais pas quelle autre force pourroit avoir l'estomac de ces petits animaux, composé de tuniques très-fines, hors celle de presser les corps qu'il renferme.

C V I I I.

LES Salamandres aquatiques ne peuvent avaler nos petits tubes, parce qu'elles ont la bouche & le gosier trop étroits, mais elles en avalèrent de plus petits que je fis faire pour elles. Comme j'avois nourri ces animaux pendant plusieurs années, à cause des expériences que je faisois sur la circulation de leur sang & l'étonnante reproduction de leurs membres, j'avois appris que les Vers de terre vivans & bougeans étoient les alimens qu'elles préféroient Mon illustre ami M. BONNET (1) a fait la même observation dans son Mémoire sur la reproduction des membres de la Salamandre aquatique, il y démontre clairement ma découverte sur cette étonnante reproduction, mise en doute par Mrs. ADANSON & BOMARE, qui n'ont peut-être pas encore acquis l'adresse nécessaire pour ces expériences (2). Je coupai

____

(1) Il parle au long de ces Lésards aquatiques dans trois ouvrages, intitulés : *Prodromo di un opera da imprimersi sopra le reproduzioni animali. Del' azione del cuore nè vasi sanguigni. Dè fenomeni della circulazione osservata nel giro universale de vasi.*

(2) Le Mémoire est inséré dans le Journal de l'Abbé Rosier, pour le mois de Novembre 1777.

mes Vers de terre en petits morceaux, & je remplis les tubes avec les morceaux bougeans de ces Vers ; je fis enfuite entrer ces tubes dans l'eſtomac de pluſieurs Salamandres. Le ſuc gaſtrique de ces petits animaux eut une activité plus promte que celui des Grenouilles, §. CVI. Au bout de quinze heures les Vers coupés commençoient à changer de couleur, à devenir mols ; au bout de trente heures ils étoient preſque fluïdes ; on n'appercevoit plus d'anneaux, & avant deux jours ils avoient été changés en une bouillie blanche, qui s'étoit en partie échappée des tubes.

C I X.

L'ouverture de l'eſtomac des Salamandres offre un phénomène que la ſingularité & la lumière qu'il répand ſur la digeſtion, m'empêchent de paſſer ſous ſilence. On trouve dans ce viſcère une foule de petits Vers blancs que l'œil nud apperçoit facilement ; ils ont la groſſeur d'un fil roux, & les plus grands ont les deux tiers d'un pouce de longueur, mais les verres les font mieux connoître. On découvre qu'il y en a de deux eſpèces, les uns dont les deux extrêmités ſe terminent en pointes, les autres qui ont une extrêmité pointue, tandis que la ſeconde eſt un peu obtuſe avec une tache obſcure, ceux-ci ſont plus courts que les premiers & plus minces. Les deux eſpèces ſont garnis d'anneaux qui ſe rétréciſſent vers les extrêmités, & qui ſont plus larges au milieu comme dans tous les autres Vers à anneaux ; ces Vers qui ſont ronds & nullement plats n'appartiennent en aucune manière au genre des Tenia ou des Cucurbitins, mais à celui des Vers ronds & liffes. Ceux-ci ne font point errans dans l'eftomac comme les autres qui habitent les inteftins des animaux plus grands; mais on les voit conftamment fixés & amarrés par une extrêmité à la tunique interne de l'eftomac : il faut toujours employer quelque force pour les détacher, & fouvent ils fe rompent plutôt que de lâcher prife. L'extrêmité par laquelle ils fe lient à l'eftomac eft la moins aiguë, s'il s'agit des Vers qui ont la petite tache obfcure : je ne puis pas dire la même chofe des autres, parce qu'ils ont les deux extrêmités également aiguës. La portion du ver qui n'eft pas attachée dans l'eftomac, rampe dans toute fa cavité; quelquefois elle eft roulée en cercle, & quelquefois en fpirale. Si l'on fépare l'eftomac du corps de la Salamandre, & qu'on le mette dans l'eau, les petits vers ne fe détachent point du lieu où ils font, ils y reftent en vie pendant plufieurs heures; & fi on les arrache avec la main fans les rompre, qu'on les mette fur quelque corps pour les obferver, alors ils fe tordent en différens fens, tantôt approchant la bouche de la queue, tantôt s'étendant en ligne droite, & faifant mille & mille contorfions différentes, fuivant la manière de ces reptiles.

C X.

COMME je ne favois pas l'ufage de cette partie des Vers toujours appliqués à l'eftomac des Salamandres, à moins qu'ils ne fuffent deftinés à en fucer la liqueur la plus fubtile ou la plus

pure, alors cette partie appliquée à l'eftomac
feroit la tête de l'animal, ou quelque chofe
qui lui feroit analogue : je l'examinai donc avec
le microfcope, mais je cherchai vainement la
bouche de l'animal; je croirois cependant avoir
trouvé le canal des alimens qui eft une efpèce
de boyau tranfparent & argentin, parcourant
le Ver d'un bout à l'autre; ce boyau eft prefque toujours plein d'une quantité de particules
d'une figure irréguliére, qui vont & viennent
réguliérement, étant pouffées & agitées par une
efpèce de mouvement périftaltique. Ce canal
eft commun aux deux efpèces, mais dans celle
qui a la tache obfcure, §. CIX. on obferve un
fecond canal qui occupe la longueur du Ver,
qui peut-être, ou même fans peut-être, eft le
dépôt des œufs. Je l'ai au moins toujours trouvé
plus ou moins rempli d'un grand nombre de
corpufcules d'une forme ovale, nageant dans
une lymphe très - fubtile : ces corpufcules font
immobiles quand le Ver eft en repos; & fi, en
étirant le Ver, il fe rompt par le milieu, alors
ce canal fe rompt auffi le plus fouvent, & les
petits œufs s'échappent comme un torrent par
l'ouverture. Il n'eft pas difficile de brifer ces
œufs entre les deux tubes; dans le moment de
la rupture on en voit fortir une liqueur fubtile, & il ne refte plus que l'enveloppe, comme
on le voit fouvent dans les œufs membraneux
des petits animaux. Tous les Vers de cette efpèce ont des petits corps oviformes, renfermés
dans le canal que j'ai décrit; & fi ces corps
font de vrais œufs, comme j'ai lieu de le croire,

alors tous ces Vers font autant d'hermaphro-dites, mais il eft toujours douteux s'ils le font rigoureufement, fans avoir befoin d'accouple-ment, comme les Polypes d'eau douce & tant d'animaux microfcopiques ; ou bien s'ils font tels à la manière des Limaces, des Limaçons & des Vers de terre qui pondent tous des œufs, ou qui accouchent d'animaux vivans, mais qui doivent toujours s'accoupler.

C X I.

Il n'étoit pas hors de propos dé me de-mander fi ces Vers habitent dans les Salaman-dres en fanté, ou feulement dans celles qui font malades. Je me fuis fait cette queftion, & j'ai examiné, pour y répondre, non-feule-ment les Salamandres que je gardois chez moi dans des vafes, depuis quelque tems, & que je pouvois fufpecter moins bien portantes que celles qui étoient pêchées fraîchement. J'ai ob-fervé de même ces dernières dans toute leur vigueur, mais les unes & les autres nourrif-foient également ces Vers dans leur eftomac ; il faut avouer cependant que toutes les Sala-mandres n'ont pas de ces Vers, & que toutes celles qui en ont, n'en ont pas un nombre égal. J'ai ouvert un nombre incroyable de Sa-lamandres pour divers buts, & j'en ai à peine trouvé quatre fur dix qui euffent ces Vers dans leur corps. J'ai obfervé auffi que ces Vers font quelquefois au nombre de cinq ou fix, quel-quefois au nombre de dix, & quelquefois au nombre de cent.

C X I I.

ENTRE la multitude d'obſervations que j'ai faites ſur les eſtomacs des divers animaux dont je parle dans ce Livre, les Corneilles m'ont fait voir, comme les Salamandres, une foule de petits Vers dans leurs eſtomacs, mais ces petits Vers n'y ſont pas appliqués à la tunique interne de l'eſtomac, comme dans les Salamandres; on les trouve cachés entre la tunique interne & la nerveuſe. On connoît ces Vers qui habitent entre l'écorce & le bois de l'arbre, & qui criblent ſourdement la ſubſtance corticale qui lui ſert d'aliment, de manière que ſi cette écorce eſt ſéparée du tronc, on y voit les traces manifeſtes de leur dégat, dans une foule de petites galeries qu'ils ſe ſont creuſées çà & là, & il n'eſt pas difficile de les trouver occupés à ce travail qui leur fournit la nourriture & le logement. On obſerve preſque les mêmes choſes dans les petits vers des Corbeaux. Si l'on détache la tunique nerveuſe de l'interne, & ſi on le fait peu - à - peu & avec lenteur, on voit bientôt ces petits Vers dont la plupart adhèrent à la tunique interne, ils ſont logés dans des ſillons, creuſés vraiſemblablement par eux dans cette tunique; il y en a qui n'y ſont ainſi appliqués que par la partie du milieu de leur corps, il y en a auſſi d'autres dont une de leurs extrêmités eſt appliquée à l'une des tuniques, tandis que l'autre extrêmité eſt appliquée à l'autre tunique, ſans pénétrer dans l'eſtomac. Ces petits Vers reſſemblent à ceux des Salamandres par leur couleur,

leur longueur, leur groffeur & le canal des alimens, mais ils en diffèrent en ce qu'ils n'ont
point d'anneaux, & que leur peau eft liffe. Ils
font fort lents dans leurs mouvemens, & ils
vivent plufieurs heures dans l'eau quand on les
a tiré de leur afyle. On les trouve dans la plus
grande partie des Corneilles cendrées & noires,
& je n'en ai jamais vu que dans leurs eftomacs.

C X I I I.

Mais revenons à nos petits vers de Salamandres, §. CIX. CX. CXI., & confidérons-
les rélativement à la digeftion. Leur préfence
eft une preuve certaine que l'eftomac n'exerce
aucune force fur eux, car comment pourroit-on concevoir que les parois de l'eftomac
agiffent fur les alimens qui y font contenus, avec
quelque énergie, fans bleffer des machines auffi
frêles que ces petits vers. J'ai pris plus d'une
fois des eftomacs de Salamandres avec les
mains, je les ai comprimés légérement avec
l'index & le pouce, je les ai mollement manié,
mais j'ai toujours apperçu dans ces vers quelques membres rompus. D'où je conclus que
la digeftion eft fimplement opérée par le feul
fuc gaftrique dans les eftomacs des Salamandres
aquatiques, comme je l'ai prouvé par la deftruction des vers de terres mis dans les petits
tubes, §. CVIII; mais cela a été démontré
par les vers de terre que les Salamandres avalent. Quelque dure que foit la vie de ces petits reptiles, qu'on a beau couper en mille morceaux, on ne les tue point par ce moyen, &
au contraire, chaque morceau donne le jour

à un ver nouveau (1); après avoir été pendant dix ou douze heures dars l'eſtomac des Salamandres, ils vivoient encore, & quand les Salamandres en avoient avalé un trop grand nombre, ils en reſſortoient vivans & rampans, ſoit que les Salamandres les vomiſſent, ſoit que les vers, à force de s'agiter dans cette affreuſe priſon, trouvaſſent enfin la porte pour en ſortir par l'éſophage. Mais il eſt certain que ces vers mouroient enfin, non parce qu'ils étoient froiſſés ou briſés, mais parce qu'ils devenoient gélatineux par la diſſolution qu'ils avoient ſoufferte dans le ſuc gaſtrique dont ils avoient été baignés, qui continuoit d'agir ſur eux, & qui les réduiſoit en une matière impalpable.

C X I V.

Mais d'où vient que ces petits inſectes terreſtres aquatiques dont les Salamandres ſe nourriſſent, périſſent tous dans leur eſtomac au bout de quelque tems & s'y digèrent, quoiqu'il n'arrive rien de ſemblable aux petits vers qui font appliqués à la ſurface intérieure de leur eſtomac? Dire que cela eſt produit par l'habitude que ces vers ont priſe de ſéjourner dans l'eſtomac de ces animaux, c'eſt reculer la difficulté ſans la lever, il ne peut y avoir d'autre cauſe de ce phénomène que dans le ſuc gaſtrique qui ne peut diſſoudre ces petits animaux, quoiqu'il en diſſolve de moins délicats, comme un menſtrue chymique peut diſſoudre un mé-

-----

(1) Voyez Reaumur, Bonnet & mon Eſquiſſe ſur les Reproductions animales.

tal quoiqu'il n'en diſſolve pas un autre. Cette différence dans le pouvoir que l'eſtomac des Salamandres a pour digérer, s'obſerve dans les Polypes à bras qui avalent leur bras avec les inſectes dont ils ſe nourriſſent, mais tandis que ceux-ci périſſent dans leur corps & s'y digèrent, les bras n'y ſouffrent aucun changement. De même un Polype avalé par un autre, vit dans ſon eſtomac ſans y ſouffrir de ſa priſon (1).

C X V.

MAIS parlons à préſent des Serpens. Ceux qu'il eſt le plus facile d'avoir dans les environs de Pavie, ſont certaines Couleuvres terreſtres, appelées dans quelques cantons d'Italie *Smiroldi* (2), les Couleuvres aquatiques que pluſieurs Naturaliſtes appellent *Natrices* (3) & les Vipères. Les premières ſont beaucoup plus groſſes que les ſecondes & les Vipères ; les plus grandes ont un pouce & demi de diamètre dans le milieu du corps, elles ont quarante-cinq pouces, & quelquefois cinquante de longueur. La partie inférieure de leur corps eſt blanche, mais cette couleur eſt mêlée avec une teinte de jaune & de verd ; la partie ſupérieure tire ſur le noir, mais vers le col & la tête il paſſe a une couleur blanche comme le lait.

------

(1) TREMBLEY , Mémoires ſur les Polypes.

(2) LINNEUS & les autres Naturaliſtes ne l'ont pas décrit.

(3) *Natrix , ſyſtema Naturæ*, LINN. T. I. *Natrix torquata* , RAY Quadr.

Ces Smiroldi font plus vifs & plus agiles que les deux autres espèces dont je viens de parler; ils fuient plus promtement qu'eux, & ils ont toute leur ardeur pour se venger; leur morsure fait couler le sang comme celle des Vipères, je l'ai éprouvé sur moi-même, mais leur morsure n'est suivie d'aucun danger : avant de faire des expériences sur ces animaux avec mes petits tubes, je voulus connoître leur estomac; après en avoir écorché un & avoir soufflé dans le bout de l'éfophage, de manière que l'air ne put s'échapper ni par-dessus ni par le pilore, il me parut avoir la forme d'un grand boyau, qui étoit cylindrique dans la longueur d'environ neuf pouces, mais il se rétrécissoit beaucoup dans la partie inférieure, & il formoit une espèce d'entonnoir, long de quatre pouces & demi : j'obfervai bientôt que l'entonnoir étoit le véritable estomac de la Couleuvre & que le boyau étoit l'éfophage ; la trachée artère & les poumons suivent l'éfophage auquel il paroiffent attachés étroitement par une membrane, le cœur y tient auffi ; il a une forme pyramidale allongée ; il est placé à l'origine des poumons. On trouve encore vers la base du cœur ; & en remontant par l'éfophage, un viscère adhérent en grande partie à la trachée, long comme le poumon, & d'une subftance différente de la fienne ; elle est molle cendrée, je ne puis en dire davantage. Le foie est placé fous le poumon ; il repréfente avec la veine porte une longue feuille étroite, attachée à un long pédicule ; l'un & l'autre font peu adhérens à l'éfophage ; à l'extrêmité de l'eftomac, on trouve la rate, longue de neuf lignes, & dont la forme eft un ovale très-allongé ; à la hauteur, & vis-à-vis des inteftins grêles, on trouve la véficule du fiel ; elle eft très-éloignée du foie ; en la preffant fon canal s'emplit de fiel, qui fe décharge vifiblement dans le duodenum, à la diftance d'un pouce du pilore ; dans le voifinage de la véficule, on trouve un autre corps plus petit attaché au duodenum d'une fubftance en apparence charnue, & que je pancherois à croire le pancréas.

C X V I.

QUAND on a détaché l'éfophage & l'eftomac, de la trachée artère, des poumons & des autres parties que j'ai décrites, fi on les ouvre longitudinalement, l'éfophage femble tout-à-fait membraneux, & la membrane qui le forme eft très-fine, fa couleur eft argentine ; les parois de l'eftomac font moins minces, & entre les tuniques qui les forment, eft la tunique charnue, femblable à celle de cette efpèce des autres eftomacs membraneux, avec cette différence qu'elle eft fort fine. Mes obfervations n'ont pu me faire voir l'éfophage couvert de follicules glanduleux ou de petites glandes, mais je les ai bien vues en très-grand nombre dans toute la longueur de l'eftomac ; lorfqu'on les comprime, elles déchargent une partie de la liqueur qu'elles renferment, & la tunique intérieure de cet organe en eft baignée.

C X V I I.

JE travaillois à faire mes expériences fur la

digestion, & je trouvai une grande facilité, non-
seulement à faire descendre mes petits tubes
dans l'estomac, mais encore à les en retirer,
& à les faire sortir de leur bouche suivant ma
volonté. Je faisois tenir fortement le Smiroldi,
de manière qu'il ne put ni me blesser ni se con-
tourner, alors par la bouche que je faisois tenir
ouverte, je faisois entrer un tube que je forçois à suivre la route de l'ésophage, par le
moyen d'un petit, bâton qui me servoit à le
pousser à la profondeur d'un ou deux pouces ;
ensuite le reste s'opéroit de lui-même, je n'avois
plus qu'à presser avec l'index & le pouce cette
partie du col de la Couleuvre qui correspon-
doit à la partie la plus élevée du tube, le tube
pressé descendoit, & en répétant l'opération, je
le conduisois jusqu'au fond de l'estomac ; je
m'en appercevois parce que le tube refusoit
de descendre plus bas, le passage lui étoit fermé,
il ne pouvoit franchir le petit passage du pilore ;
en employant cette pression des deux doigts
en sens contraire, c'est-à-dire, du bas en haut,
j'obligeois le tube à remonter au travers de
l'estomac, & à sortir par la bouche. J'ai employé ce moyen pour les autres Couleuvres
& les Vipères ; mais avec ces dernières, j'employois les plus grandes précautions, pour n'ê-
tre pas blessé par elles dans ce moment où leur
rage étoit extrêmement violente.

C X V I I I.

J'OUVRIS quelques Smiroldi pour examiner
leurs ésophages ; & ayant trouvé dans l'estomac
de l'un d'eux un petit Lésard qui n'étoit nulle-

ment

ment digéré & qui n'avoit point souffert, je
pensai de m'en servir pour mes expériences,
parce que cet aliment leur convenoit : je mis
donc dans un tube un morceau de la queue de
ce Léfard ; & au bout d'un jour de féjour dans
l'eftomac de cette Couleuvre, je l'en tirai, &
je n'y trouvai aucun changement : trente - fix
heures en firent appercevoir un petit. La queue
des Léfards eft un compofé de petits mufcles
tiffus les uns dans les autres & liés enfemble
par une membrane annulaire très-fine. Le petit
morceau de cette queue, mis dans les tubes,
étoit placé de manière que la membrane cou-
vrante touchoit les parois des tubes, tandis que
les mufcles coupés & nuds correfpondoient aux
extrêmités ouvertes. La membrane n'avoit point
fouffert dans les tubes ; mais les mufcles avoient
été diminués & creufés dans la partie découverte ; & lorfqu'on les touchoit avec le doigt,
ils paroiffoient une gelée affez gluante. Le fuc
gaftrique, fans l'action de l'eftomac, avoit donc
commencé à diffoudre cette chair dans le tube,
en agiffant d'abord tant fur les extrêmités les plus
expofées à en être imprégnées, que dans les
côtés où elle en étoit garantie par la membrane
& par les parois du tube. Cependant, avec le
tems, la diffolution quoique lente continue : au
bout de cinq jours, le tube qui avoit féjourné
dans l'eftomac d'un Smiroldo offroit des mufcles
un peu diffous ; mais la membrane envelop-
pante étoit prefque entière.

C X I X.

LES mufcles de la queue des Léfards font

trop durs pour être facilement digérés : je penſai donc que la chair de ces animaux, qui feroit plus tendre, feroit plus vîte digérée ; c'eſt ce qui arriva lorſque je mis le foie d'un Léſard dans un de mes tubes, au bout de trois jours la moitié de ce qu'il contenoit avoit diſparu dans l'eſtomac du Smiroldo.

Mais que feroit-il arrivé ſi la chair avoit été placée immédiatement dans l'eſtomac ſans l'enveloppe du petit tube ? Il étoit naturel d'imaginer que la digeſtion feroit plus promte, parce que l'action du ſuc gaſtrique feroit plus facile ; c'eſt ce qui me réuſſit de cette manière : un morceau de la queue d'un Léſard, ſemblable à celui de l'expérience racontée §. CXVIII, fut digérée en deux jours ; & un morceau de foie de Léſard, ſemblable à celui du §. CXVIII, fut digéré au bout de trente-deux heures, comme je m'en aſſurai par l'ouverture de leur eſtomac.

C X X.

JE viens à préſent aux Couleuvres d'eau ; l'analogie ne pouvoit être plus grande entre leur eſtomac, leur éſophage, & celui des Smiroldi. La trachée-artère, les poumons, le cœur, le foie, la veine-porte ont à-peu-près la même figure, & ſont placés dans les mêmes lieux rélativement à l'éſophage. La cavité de ce viſcère eſt d'une largeur & d'une longueur qui ne ſont pas ordinaires ; il eſt formé par des tuniques membraneuſes, & il ſe termine par une eſpèce d'entonnoir, qui forme le véritable eſtomac de l'animal. La véſicule du fiel eſt à demi-pouce des poumons ; & par le moyen du canal cyſtique, elle dépoſe ſa liqueur amère dans le duodenum. L'eſtomac eſt garni d'une multitude de follicules glanduleux, comme celui des Smiroldi.

C X X I.

JAQUES OLIGERO en parlant des Grenouilles, de même que VALLISNERI, nous apprennent que ces Serpens ſe nourriſſent ſur-tout de Grenouilles ; nos Couleuvres aquatiques ſont après l'homme leur plus grand fléau. On les trouve ſur-tout dans les eaux des foſſés, des marais, des étangs, des lacs, en abrégé dans toutes celles où les Grenouilles abondent, & où elles peuvent les prendre facilement, quoique par leurs cris elles annoncent le ſort qui les menace, & qu'elles cherchent à l'éviter par une fuite précipitée. Le DANTE avoit déja obſervé ce fait, & il le peint dans ſon Enfer, Chant IX.

Un Pêcheur m'ayant rapporté trois de ces Couleuvres fort groſſes & très-vives, je fis ſur chacune d'elles des expériences dans le même tems ; je leur fis avaler à chacune un petit tube rempli de chair de Grenouilles, tirée du muſcle crural du foie & de la rate. Au bout de trois jours, je fis ſortir ces tubes hors de l'eſtomac de ces Couleuvres, & j'y trouvai la digeſtion avancée, au point que la chair ſembloit une glu tenace dont la couleur étoit cendrée : en la touchant elle s'attachoit aux doigts. Sous cette portion, la chair avoit conſervé ſa couleur & ſon adhérence, §. CV. CVI. Je fis avaler encore ces tubes à mes Couleuvres, & je ne les retirai qu'au bout de deux jours, mais alors je les trouvai vuides, il reſtoit ſeulement quelques petites portions d'une matière gluante attachées aux parois extérieures des deux tubes.

C X X I I.

CES Couleuvres n'ont point de dents, elles ne ſauroient mettre en pièces les Grenouilles, elles les avalent entières : les Naturaliſtes le ſavent, & il m'eſt arrivé de trouver les Grenouilles très-entières dans leur corps. Il n'étoit donc pas déraiſonnable de penſer que les petits os de ces amphibies ſe digéraſſent, d'autant plus qu'il étoit difficile que ces os puſſent ſortir par l'anus à cauſe de la petiteſſe des inteſtins. Il eſt vrai qu'on pouvoit croire que ces os étoient vomis, d'autant plus que j'avois trouvé quelques tubes qui avoient eu ce ſort ; les Smiroldi m'avoient fait obſerver la même choſe, mais ce vomiſſement n'eſt pas conſtant comme dans les Corneilles, §. LIX. & dans les oiſeaux de proie ; il eſt même très - irrégulier, & il ſe paſſe pluſieurs jours ſans qu'il ait lieu. Pour m'aſſurer de ce fait, j'eus ſoin d'enfermer de petits os de Grenouilles dans deux petits tubes, je les fis deſcendre dans l'eſtomac de deux de mes Couleuvres. Ces deux os étoient deux tibia qui peſoient neuf grains. Au bout de quatre jours, ils s'étoient ramollis, & avoient perdu trois grains : après cinq autres jours, le ramolliſſement fut plus grand, & les deux tibia ne peſoient plus que cinq grains. Et comme les deux Couleuvres périrent, je ne pus voir la

fin de cette expérience , dont les commencemens & les progrès annonçoient bien la diffolution complette de ces deux petits os , d'où
il réfultoit que ces Couleuvres digéroient fort
bien les os dont elles fe nourriffent.

C X X I I I.

L'ACTIVITÉ du fuc gaftrique de mes Couleuvres , qui peut non - feulement digérer les
chairs , mais diffoudre les os , me fit fouhaiter
d'en avoir pour faire quelques expériences. Je
cherchai donc d'en obtenir un peu par le moyen
de mes petites éponges , comme j'avois déja
fait pour d'autres animaux, §. LXXXI. LXXXII.
J'en eus beaucoup plus que je n'avois imaginé.
Six de ces éponges, enfermées dans des tubes ,
après un féjour de deux heures dans l'eftomac
de trois de ces Couleuvres , me fournirent fuffifamment de fuc gaftrique pour en remplir la
moitié d'un verre de montre. Voici les qualités
qu'il me fit obferver : fa couleur eft celle de
la fuie , fa fluïdité eft celle de l'eau ; il s'évapore avec lenteur , il a quelque amertume , il
eft un peu falé , & il ne paroît point inflammable lorfqu'on le jette au feu. Il reffemble ainfi
aux fucs gaftriques des autres animaux fur lefquels j'ai fait des expériences, & fur-tout , par
l'odeur , à ceux des oifeaux de proie dont je
parlerai. Je compte auffi en faire mention encore , lorfqu'il s'agira de rapporter l'examen
chymique des fucs gaftriques des différens animaux dont je me ferai occupé.

C X X I V.

ON a déja vu les grands rapports qu'il y a

dans la forme de l'eftomac & de l'éfophage des Smiroldi & des Couleuvres, §. CXX. Les Vipères leur reffemblent, pour l'effentiel, à cet égard, de même que pour la caufe efficiente de leur digeftion. J'ai répété fur elles la plus grande partie des expériences que je viens de raconter, & les réfultats ont été les mêmes que pour les Smiroldi & les Couleuvres; je n'entre pas dans ces détails pour m'éviter l'ennui de les écrire, & aux autres celui de les lire. Je prèfère de parler de quelques expériences d'un genre particulier, que j'ai faites fur les Vipères & fur les deux autres Serpens.

C X X V.

AYANT eu befoin d'ouvrir plufieurs fois quelques-uns de ces animaux fraîchement pris, je trouvai que leur eftomac ne pouvoit contenir tout ce qu'ils avoient avalés, mais qu'une portion reftoit dans l'éfophage où elle n'éprouvoi aucune digeftion, quoique la partie contenue dans l'eftomac fût à moitié digérée ; c'eft ainfi, par exemple, que je trouvai cinq ou fix Efcarbots dans leurs eftomacs qu'on pouvoit à peine reconnoître, tandis que ceux qui étoient dans l'éfophage ne paroiffoient pas avoir fouffert. Je vis auffi une fois une Grenouille, dont les jambes poftérieures fortoient de l'eftomac d'une de mes Couleuvres ; elles étoient parfaitement confervées, quoique le refte du corps, enfeveli dans l'eftomac, fût changé en bouillie. Ces expériences me firent penfer qu'il n'arrivoit pas aux Serpens ce que j'avois obfervé dans les Corneilles & les Hérons, dont l'éfophage eft un lieu où il peut se faire une vraie digestion, §. LXXVII. LXXVIII. LXXIX. XCIV. C. Une expérience très-simple pouvoit éclaircir la chose. Il s'agissoit seulement de faire entrer dans l'estomac d'un de ces Serpens une Grenouille assez longue, pour pouvoir remplir l'estomac & une partie de l'éfophage, mais il falloit aussi qu'elle fût fixée, par un fil, à un petit cylindre de bois, dont une extrêmité toucheroit le fond de l'estomac, & dont l'autre feroit au-delà de l'estomac d'une quantité donnée. C'est ce que j'exécutai fur une Couleuvre que j'ouvris fix jours après cet arrangement. J'appris bientôt ce que j'avois préjugé, c'est que l'éfophage n'étoit point propre pour produire aucune digestion ; les jambes postérieures qui touchoient le fond de l'estomac n'avoient plus que leurs os, & la partie contenue dans l'éfophage n'avoit point souffert de ce séjour.

C X X V I.

LES expériences rapportées dans les paragraphes CXVII & fuiv. fur la digestion de ces trois efpèces de Serpens, furent faites au mois d'Avril, dans le moment où ils fortoient des trous où ils étoient reftés cachés ; ils confervoient encore un refte de cette langueur qui les rend léthargiques durant l'hiver. Pendant ce tems, leur digestion est très-lente ; aussi, comme leur vivacité croît avec la chaleur, je penfai que leur digestion feroit plus promte, parce que j'avois cru que la chaleur donnoit de l'énergie aux fucs gaftriques, §. LXXXVII. Je me rappelois les excellens Mémoires de M. TREM-

BLEY fur les Polypes, & le paffage où il traite de l'influence de la chaleur atmofphérique fur la digeftion de ces étonnans animaux, qui eft telle que les alimens qu'ils digèrent en Eté au bout de douze heures, ne font digérés qu'au bout de deux ou trois jours quand il fait froid. Pour voir fi mes Serpens offroient le même phénomène, je pris pour terme de comparaifon le mois de Juillet, dont la différence pour la chaleur devoit être la plus grande, le thermomètre montrant alors à l'ombre le vingt-deux & le vingt-troifième degrés, tandis que dans le mois d'Avril il ne montroit que les degrés douze ou quatorze; je vis donc que la chaleur avoit quelque influence pour hâter la digeftion, mais qu'elle n'étoit pas fi grande que je l'avois imaginé. Il falloit au moins deux jours à ces animaux pour digérer la chair enfermée dans de petits tubes; & fi la chair étoit feulement dans l'eftomac, elle étoit digérée dans un tems la moitié plus court.

C X X V I I.

LA lenteur de la digeftion dans les Serpens étoit déja connue par les Obfervateurs naturaliftes: on lit dans le Dictionnaire de BOMARE qu'un Serpent de la Martinique garda pendant trois mois un Poulet dans fon eftomac, fans qu'il fût entiérement digéré; il confervoit même quelque apparence de fa première forme, fes plumes étoient encore attachées à la chair. C'eft un fait bien digne de remarque, & dont je ferai ufage ailleurs; les chairs peuvent féjourner dans l'eftomac de ces animaux à fang

froid fans s'y corrompre. J'ai obfervé qu'une
Vipère qui avoit féjourné pendant deux mois
dans ma maifon, dont la fanté devoit être altérée, & qui avoit eu dans fon eftomac pendant
feize jours un Léfard que je lui fis avaler par
force, me le fit voir feulement macéré par
l'action du fuc gaftrique, & il n'avoit d'autre
odeur que celle de ce fuc; cependant, la chaleur de la faifon étoit telle, qu'ayant mis par
curiofité un autre Léfard enfermé avec de l'eau
dans un vafe, il avoit une odeur auffi forte qu'il
étoit poffible au bout de trois jours.

C X X V I I I.

Mais quelle eft la caufe qui retarde autant
la digeftion dans les Serpens ? Ces animaux ont
le fang froid, ils n'ont pas une chaleur plus
grande que celle de l'atmofphère ; il paroîtroit donc que ceci influe fur leur digeftion ;
& je n'aurois pas été éloigné de le penfer, fi
tous les animaux à fang froid avoient feulement
digéré leurs alimens au bout d'un tems auffi
long, mais il y en a qui les digèrent dans un
tems beaucoup plus court, comme nous le
verrons, §. CXXXIV. On auroit pu l'attribuer
de même à une petite quantité de fuc gaftrique, fi nous n'avions pas vu que ces animaux
en avoient beaucoup dans leur eftomac, §.
CXXIII. Il ne refte donc qu'à dire que ces digeftions lentes font l'effet de la petite activité
du fuc gaftrique, & cette raifon nous eft fug-
gérée par la nature elle-même, puifque nous
voyons une différence très-grande dans le pouvoir du fuc gaftrique des animaux à eftomac

musculeux pour digérer la chair , & celui du suc gastrique des animaux à estomac moyen , §. CIII.

CXXIX.

JE commencerai mes recherches sur les Poissons, en me servant de l'Anguille qui a tant de rapports avec les Serpens , & qu'on peut regarder dans la chaîne des êtres animés comme l'anneau intermédiaire entre les Poissons & les Serpens. Leur estomac ne suit plus les formules ordinaires de la nature , ce n'est plus un canal continué avec le duodenum , mais une espèce de boyau fermé , d'une certaine longueur , qui se termine en pointe. Quand les alimens sont entrés dans ce boyau , & qu'ils sont digérés , il faut qu'ils remontent à la cime de l'estomac pour pouvoir entrer dans le duodenum , qui fait avec elle un angle aigu : on en trouvera une bonne figure dans l'anatomie des animaux de BLAISE. Je fis descendre des tubes pleins de chair de poissons dans l'estomac de quatre Anguilles ; & pour les conserver en vie , je les laissai dans l'eau d'une petite carpière , où je pouvois les prendre à volonté. Je les pêchai donc au bout de trois jours & dix - huit heures : je les ouvris , & je trouvai ces tubes au fond de leurs estomacs ; ils étoient couverts d'une mucosité obscure qui me parut un reste de petits Poissons dévorés & digérés. Pour les tubes , j'en trouvai cinq qui étoient vuides , & il restoit dans trois autres un petit morceau de chair de la grosseur d'un pois , qui se décomposoit aussi-tôt qu'on le touchoit.

C X X X.

JE m'étois perſuadé que cette expérience ſuffiſoit pour prouver que la digeſtion ſe faiſoit dans l'eſtomac des Poiſſons, par le moyen des ſeuls ſucs gaſtriques, de ſorte que je penſai à faire de nouvelles expériences ſur des Poiſſons à qui l'on donne plus juſtement ce nom. Je choiſis les Carpes, les Barbeaux & les Brochets qu'il m'étoit plus facile de me procurer. C'étoit depuis long-tems une idée reçue, que le canal des alimens, dans pluſieurs Poiſſons à écailles, étoit accompagné par dehors d'un ou pluſieurs faiſceaux d'appendices fermés, qu'on appelle piloriques, parce qu'ils ſont voiſins du pilore. Ces appendices ſont preſque toujours pleins d'un ſuc ſalé, blanc & muqueux, qui ſe décharge dans ce canal, & qui tire ſon origine d'un amas de petites glandes placées dans les parties extérieures de ces appendices. Dans quelques Poiſſons, ces appendices ſont en très-petit nombre ; dans d'autres on en trouve davantage, & il y en a où l'on en compte beaucoup. J'en ai obſervé juſqu'à cent dans un Eſturgeon. Mais dans les Poiſſons où ces appendices ſont ſi nombreux, ils ſe réuniſſent pour s'ouvrir dans un canal commun, de ſorte que ce n'eſt que par un petit nombre d'embouchures que ces appendices viennent répandre leurs ſucs dans le pilore (1). Ce genre ſingulier d'organe ne ſe trouve point dans les trois eſpèces de Poiſſons dont j'ai

---

(1) *HALLERI Phyſiol. T. VI.*

parlé, mais l'eſtomac & une partie des inteſtins des Carpes eſt garni intérieurement de pluſieurs petits corps jaunes, qui jouent ſûrement
leur rôle dans l'hiſtoire de la digeſtion, quoique je n'aie pu en découvrir l'uſage. Au premier coup-d'œil on les prendroit pour de petits
Vers à anneaux, attachés à la tunique interne
de l'eſtomac, à-peu-près comme les petits vers
des Salamandres, §. CIX.; mais en les étirant
avec les pointes des pincettes, la forme apparente des animaux diſparoît, & l'on apperçoit
qu'ils ſont de vraies dépendances de l'eſtomac
& des inteſtins. Quand ces petits corps vermiformes ſont étirés, ils ont environ trois lignes
de longueur, & chacun d'eux a ſon pédicule,
avec lequel il eſt fortement attaché à la tunique interne de ces deux vaſes. Mais ſi en les
étirant ils viennent à ſe rompre dans leur longueur, il en ſort une liqueur jaune, aſſez abondante, qui rend ces petits corps gluans. Si on
les détache entiérement de la tunique où ils
étoient implantés, on apperçoit une petite élé-
vation, ſous laquelle on entrevoit un petit globule, qui paroît manifeſtement, quand on fait
enlever la petite tumeur ; ce petit globule eſt
d'une blancheur jaunâtre qui lui donne le ſuc
qu'il renferme. Ces petits globules ſeroient-ils
de petits pepins glanduleux, & les petits corps
vermiformes autant de canaux alongés qui ſe
vuideroient dans l'eſtomac ? J'aurois eu facilement cette idée, ſi je n'avois pas vu qu'en comprimant ces petits corps de bas en haut, il ne
ſortoit jamais, ni de leur ſommité, ni d'aucune

autre partie , la liqueur qu'ils renfermoient ,
comme il en fort par la compreſſion des follicules glanduleux qui font dans l'eſtomac des
oiſeaux à eſtomacs muſculeux , moyens &
membraneux. Je ſuſpends donc mon jugement,
mais je crois cependant que ces petits corps
ſervent à la digeſtion.

C X X X I.

Au commencement de l'éſophage des Carpes, immédiatement ſous les dents, leur palais
eſt couvert d'une liqueur blanche, abondante,
viſqueuſe, inſipide, qui ſe reproduit au moment qu'elle a été eſſuyée avec un petit linge.
L'on y découvre pluſieurs papilles blanches
& aiguës, dont la baſe eſt large, qui laiſſent
échapper une liqueur quand elles font comprimées ; dans les autres places voiſines qui
font ſans papilles on en fait auſſi ſortir une liqueur par une légère compreſſion ; mais cette
liqueur me paroît différente de la première ,
elle eſt plus tranſparente, plus fluïde, & preſque point viſqueuſe ; à l'éſophage, qui eſt très-
court & aſſez gros, s'attache un eſtomac membraneux & très-mince. On y diſtingue aiſément
deux tuniques, l'intérieure & la nerveuſe, où
font enſevelis ces petits globules dont j'ai
parlé, §. CXXX. On voit par tout ce que je
viens de dire, quelles font les ſources des ſucs
qui coulent avec abondance dans l'eſtomac des
Carpes, quoiqu'elles ſoient privées des appendices du pylore.

C X X X I I.

La forme de l'eſtomac dans les Barbeaux ne

reſſemble point à celui des Carpes, & de pluſieurs autres poiſſons. Leur éſophage, leur eſtomac & leurs inteſtins forment un ſeul boyau
à-peu-près comme on le voit dans les Chenilles,
& pluſieurs inſectes, le boyau s'élargit ſeulement dans la place où devroit être l'eſtomac &
il ſe reſſerre là où doivent être les inteſtins; je
n'ai point pu y trouver aucune trace de petites
glandes ni de corps analogues; ſeulement l'éſophage & l'eſtomac ſont toujours baignés par
un ſuc abondant, qui transſude dans la partie
interne, quand on comprime l'éſophage où
l'eſtomac, & comme on ne peut pas dire que
ce ſuc ſoit produit par les petits corps glanduleux, il faut qu'il ſoit filtré par les artérioles,
dont les extrêmités s'ouvrent dans l'éſophage
& l'eſtomac.

C X X X I I I.

L'estomac des Brochets a la forme d'un
petit ſac beaucoup plus long que large, plein
de rides longitudinales, dont la couleur de
chair eſt pâle : elle eſt formée par des tuniques
qui ſont à demi tranſparentes, parce qu'elles
ſont très-fines. On obſerve encore ces rides
dans l'éſophage, mais elles diffèrent de celles
de l'eſtomac, elles ſont blanches & plus épaiſſes. Quoiqu'on n'y voie aucune petite glande,
l'éſophage, mais ſur-tout l'eſtomac, ſont baignés par une très-grande quantité de liqueur.

C X X X I V.

Il y a des poiſſons ſujets à vomir, & qui
rejettoient les petits tubes que je faiſois deſ-

cendre dans leur eftomac ; tels étoient les Carpes, les Barbeaux, les Brochets, fouvent même ils les rejettoient au bout d'un petit nombre d'heures, & je les trouvois fur le fond du baquet où je tenois mes poiffons en vie. Mais à force de répéter ces expériences fur ces trois poiffons, il y eut pourtant quelques tubes qui reftèrent quelques heures dans leur eftomac & qui remplirent mes vues. Je vis donc ce que j'avois obfervé dans un fi grand nombre d'animaux, les alimens fe digérèrent dans les petits tubes, & la digeftion étoit beaucoup plus promte que dans les Serpens, §. CXXVI. CXXVII ; les Carpes, les Barbeaux, les Brochets, me démontrèrent cette vérité, les deux derniers poiffons me firent remarquer un phénomène qui a trop de rapports avec ce fujet pour le paffer fous filence ; j'ouvris un jour un Brochet, & j'y trouvai un petit poiffon qui avoit environ trois pouces de longueur, & qui occupoit toute la longueur de l'eftomac, fa tête feule étoit dans l'éfophage, & j'y obfervois des fignes évidens d'une digeftion commencée. Les machoires du poiffon avoient leur couleur naturelle, & me paroiffoient tout-à-fait intactes, l'œil commençoit à fe détacher de fon orbite, les ouïes avoient perdu leur couleur pourpre ; dans l'eftomac, les marques de la digeftion étoient plus fenfibles, la chair du corps paroiffoit plus tendre, & vers fon extrêmité elle n'étoit plus qu'une maffe informe, elle étoit difparue avec les vertèbres de l'épine offeufe & les arêtes adjacentes.

C X X X V.

Voici un fait à-peu-près femblable. Une petite Carpe avoit avalé une petite lamproie d'eau douce qui occupoit toute la longueur de l'eftomac & les deux tiers de l'éfophage ; la partie du corps qui correfpondoit à l'eftomac étoit une efpèce de bouillie où je ne pus obferver rien d'organifé que quelques vertèbres de l'épine du dos ; les parties plus hautes reftoient unies à l'animal, mais à peine on les touchoit qu'elles fe détachèrent du dos. Celles qui correfpondoient à l'éfophage montroient qu'elles avoient éprouvé un commencement de digeftion.

Ces deux faits combinés enfemble ne fauroient être plus inftructifs : ils montrent premiérement que la digeftion eft plus promte dans le fond de l'eftomac que dans fes parties plus élevées, comme je l'ai obfervé dans les autres animaux, §. XC. Secondement, que l'eftomac n'a pas feul la faculté digeftive, mais que l'éfophage pofsède auffi cette qualité, ce que j'avois déja remarqué dans les Corneilles & les Hérons, §. LXXVII. XCIX. C. CI, on l'avoit obfervé déja dans d'autres poiffons. Enfin, la digeftion qui fe fait dans l'éfophage eft plus lente dans fon commencement & fes progrès que dans l'eftomac. A l'égard de la force de la trituration dans l'eftomac de ces trois efpèces de Poiffons, je dois obferver que la digeftion peut fe faire fans elle, puifque elle s'eft opérée dans les petits tubes, & je crois qu'elle n'agit pas, puifqu'elle n'a jamais laiffé fur les tubes

aucune

aucune trace de son influence soit en les pliant
soit en y faisant des contusions, & cependant
leurs parois étoient assez minces pour en recevoir les impressions ; mes expériences m'ont
fait remarquer les mêmes choses sur les Grenouilles, les Salamandres & les Serpens.

C X X X V I.

APRES avoir fait ces expériences sur les
animaux froids, il sera intéressant de les répéter sur les estomacs des animaux à sang
chaud des Moutons, des Bœufs & des Chevaux. M. DE RÉAUMUR, dans son dernier Mémoire sur la digestion, après avoir parlé longue-
ment de ce qu'il avoit observé sur un Milan,
parle légérement de quelques expériences qu'il
avoit faites sur les Chiens & les Moutons (1).
Je vais rapporter les résultats de ces expériences sur ces deux espèces d'animaux, & je me
réserve de parler ailleurs des deux autres. Pour
savoir si les Moutons digéroient par le moyen
des sucs dissolvans, il en força un d'avaler quatre tubes de laiton dont deux étoient remplis
avec des feuilles d'herbes fraîches, & les deux
autres avec des brins de foin hâché ; quatorze
heures après l'opération, le Mouton fut tué &
ouvert, les quatre tubes se trouvèrent dans le
premier estomac, plus grand que les trois autres,
avec l'herbe & le foin qu'on y avoit mis, ils
n'avoient point été digérés, & ils étoient tout
au plus légérement macérés. Soupçonnant
qu'ils pouvoient se digérer mieux en séjournant

____

(1) Histoire de l'Acad. Roy. 1752.

K

davantage dans l'eſtomac, RÉAUMUR prépara huit autres tubes ſemblables, dont quatre furent remplis avec l'herbe fraîche & les quatre autres avec l'herbe ſèche. Avant d'introduire dans deux tubes l'herbe ſèche & l'herbe fraîche, il l'imprégna de ſalive humaine, & il fit avaler les huit tubes au Mouton, qui fut tué au bout de trente heures. Pendant ce tems il lui fit obſerver le jeûne le plus rigoureux, de même qu'à un autre Mouton, qui avoit eu dans ſon eſtomac des tubes ſemblables pendant un tems plus court; au bout des trente heures la plus grande partie des tubes étoit ſortie par l'anus, & quelques-uns avoient ſéjourné dans le premier eſtomac.

Mais l'herbe & le foin, contenus dans les tubes qui étoient ſortis avec les excrémens, n'avoient été en aucune manière digérés, en les tirant avec les doigts hors des tubes, ils réſiſtoient à ſe rompre, comme des brins d'herbe & de foin qui n'auroient pas été macérés; le Naturaliſte François conclut de là, que la digeſtion ne ſe faiſoit pas par le moyen d'un diſſolvant, à moins qu'il ne fut aidé par la force de la trituration. Mais ſon ingénuité louable lui fit reconnoître que ces deux expériences étoient inſuffiſantes pour lui fournir les lumières dont il avoit beſoin ſur ce ſujet.

C X X X V I I.

JE commençai mes expériences ſur les Moutons en répétant fidélement celles de RÉAUMUR. Au lieu de mes petits tubes, j'en employai de plus grands; ils étoient longs de huit lignes & larges de quatre lignes ; mais je ne réuffis point à les faire defcendre d'abord dans l'eftomac de ces petits animaux, lorfque je les leur faifois avaler avec la main, en les pouffant auffi bas que je le pouvois ; ils étoient d'abord vomis, & j'ignorois le moyen que RÉAUMUR avoit employé, j'imaginois donc de mettre dans la gorge de ces Moutons une canne percée, où je faifois entrer les tubes, que je pouffois par le moyen d'un petit cylindre de bois bien avant dans l'éfophage, alors ils ne pouvoient plus être vomis, & ils étoient forcés de defcendre dans l'eftomac, malgré les efforts de l'eftomac pour les rendre ; je me fervis utilement de ce moyen pour les Bœufs & les Chevaux. Je fis avaler fix tubes à un Mouton, qui fut tué après vingt-fept heures ; il avoit été à jeun pendant ce tems-là, & j'ai obfervé cette précaution pour les autres Moutons objets de mes expériences. Malgré ce long jeûne, le premier des quatre ventricules contenoit encore beaucoup d'herbe un peu broyée, dont s'étoit nourri l'animal avant l'expérience, & qu'il n'avoit pas encore digérée. Au milieu de cette herbe, baignée d'un fuc verd qui rempliffoit une bonne partie de l'eftomac, je trouvai cinq tubes, le fixième étoit defcendu dans le fecond eftomac, qui eft un appendice du premier. Les herbes mifes dans ces tubes, & que j'avois humectées avec ma falive, étoient la poirée, le treffle & la laitue ; dans trois tubes, ces herbes avoient été mifes vertes, & dans les trois autres elles avoient été mifes sèches ; après avoir ouvert les six tubes, je ne trouvai pas que l'herbe en eût été diminuée, ou qu'elle eût souffert une vraie digestion ; elle s'étoit seulement un peu attendrie, l'herbe fraîche avoit perdu sa couleur verte, en un mot, je ne vis précisément que ce que RÉAUMUR avoit vû.

C X X X V I I I.

IL m'auroit aussi paru que la digestion dans ces animaux dépendoit beaucoup de la force triturante de l'estomac, si je n'avois pas pensé que les herbes préparées dans les tubes n'ayant pas quitté le premier estomac, n'avoient pas pu éprouver l'influence des sucs gastriques, nécessaires pour la digestion, qui se trouvent sans doute dans les autres estomacs, & sur - tout dans le quatrième, où les alimens mangés par ces animaux sont seulement convertis en une pâte très-molle. Il est vrai que REAUMUR ne vit point la digestion ébauchée dans les tubes qui étoient sortis par l'anus, & qui avoient, par conséquent, traversé les autres estomacs. Mais enfin il n'avoit fait qu'une seule expérience, & le sujet méritoit bien qu'on la répétât. Je fis cette expérience sur un autre Mouton, que je conservai en vie pendant trente - sept heures, afin que les tubes pussent traverser tous les estomacs, ou du moins les premiers. Ils les traversèrent en effet : je trouvai les six tubes dans le quatrième estomac, ce qui suffisoit pour mon but. Mais les herbes, soit sèches, soit vertes se conservèrent entières, & furent seulement un peu macérées.

C X X X I X.

J'ÉTOIS fur le point de croire la trituration néceffaire pour la digeftion de ces animaux, lorfque je foupçonnai que REAUMUR & moi nous nous étions groffiérement trompés dans nos expériences, parce que nous n'avions pas fait attention à une circonftance qui précède toujours la digeftion dans tous les animaux à quatre eftomacs, comme les Moutons, les Bœufs, les Chêvres, les Daims, favoir, la rumination : la diffection de ces animaux & l'expérience journalière nous apprennent que les alimens pris par ces animaux, lorfqu'ils font defcendus dans le premier & même dans le fecond eftomac, ne defcendent pas enfuite d'abord dans le troifième & le quatrième, mais remontent dans l'éfophage, & rentrent dans la bouche, où les dents les triturent, & où ils s'imprègnent de falive, ce qui fe fait plufieurs fois jufqu'à ce qu'ils foient propres à être digérés. Je foupçonnai donc beaucoup, que la confervation des herbes dans les tubes étoit produite par le défaut de rumination, qui avoit empêché la digeftion, & non par le défaut de trituration. Mais pour pouvoir porter un jugement folide fur la digeftion des Moutons, je vis qu'il étoit néceffaire de refaire les expériences des tubes, après avoir trituré préliminairement les trois herbes fur lefquelles j'ai fait les précédentes expériences, & je penfai que cette trituration n'étoit pas tellement dépendante de ces animaux, qu'elle ne pût être remplacée par la maftication qu'un homme pourroit en

faire, & en les imprégnant fortement de falive. Je donnai donc à ces herbes cette préparation, & je remplis trois tubes avec les herbes vertes, & trois autres tubes avec les herbes sèches ; elles avoient toutes été également
mâchées, mais on y reconnoiffoit toujours les
débris d'herbe, les petites côtes, les petites
nervûres. Afin qu'elles ne fortiffent pas des
tubes, à caufe de l'état de divifion où elles
avoient été réduites, j'enfermai chaque tube
dans une petite bourfe de toile, me flattant
bien qu'elle ne feroit pas déchirée, parce que
je n'imaginois pas que l'eftomac des Moutons
agit fur elle, par fa force mufculaire, avec la
même énergie que l'eftomac des oifeaux gallinacés. Je fis avaler ces fix tubes à un Mouton avec fix autres qui contenoient les mêmes
herbes fans être mâchées, afin de faire la comparaifon. Le Mouton rendit trois de ces tubes
par la bouche, au bout de quatorze heures,
& cinq par l'anus, au bout de trente-trois heures : je le fis tuer à la fin du fecond jour. Entre
les quatre derniers tubes reftans, il y en eut
deux que je trouvai dans le quatrième eftomac,
& les deux autres étoient au bout du duodenum. La toile qui avoit enveloppé ces douze
tubes étoit entière. Ceux qui avoient été vomis par la bouche fe trouvèrent plus ou moins
froiffés ; deux d'entr'eux contenoient l'herbe
qui n'avoit pas été machée, elle n'avoit fouffert aucune altération. Celle du troifième tube
qui avoit été machée donnoit des fignes certains de fa diminution ; la moitié du tube étoit

vuide, fon goût étoit un peu acide. Je mis quelques-uns des brins d'herbe fur une carte, j'effayai de les rompre en les tirant par les deux bouts, mais je trouvai qu'ils n'avoient plus de confiftance, il n'y avoit que les côtes qui fiffent quelque réfiftance lorfqu'on les étiroit.

Pour les cinq tubes fortis par l'anus, il y en avoit deux dont l'herbe n'avoit point été machée, & qui ne paroiffoit avoir rien perdu de fon poids & de fa cohérence ; au contraire , l'herbe des trois autres tubes qui avoit été machée , étoit prefque réduite à rien , & la petite quantité qui reftoit étoit compofée feulement des côtes, qui formoient le pédicule de la feuille & fes grandes ramifications , mais ces parties elles-mêmes étoient fi macérées qu'on les rompoit en les touchant. La bourfe de toile qui couvroit ces trois tubes étoit teinte en verd , fur - tout intérieurement : en la tordant entre les doigts , & en l'exprimant , elle donnoit un fuc d'un verd livide que le goût déclaroit acide. Il n'en étoit pas de même pour la toile qui enfermoit les tubes où étoit l'herbe non machée, elle avoit à peine une nuance verte , qu'on ne diftinguoit plus dans le fuc qu'on en exprimoit. Enfin , les deux tubes trouvés dans le quatrième eftomac me firent voir l'herbe qu'ils contenoient avec une couleur obfcurément verte , un peu macérée , mais elle n'avoit rien perdu de fa fermeté , & ne paroiffoit pas avoir diminué de volume ; elle n'avoit pas été machée , au lieu que celle des deux tubes que je trouvai à l'extrêmité du duodenum avoit été machée :

auſſi je n'y obſervai plus que quelques-unes des côtes les plus groſſes, qui étoient devenues très - tendres & à moitié défaites. Les tubes vomis avoient été plus ou moins froiſſés, au lieu que les autres étoient parfaitement ſains.

C X L.

ON voit déja les conſéquences de mes expériences : d'abord il paroît que le ſuc gaſtrique des Moutons ne peut digérer les herbes que lorſqu'elles ont été machées, qu'il y cauſe ſeulement une légère macération, ſemblable à celle que pourroit y cauſer l'eau fomentée par une légère chaleur. En ſecond lieu, ce ſuc digère fort bien les herbes machées & réduites en petits brins par la maſtication, qui leur fait perdre leur cohérence, qui les attendrit, & qui les met en état d'être diſſoutes avec les parties les plus fermes, comme les côtes. La couleur verte du ſuc gaſtrique eſt une preuve certaine de la diſſolution (1). En troiſième

---

(1) Dans le ſéjour que je fis à Genève, en 1779, où j'eus le plaiſir long-tems deſiré de connoître perſonnellement mon illuſtre ami, M. Charles BONNET, & de jouir des agrémens de ſa converſation, j'eus auſſi l'avantage de ſavoir ſon ſentiment ſur quelques-unes de mes productions, & en particulier ſur l'ouvrage que je préparois ſur la digeſtion. Trois autres Philoſophes célèbres, inſtruits ſur ces matières, ſe joignirent à lui pour entendre ſa lecture, M. Abraham TREMBLEY, M. Jean TREMBLEY, ſon Neveu, & M. SENEBIER, Bibliothécaire de Genève, ils approuvèrent mes recherches ; ſeulement M. BONNET me fit lire un Livre ſur ce ſujet, qui me fit d'abord craindre d'avoir été prévenu. Son titre eſt celui-ci : *Eſſai ſur*

lieu, la trituration ne concourt point pour opérer la digestion qui se fait dans l'estomac des Moutons, mais elle est uniquement l'effet des sucs gastriques. En quatrième lieu, il ne paroît pas que l'estomac des Moutons ait aucune force triturante, puisque les tubes sortis par l'anus n'avoient pas souffert le moindre dommage, quoique la seule pression des doigts pût les froisser. Les traces de compression que ces tubes ont eu, quand ils sont sortis par la bouche, étoient produites par l'action des dents

---

la digestion, & sur les principales causes de la vigueur & de la durée de la vie, par M. BATTIGNE, *Docteur en Médecine*, in-12. Berlin 1768. Mais je vis bientôt que nous avions parcouru une carrière différente ; il n'entre dans aucun détail d'expériences sur la digestion, mais il se contente de faire des réflexions ingénieuses, plus propres à exciter la curiosité du Lecteur qu'à la satisfaire. Je me serois dispensé d'en parler, s'il n'avoit pas fait quelques remarques sur les deux Mémoires de REAUMUR que je rappellerai ailleurs. C'est ainsi qu'avant d'avoir lu l'ouvrage de M. BATTIGNE, j'avois fait comme lui une remarque sur la digestion des animaux ruminans, à l'occasion de l'ouvrage de REAUMUR, que l'expérience a justifiée ; c'est l'oubli que le Naturaliste François avoit fait de mâcher l'herbe contenue dans les tubes, avant de les leur faire avaler, & cet oubli étoit cause que la digestion n'avoit pu s'opérer. Voici ce que le Méd. de Berlin avoit dit : « Les expériences de M. de REAUMUR, faites sur » les ruminans, paroissent encore moins concluantes ; » l'herbe contenue dans les tubes ne pouvoit être que » macérée, n'ayant été ni broyée, ni mâchée de nou- » veau par la rumination ». *Troisième réflexion sur les expériences de* M. de REAUMUR. La justice vouloit que j'en fisse mention.

pendant la rumination. Enfin ces végétaux, pendant la diffolution, contractent un principe acide dont je parlerai ailleurs.

C X L I.

LES Moutons fe nourriffent non-feulement d'herbes, mais encore de bled, quand ils en trouvent, & ils font très-friands de pain. Pour confirmer mes conclufions, je voulus répéter encore mes expériences avec des femences végétales. Je choifis le bled, & comme il fe peut préfenter fous la forme de grains, de farine & de pain, je voulus faire mes expériences de ces trois manières. Je remplis donc fix tubes, dont trois contenoient ces matières fans être machées, & les trois autres, après avoir été machées & abondamment imprégnées de falive. Je fis avaler ces tubes enfermés dans une petite bourfe de toile à un Agneau de fept mois. Je le fis tuer au bout de trente heures, aucun des tubes n'étoit forti ni par l'anus, ni par la bouche, on les trouva tous en partie dans le troifième eftomac, & en partie dans le quatrième. L'expérience fut conforme à ce que j'avois déja vu, §. CXL. Le bled, la farine, le pain, qui n'avoient pas été mâchés, étoient pénétrés par le fuc gaftrique, mais ils n'étoient pas diffous. Au contraire, le bled pilé dans un mortier, ménuifé dans mes dents, & réduit en une bouillie épaiffe dans ma bouche, étoit prefqu'entiérement anéanti; il n'en reftoit que quelques fragmens du fon ou de l'écorce, avec quelques débris d'une fubftance farineufe. La farine avoit éprouvé le même fort, de même que le pain ; la petite portion qui reſtoit dans les tubes étoit une matière mucilagineuſe , qui ne reſſembloit plus à ce qu'elle avoit été. Cette matière étoit un peu acidule , & cet acide ſe remarquoit ſur-tout dans le bled , la farine & le pain qui n'avoient pas été machés , & qui n'avoient pu être diſſous par les ſucs gaſtriques.

C X L I I.

LES Phyſiologues , & ſur - tout le grand HALLER, connoiſſoient bien la grande quantité de ſucs gaſtriques qu'on trouve dans l'eſtomac des animaux ruminans. Après un jeûne de deux jours , j'en trouvai trente-ſept onces dans les deux premiers eſtomacs d'un Mouton ; ſa couleur étoit verte , mais je ne ſais point ſi cette couleur étoit naturelle à ce ſuc , comme la couleur jaune eſt celle du ſuc des Corneilles , §. LXXXI. ou s'il étoit ainſi coloré par les herbes dont ces animaux ſe nourriſſent , & dont je trouvai encore quelques portions, après ce long jeune , dans les deux eſtomacs. J'avois ſous la main quelques feuilles vertes de laitue , j'en mis de petits morceaux dans deux petits tubes de verre que j'avois d'abord remplis de ce ſuc gaſtrique , & que j'avois fermés aux deux extrêmités avec de la cire d'Eſpagne , mais je machai les morceaux de laitue que je mis dans un de ces tubes. Pour avoir un terme de comparaiſon , je fis cette expérience de la même manière avec deux tubes pleins d'eau ; je plaçai ces quatre tubes ſous mes aiſſelles , afin qu'ils euſſent la même chaleur , & je les y laiſſai pendant quarante-cinq heures. Ayant viſité les

feuilles qui étoient dans le fuc gaftrique, &
que j'avois machées, je vis bientôt qu'elles
avoient fouffert un changement fenfible. Au lieu
de la couleur verd-clair qu'elles avoient, elles
étoient devenues plus obfcures, elles s'étoient
changées en une efpèce de colle : en les re-
muant avec un canif, je fentis encore quelques petites côtes & quelques nervûres, qui
étoient les reftes de l'organifation de la plante ;
la feuille qui n'avoit pas été mâchée étoit
bien éloignée de cet état, tous les petits morceaux en étoient reconnoiffables, mais ils ne
réfiftoient plus autant quand on vouloit les rompre. Les feuilles qui étoient reftées dans l'eau,
foit les machées, foit celles qui ne l'avoient
pas été, n'avoient perdu ni leur confiftance,
ni leur couleur. D'où il réfulte que le fuc gaftrique n'agit point comme un fimple fluïde
aqueux fur la plante, mais comme un vrai
diffolvant, dans les tubes de même que dans
l'eftomac. La chaleur communiquée fous mes
aiffelles à ces tubes n'eft point une confidération
indifférente pour cette digeftion ébauchée, car
ces mêmes feuilles de laitue, machées comme
les premières, & placées dans des tubes femblables avec le fuc gaftrique, & qui n'éprouvèrent que la chaleur de ma chambre, qui étoit
feulement de feize degrés pendant quarante-
cinq heures, n'y furent que très-fuperficielle-
ment macérées.

C X L I I I.

JE répétai fur les Bœufs les mêmes expériences que j'avois faites fur les Moutons. Les

résultats furent conformes à ceux que j'avois eu, avec cette seule différence que les effets furent plus promts. Au bout de vingt - quatre heures, les Bœufs avoient rendu par l'anus les tubes que je leur avois fait avaler, ils n'avoient souffert aucune compression. Après avoir été séparés de leur enveloppe de toile, je n'y trouvai plus que quelques côtes de feuilles de poirée, de laitue & de treffle que j'avois machées, mais ces côtes elles-mêmes étoient si macérées que la plus petite force pouvoit les rompre. A l'égard des feuilles non machées, elles étoient légérement digérées ; elles avoient perdu leur couleur, mais elles étoient entières. Je leur trouvai un goût un peu acide, semblable à celui des feuilles qui avoient séjourné dans l'estomac des Moutons, §. CXXXIX. CXLI.

Le Cheval ne rumine pas, mais il a comme les Bœufs un estomac membraneux, & il se nourrit avec les mêmes alimens. La laitue & le treffle machés, & placés dans des tubes enveloppés de toile, que je fis avaler à un Cheval, me parurent digérés, après être sortis avec les excrémens au bout de cinquante-deux heures.

C X L I V.

En considérant les différentes sortes d'animaux qui m'ont servi dans mes expériences sur la digestion, je trouve que les animaux ruminans ont de grands rapports avec les animaux à estomacs musculeux, pour l'action des sucs gastriques. Ils ne peuvent digérer les alimens, les dissoudre, que lorsqu'ils ont été broyés. Les

oifeaux granivores avalent le grain qui eft hu-
meété & macéré dans leur géfier, enfuite il
defcend dans l'eftomac, où il eft brifé & réduit
en poudre par la force triturante de l'eftomac,
qui opère fur lui le même effet que les dents;
enfuite il eft converti en chyme. La Nature
emploie les mêmes procédés dans les animaux
ruminans. Les alimens defcendent d'abord dans
le premier & le fecond eftomac, où ils font
ramollis par le fuc gaftrique, comme les grains
dans le géfier des oifeaux à eftomac mufculeux;
mais comme les ruminans n'ont pas un eftomac
qui ait cette force triturante, §. CXXIX. CXL.
& comme les alimens ont befoin d'être broyés
pour être triturés, la fage Nature y a pourvu,
en faifant enforte que les alimens, après un
féjour plus ou moins long dans ces eftomacs,
remontaffent dans la bouche pour y être mis
en état, par la trituration, d'être digérés par
les fucs gaftriques, comme les alimens ne font
digérés par les oifeaux granivores, que lorfqu'ils ont été fuffifamment broyés dans leur
eftomac.

DISSERTATION QUATRIEME.

On continue à parler de la digeſtion des Animaux à eſtomac membraneux, des Chouettes, des Ducs, du Faucon, de l'Aigle.

C X L V.

REAUMUR avoit parlé, dans ſon premier Mémoire, des expériences qu'il avoit faites ſur la manière dont digèrent les oiſeaux qui ſe nourriſſent ſur-tout d'herbes & de grains, & qui ſont à eſtomac muſculeux. Il paſſe enſuite, dans le ſecond Mémoire, à l'examen de la manière dont s'opère la digeſtion dans quelques oiſeaux qui ſe nourriſſent de chair, & qui ont l'eſtomac membraneux ; & comme il avoit conclu, d'après les faits qu'il avoit raconté dans le premier Mémoire, que la digeſtion s'opéroit dans les eſtomacs muſculeux ſans le ſecours d'aucun diſſolvant, mais ſeulement par la diviſion produite par la trituration, ſemblable à celle qui ſe fait par les meules d'un moulin ; il avoue cependant, dans le ſecond Mémoire, qu'il avoit trouvé quelques faits qui montroient dans l'eſtomac un menſtrue, propre à diſſoudre & à digérer les alimens ſans la moindre action de ce viſcère ſur eux.

Dans ma première Diſſertation, où j'ai recherché, par des expériences, comment s'opère la digestion dans les oiseaux à estomac musculeux, j'ai parlé des expériences de REAUMUR sur ce sujet, & j'ai fait voir que les conséquences qu'il en tire ne devoient pas avoir toute l'étendue qu'il leur donne, §. XXXIX. XL. XLI. XLII. XLIII. XLV. Je renvoie le Lecteur à tous ces endroits, de peur de me répéter. Parlons plutôt des autres expériences faites par REAUMUR sur ce sujet, & dont il fait mention dans ce second Mémoire, cela me mènera au sujet de cette dissertation, où je continue à parler de la digestion des animaux à estomac membraneux. Il s'occupa sur-tout des oiseaux de proie, parce que leur estomac a de grands rapports avec celui de l'homme, & il prit pour le sujet de ses recherches un Milan de la grosse espèce : ces oiseaux sont communs en France. La faculté de vomir qu'avoit cet oiseau, & qui est commune aux oiseaux de proie, lui fournit le moyen de faire plusieurs expériences, sans tuer l'oiseau qui en étoit l'objet, & ces expériences se bornèrent à faire avaler à ce Milan plusieurs tubes de laiton remplis de différentes substances, mais sur-tout de chair. Ces petits tubes, après un séjour plus ou moins long dans l'estomac, étoient rendus, & laissoient voir à l'Observateur ce qui étoit arrivé aux substances qu'on y avoit renfermées. Le résultat général de ces observations fut, que les chairs étoient plus ou moins vîte digérées, suivant que les tubes qui les contenoient avoient plus ou moins séjourné

dans

dans l'eſtomac de l'oiſeau (1), & il en conclut avec raiſon que cette digeſtion eſt produite par les ſucs gaſtriques , ſans le concours de la trituration , puiſque les chairs en ſeroient garanties par les parois des petits tubes. Enfin , après quelques autres expériences dont je parlerai , il conclut encore analogiquement que la digeſtion ſe fait auſſi , par les ſucs gaſtriques , dans les autres oiſeaux à eſtomac membraneux, mais il ſe plaint de la mort de ſon Milan , qui l'empêcha de continuer ſes expériences , ſi né-

---

(1) M. Batigne, dans le livre que j'ai cité, paroît croire que la chair, miſe dans les tubes par Reaumur, ne peut lui avoir donné une idée juſte des changemens qu'elle a ſubi dans l'eſtomac de l'animal, où elle a été plutôt macérée que digérée. « On voit de plus, dit-il, » que la viande, miſe dans les tubes, ne peut donner » une idée préciſe des changemens qu'elle ſubit dans » l'eſtomac de l'animal, puiſqu'elle n'y eſt que ma- » cérée & non digérée ». *Première réflexion ſur les expériences de Reaumur.* L'Auteur ſe trompe ici dans le reproche qu'il fait à Reaumur ; car, dans ſon ſecond Mémoire, pag. 465 des Mém. de l'Académie Royale, il dit formellement, que la chair des tubes, avalée par le Milan, étoit non-ſeulement ramollie & macérée, mais véritablement digérée & diſſoute. Il eût pu ſeulement objecter, avec raiſon, à Reaumur, que le petit nombre de ſes expériences n'étoit pas ſuffiſant pour décider ſur la cauſe efficiente de la digeſtion, mais le Philoſophe François, auſſi grand que ſincère, l'avoit ingénûment avoué. Au reſte, les expériences que je rapporte dans ce livre prouvent évidemment que les tubes offrent un moyen très-propre pour faire ces expériences, pour les varier convenablement, & pour avoir une idée claire des changemens qu'y éprouvent les alimens dont on les remplit,

L

ceſſaires pour éclaircir ce ſujet, & il s'engage à le faire enſuite; mais il ne put tenir ſa pro-meſſe, ayant été prévenu par la mort, qui l'en-leva à la Philoſophie naturelle, dont il étoit un des ornemens.

C X L V I.

SANS prétendre faire ce qui a échappé à cet homme ſi célèbre, & aux efforts de pluſieurs autres après lui , je continuerai de raconter mes expériences ſur la digeſtion des animaux à eſtomac membraneux, & j'y joindrai les ré-flexions qu'elles m'ont fait faire. Je ferai con-noître ce que j'ai vu dans différens oiſeaux de proie, de jour & de nuit. Quant aux oiſeaux de nuit, j'ai employé ceux que j'ai pu me pro-curer, les Chouettes & les Hiboux.

Les Chouettes (1) m'ont donné la ſolution de quelques problêmes, entre leſquels il y en a un qui avoit exercé l'habileté de REAUMUR; elles me l'ont fournie par le moyen de la nour-riture que je leur préparai , & qu'elles pre-noient d'elles-mêmes. Après que le Milan lui eût appris que les ſucs de l'eſtomac digéroient les chairs par eux-mêmes, il fut curieux de ſavoir s'ils digéreroient de même les végétaux dont les oiſeaux de proie ne ſe nourriſſent pas. Pluſieurs graines céréales, comme les fêves , les pois, le froment, après être reſtées pen-dant un tems donné dans l'eſtomac du Milan,

____

(1) C'eſt l'eſpèce appelée par BUFFON *la petite Chouette* , Hiſt. Nat. des Oiſeaux, T. **II.** *in-8°.* & par LINNEUS *Strix paſſerina.*

avec les tubes où elles étoient renfermées ; en furent vomies dans l'état où elles y étoient entrées. La cuiſſon de ces graines ne les rendoit pas propres à être digérées , & il arrivoit la même choſe quelquefois aux alimens que je donnois à mes Chouettes. Tels étoient les Moineaux qu'elles avaloient en un morceau , de ſorte que les plumes du Moineau & les grains de froment avec le pain qu'il avoit avalés, & qui n'étoient point digérés, ſe trouvoient avec lui dans l'eſtomac de la Chouette. Auſſi , lorſque les Chouettes , après la digeſtion de la chair des Moineaux , en vomiſſoient les plumes , qui formoient une petite pelotte , quelquefois aſſez comprimée , elles vomiſſoient auſſi le bled dont les grains étoient entiers , quoiqu'ils fuſſent très-tendres & fort macérés ; je dirai de même qu'en défaiſant cette pelotte , on y trouvoit des traces de pain. C'étoit donc une preuve certaine que les ſucs gaſtriques des Chouettes n'avoient aucune influence ſur les végétaux pour les digérer.

C X L V I I.

CE fait nous fournit des conſéquences importantes ; il fait voir d'abord que l'eſtomac de ces oiſeaux de nuit eſt vraiment membraneux , qu'il n'a aucune force triturante , comme le prouvent les grains de froment qui s'y conſervent entiers , §. CXLVI. , quoiqu'ils y ſoyent devenus très - tendres , & qu'ils duſſent crever à la plus légère compreſſion ; je ne dis pas cependant que ce viſcère n'ait aucune force , car il en faut une pour former cette pelotte avec les plumes, qui les réduit en un corps à mesure que la digestion s'opère. La seconde chose qui mérite d'être remarquée, c'est la digestion des os du Moineau : on ne peut dire qu'ils soient sortis avec les excrémens, je m'en serois apperçu dans la cage où la Chouette étoit enfermée ; je l'aurois observé de même si elle les avoit vomis. Il est vrai qu'en défaisant la pelotte, j'y ai trouvé quelques petits os, quelques vertèbres du dos & une portion de crâne du Moineau, mais ce nombre d'os étoit bien petit en comparaison de celui qui formoit la carcasse de l'oiseau. Il faut donc conclure qu'ils ont été dévorés.

C X L V I I I.

Le Milan de REAUMUR digéroit les os enfermés dans les tubes, & même les os les plus durs. Je fus curieux de savoir si les Chouettes digéreroient les os dans les tubes, comme lorsqu'ils n'y étoient pas ; je mis pour cela un morceau du fémur d'un Pigeon avec sa chair dans un tube, afin de faire deux expériences ensemble, l'une sur la chair, l'autre sur l'os. J'observerai ici, par occasion, que l'expérience m'avoit appris à faire garder aux oiseaux de proie de nuit & de jour, dans leur estomac, les tubes que je leur faisois avaler, autant que je souhaitois. Ces animaux ne vomissent que lorsqu'ils ont digéré tout ce qu'ils ont mangé, de sorte que les tubes qu'ils avaloient alors restoient dans leur estomac jusqu'à la fin de leur digestion ; s'ils mangeoient peu, ils vomissoient plutôt ; & s'ils avoient mangé autant qu'ils pouvoient, ils vomiſſoient beaucoup plus tard; s'ils avaloient des tubes lorſqu'ils étoient à jeun, ils les vomiſſoient au bout de deux ou trois heures. Sachant auſſi le tems de leur digeſtion, je pouvois toujours juger, par la quantité d'alimens que je leur donnois avec les tubes, de la durée du ſéjour des tubes dans leur eſtomac. Le tube que j'avois préparé avec le morceau de fémur de Pigeon ſéjourna ſept heures dans l'eſtomac d'une Chouette ; l'os ne parut pas y avoir ſouffert, il avoit ſeulement perdu de ſa roideur dans les parties rompues, mais la chair n'avoit plus de peau, & ſa première ſurface avoit diſparu ; elle étoit dans une vraie diſſolution par la molleſſe qu'elle avoit acquiſe. Un ſéjour de quatorze heures occaſionna de bien plus grandes pertes à ce morceau de Pigeon ; la chair étoit extrêmement diminuée ; l'os avoit ſouffert, il étoit écorché dans ſes extrêmités, & ſes parties comprimées cédoient ſous le doigt, & changeoient de figure ; mais je le fis ſéjourner encore vingt-ſept heures dans l'eſtomac de la Chouette : voici le réſultat de ce ſéjour. La chair avoit entiérement diſparu avec le périoſte du fémur ; l'os étoit à nud, il avoit perdu de ſa longueur par la corroſion de ſes extrêmités. Je voulois voir la fin de l'expérience, je fis encore garder cet os à la Chouette dans ſon eſtomac pendant vingt & une heures. Alors ſa moëlle n'éxiſtoit plus, la cavité intérieure s'étoit agrandie, la ſurface extérieure étoit plus petite, & ſon épaiſſeur étoit fort diminuée : les deux ſurfaces étoient couvertes d'un suc jaune, un peu salé & amer ; elles étoient parsemées de quelques grands points d'une substance gélatineuse. Cet os séjourna encore trente - deux heures dans l'estomac de la Chouette, il ressembloit alors à un tube de papier fin, déchiré dans ses extrêmités, troué en plusieurs endroits. Il étoit baigné de cette liqueur dont j'ai parlé, qui étoit le suc gastrique, qui le dissolvoit, & les petites masses gélatineuses étoient l'os que les sucs gastriques changeoient en gelée. Enfin, au bout de neuf heures de séjour dans l'estomac de la Chouette, ce tube osseux disparut au point que je n'en apperçus plus que quelques légers fragmens. Il résulte de cette expérience, que le suc gastrique des Chouettes peut, sans aucun autre agent, dissoudre les os sur lesquels il agit, & que cette action est nuancée dans ses effets.

C X L I X.

Pour me contenter entiérement, il me falloit encore suivre l'action de ce suc sur les alimens hors du corps de l'animal. J'employai donc les petites éponges dont je m'étois servi si heureusement avec les Corneilles, §. LXXXI. LXXXII. , & qui ne me servirent pas moins bien avec les Chouettes; car, proportion gardée à la capacité de leur estomac, elles me fournirent autant de suc gastrique que les Corneilles ; je n'eus que six Chouettes, mais les éponges que j'introduisois dans leur estomac avec des tubes s'y saturèrent très - vîte de ce suc ; & quand je les leur faisois avaler à jeun,

§. CXLVIII. , elles les vomiſſoient quelques heures après, regorgeant de ſuc gaſtrique ; je leur en faiſois avaler de nouvelles après le vomiſſement, & celles-ci me fourniſſoient autant de ſucs que les premières. J'ai obſervé la même choſe pour les Corneilles , §. LXXXIII. On voit par-là combien la Nature pourvoit abondamment à la digeſtion de ces oiſeaux. Ce ſuc que j'exprimois d'abord dans un petit vaſe me paroiſſoit auſſi fluïde que l'eau ; ſa couleur étoit rouge , un peu jaune , ſemblable à la couleur jaune de l'œuf. Cette couleur n'étoit pas propre au ſuc gaſtrique , mais elle étoit produite par de très-petits corps jaunâtres , à peine perceptibles par la vue ſimple , mais très-viſibles avec une lentille. Ces corpuſcules ſe précipitoient au fond du vaſe ; au bout de quelques heures , ils y produiſoient un ſédiment jaunâtre , & ils laiſſoient le fluïde limpide comme l'eau ſéparée de la terre qui la trouble. Je crus d'abord que ce ſédiment étoit produit par quelques ſaletés reſtées dans le fond de l'eſtomac , & mêlées au ſuc gaſtrique ; mais quoique je répétaſſe l'expérience , après avoir fait jeûner très-long-tems les Chouettes , le ſuc gaſtrique conſerva ſa couleur jaune. J'ouvris encore l'eſtomac d'une Chouette qui jeûnoit depuis long-tems , je n'y trouvai rien d'hétérogène , & le ſuc me parut toujours jaune ; ces corpuſcules jaunes ne venoient donc point des reſtes des alimens , mais j'ignorois leur origine. Ce ſuc , comme les autres ſucs gaſtriques , eſt un peu ſalé & amer. Il s'évapore plus facilement que l'eau commune, & il laiffe au fond du vafe un fédiment de petits corpufcules jaunâtres qui fe deffèchent peu-à-peu, & forment une croûte dure, bleuâtre, tirant fur le jaune. Jetté fur le feu ou fur la flamme d'une chandelle, ce fuc ne paroît point inflammable comme tous les autres fucs gaftriques, il n'eft point fujet à la putréfaction, quoiqu'il foit, pendant des femaines & des mois, hors du corps de l'animal, expofé à l'air, & même pendant des tems chauds.

C L.

Je plongeai enfuite dans ce fuc gaftrique des Chouettes les alimens dont je les nourriffois, & dont elles étoient très - friandes, des boyaux de Veau. Un petit morceau pefant quarante-fix grains fut mis dans un petit vafe de verre prefque plein de ce fuc gaftrique, de manière qu'il étoit abfolument couvert par le fuc; je mis un morceau femblable de ce boyau dans un vafe de verre femblable, rempli d'eau commune & placé dans les mêmes circonftances, j'ai conftamment obfervé ces précautions pour avoir un terme de comparaifon; je couvris les deux vafes avec du papier pour diminuer l'évaporation, je les mis dans un four près de la cuifine, où la chaleur faifoit monter le thermomètre entre trente & trente-cinq degrés. Au bout de onze heures, le boyau plongé dans le fuc gaftrique commençoit à faire voir quelques taches noires, dont le nombre s'accrut enfuite jufques-là, qu'au bout

de vingt-quatre heures le boyau en étoit prefque couvert. J'obfervai avec une lentille que
les chairs fe détachoient & s'éfiloient dans ces
taches, ce qui n'arrivoit pas dans les parties
où le boyau étoit blanc. Quand le boyau fut
noirci, je le tirai du fuc, je le lavai dans l'eau
pure, & il reprit fa première blancheur :
ayant été féparé du voile noir qui le couvroit,
qui étoit la partie du boyau macérée & digérée par le fuc gaftrique, ce voile noir tomba
bientôt au fond de l'eau fous la forme de petits
corps, que le microfcope me fit voir comme
autant de petites fibres charnues, féparées du
boyau. Après avoir effuyé le boyau, & l'avoir
pefé, je ne trouvai plus que le poids de vingt-
huit grains, de forte qu'il en avoit perdu dix-
huit. Quant à l'autre morceau de boyau plongé
dans l'eau, il fentoit mauvais, & celui qui étoit
dans le fuc gaftrique n'avoit point de mauvaife
odeur : après avoir été effuyé & pefé, je trouvai qu'il avoit perdu fept grains. Je renouvellai
l'eau & le fuc gaftrique, je replaçai les deux
morceaux de boyau dans leurs vafes refpectifs,
& je les laiffai pendant deux jours à l'entrée
du four où ils avoient été; alors celui du fuc
gaftrique avoit perdu la forme & l'organifation
du boyau, c'étoit une colle, une bouillie noire
qui n'avoit plus de cohérence quand on la touchoit avec la pointe d'un fer; le boyau avoit
été entiérement diffous par le fuc gaftrique,
ce que l'eau & la putréfaction n'avoient pu
produire fur l'autre morceau qui pefoit encore
dix-neuf grains. Ses fibres étoient toujours en-

tières, & il confervoit toujours une certaine
réfiftance quand on vouloit le déchirer.

C L I.

EN faifant mes expériences fur les Chouettes, je n'ai pas négligé d'étudier leur eftomac
& leur éfophage, dont voici la defcription. Si
l'on ferre avec un fil le commencement de
l'inteftin duodenum, de manière que l'air ne
puiffe y paffer ; enfuite fi l'on fouffle dans l'é-
fophage, l'éfophage & l'eftomac paroiffent avec
toute leur étendue, & prennent la forme d'une
poire, ou d'une petite courge dont le ventre
repréfente l'eftomac, & dont le col peint l'é-
fophage. Si on les obferve par tranfparence,
les deux tiers de l'éfophage, & même plus,
paroiffent tranfparens, le refte avec l'eftomac
ne le font pas. Si l'on partage ces deux récipiens, & qu'on les étende fur une table ; on
voit bientôt que cette tranfparence de l'éfophage dépend de fes parois qui font très-minces,
& qui deviennent opaques en s'épaiffiffant. Les
parois de l'éfophage s'épaiffiffent ainfi tout-à-
coup par un amas de ces corps glanduleux,
que j'ai décrit dans les autres oifeaux ; ces follicules compofent une grande bande tranfver-
fale de la largeur d'environ cinq lignes. Ces
follicules regorgent toujours, par la partie qui
regarde la cavité de l'éfophage, un fuc prefque
infipide, blanchâtre, trouble & un peu doux,
femblable, en un mot, aux fucs qui fortent
de cette partie de l'éfophage dans les autres
oifeaux. Ces follicules difparoiffent là où commence l'eftomac, & je n'ai pu trouver aucune

trace de corps analogues dans fes tuniques , malgré tous les foins que j'ai pris pour cela , mais peut-on dire que ces follicules glanduleux foient la feule fource du fuc gaftrique ? Je croirois affez qu'une partie de ce fuc en tire fon origine, mais je crois auffi qu'une autre partie, & la plus grande, vient de l'eftomac lui-même, & qu'il fort des artères qui s'y terminent ; j'en ai une preuve fenfible dans ce voile humide que j'ai obfervé dans l'eftomac des autres animaux, §. XCIII. CXXXII., & qui reparoît fur la face interne de l'eftomac quand elle a été foigneufement effuyée avec un linge.

C L I I.

L'ÉSOPHAGE & l'eftomac des Ducs reffemblent parfaitement à celui des Chouettes, que je viens de décrire. J'ai fait mes expériences fur deux efpèces de ces oifeaux ; les uns font peints de plufieurs couleurs où dominent le roux & le brun, & qui portent fur la tête deux panaches reffemblans à un croiffant ; les autres, qui n'ont point ces panaches , & qui font peut-être plus beaux par l'élégante variété de leurs couleurs, ont des yeux tirant fur le bleu , au lieu que les premiers les ont jaunes (1). Le premier que j'ai eu fût de la première efpèce, il m'apprit dans mes expériences un fait très-furprenant ; je le forçai de prendre deux tubes remplis de chair, il les vomit au

---

(1) *Strix Otus* de LINNEUS, le moyen Duc de BUFFON , voilà la première efpèce. *Strix Stridula* , le Chat-huant, font les noms de la feconde.

bout de trois heures, fans qu'ils euffent éprouvé la plus petite altération ; cette expérience fut répétée deux fois, de forte que cette chair, après avoir féjourné fept heures dans fon eftomac, n'y avoit éprouvé aucune altération fenfible : je me gardai bien de décider que les fucs gaftriques de ces oifeaux ne pouvoient pas par eux-mêmes opérer la digeftion, ma décifion eût été trop précipitée. Mais voyant l'oifeau ftupide & fort maigre, je foupçonnai qu'il étoit malade & peu propre à bien digérer. Je me confirmai dans cette idée, lorfque j'appris qu'il ne voulût point manger après qu'il eût été pris, & qu'il y avoit quatre jours qu'il étoit à jeun. Ce Duc n'étoit point jeune mais vieux, & à cet âge on ne peut parvenir à les nourrir, comme BUFFON l'obferve dans fon hiftoire. Il refufa conftamment de manger ce qu'on lui offrit, & il vomit ce que je lui fis avaler par force ; enfin, au bout de deux jours & demi il mourut.

C L I I I.

J'EUS le printems fuivant deux jeunes Ducs de cette efpèce, qui prenoient volontiers la nourriture qu'on leur donnoit. Je répétai donc avec eux la précédente expérience, mais le réfultat fut bien différent ; la chair renfermée dans les tubes commença à donner, au bout de trois heures & trois quarts de féjour dans leur eftomac, des fignes de diffolution, & après fept heures elle fut entiérement digérée. Je fus donc complettement perfuadé que la caufe de la digeftion manquée dans l'expérience précédente , §. CLII, venoit uniquement de l'état de maladie où fe trouvoit le Duc , foit que les fucs gaftriques fuffent alors ou plus rares ou moins énergiques. J'ai raconté cette expérience pour faire voir qu'une digeftion manquée n'eft pas une preuve décifive de l'infuffifance des fucs gaftriques pour l'opérer.

C L I V.

Ces deux Ducs digéroient non-feulement la chair renfermée dans les tubes , mais encore les os qui ne font pas les plus tendres ; j'ai fait cette expérience avec des morceaux d'os de Pigeon, de Poule, de Chapon & de Bœuf, les réfultats font femblables à ceux que j'ai décrit , §. CXLVII. CXLVIII ; je rapporterai encore un fait fingulier qui mérite d'être remarqué ; je donnai à manger à l'un des Ducs une Grenouille, & je le tuai une heure après pour l'obferver intérieurement. Je trouvai fon eftomac fort dilaté par le volume de la Grenouille qui ne pouvoit y être contenu , & dont la tête entroit dans l'éfophage qui s'étoit fort élargi ; les jambes poftérieures touchoient le fond de l'eftomac, & elles étoient tellement diffoutes , qu'il n'en reftoit plus que les os fecs. Les cuiffes & le corps de l'animal avoient perdu en très-grande partie leur peau , & les chairs avoient cette molleffe qu'elles auroient eue fi on les avoit fait bouillir pendant quelques heures. La tête , qui étoit hors de l'eftomac & qui occupoit la partie inférieure de l'éfophage bordée avec les follicules glanduleux, commençoit à fe diffoudre. Cette expérience montre que la digeſtion s'opère ici dans l'eſtomac & dans l'éſophage, avec une promtitude preſque égale, ce que je n'avois pas obſervé dans les autres animaux.

C L V.

Avant de tuer mes Ducs, j'avois voulu avoir une doſe ſuffiſante de leurs ſucs gaſtriques, pour voir s'ils conſervoient hors de l'eſtomac leur faculté digeſtive. Les chairs qu'on y plonge s'y diſſolvent fort bien, quoiqu'avec une grande lenteur, mais il faut qu'ils éprouvent une cha-leur convenable & continuelle.

C L V I.

Les Ducs de la ſeconde eſpèce m'ont fait obſerver les mêmes phénomènes, rélativement à leur digeſtion, que ceux de la première, ſoit que je leur aie fait avaler des chairs ou des os dans des tubes, ſoit en conſidérant leur force digeſtive par rapport à ſa promtitude ou à l'énergie de l'éſophage pour diſſoudre les ali-mens qui y reſtoient (1); ou enfin, à la len-

____

(1) En compoſant ceci, il me vint dans l'eſprit une réflexion convenable pour une note. Je comparai ce paragraphe avec les autres LXXVII. LXXVIII. LXXIX. XCIX. C. CI. CXXXV. CLIV. Il paroît que le ſuc de l'éſophage chez pluſieurs animaux eſt plus ou moins propre à la digeſtion, avant de ſe mêler au ſuc gaſtrique, & cette propriété ne ſe développe pour l'ordinaire qu'avec le ſuc gaſtrique auquel il ſe mêle, quand il eſt deſcendu dans l'eſtomac; cependant, dans pluſieurs animaux, il agit dans l'éſophage lui-méme, comme nous l'avons vu, & il diſſout les alimens qui y reſtent, & qui ne peuvent entrer dans l'eſtomac.

teur de la digestion opérée par leurs sucs gaftriques hors du corps de l'animal. J'essayai sur
ce Duc ce que j'avois essayé inutilement sur les
Chouettes, je cherchai s'il digéreroit quelques
substances végétales ; je lui fis avaler, quand il
étoit fort affamé, un pois, une fève, une ce-
rise, de même que des petits tubes remplis de
quelques graines, dont les unes étoient entières
& les autres broyées, mais ce fut inutilement,
ces végétaux s'y pénétroient de suc gastrique,
changeoient plus ou moins de couleur, mais
ne changoient point de masse, & il rejettoit
ces graines sans les avoir digérées, quoique
ce fut au bout d'un ou deux jours. Un Duc en
mangea quelquefois spontanément, mais cela
venoit d'une volonté déréglée, qui est commune
à tous les jeunes oiseaux qui engloutissent aveuglément tout ce qu'on leur offre.

C L V I I.

APRES ces expériences sur les oiseaux noc-
turnes de proie, j'en fis sur ceux de jour, &
le premier que j'employai fut un Faucon, qui
me fut donné par mon célèbre Ami l'Abbé Bo-
NAVENTURE CORTI, Professeur de Physique à
Reggio, & Supérieur du Collège des Nobles
à Modène. Ce Faucon avoit la grosseur des
Poules ordinaires, & autant que j'en puis juger, il me parut de l'espèce que LINNEUS appelle *Lanarius*. Je vis bientôt que je ne pouvois
pas le manier comme les autres oiseaux ; son
bec crochu & ses serres aiguës ne me per-
mettoient guère de lui ouvrir la bouche par
force, & de lui faire avaler mes petits tubes,

mais je trouvai le moyen de les lui faire avaler
fans qu'il s'en apperçut : je coupai la viande
que je lui donnai en petits morceaux, & je cachai mes petits tubes dans quelques-uns de ces
morceaux que je trouvois pour cela. Le Faucon affamé accouroit, prenoit ces morceaux
de viande & les avaloit entiers. Pour rendre la
tromperie plus heureuſe, il faut que les tubes
ſoient entiérement cachés dans la viande ; car
quand le Faucon les appercevoit, il les prenoit
avec ſes ſerres, &, en déchirant la viande avec
le bec, il en faiſoit partir le petit tube & mangeoit enſuite la viande.

C L V I I I.

Je cherchai d'abord s'il digéroit les os fans
l'action de l'eſtomac ſur eux, & je trouvai la
digeſtion complette ; j'employai cependant les
écailles du fémur d'un Bœuf, elles n'étoient
point ſpongieuſes, mais ſolides, compactes &
très-dures ; les petites étoient auſſi grandes
qu'un grain de froment, & les plus grandes
étoient comme une fêve ; elles peſoient ſoixan-
te-ſept grains, & furent diſtribuées dans deux
tubes, pour éviter qu'elles ne ſortiſſent du
tube quand elles commenceroient à ſe diſſoudre ; je couvris le tube avec une toile comme
j'avois déja fait, ces os reſtèrent vingt-quatre
heures dans l'eſtomac du Faucon ; & comme
je les ſentis remuer en les agitant, je jugeai
d'avance qu'ils avoient diminué de volume ; ils
étoient baignés de ſuc gaſtrique, mais je n'appercevois pas ces places gélatineuſes comme dans
les os digérés par les Chouettes, §. CXLVIII.

&

& par les Ducs : ces places gélatineuses étoient cependant la subtance elle-même de l'os que les sucs gastriques changeoient en gelée. Mais ce qu'il y avoit de plus neuf, c'est que ces os n'étoient point attendris, qu'ils avoient conservé toute la dureté du reste de ce fémur de Bœuf dont les écailles, mises en expérience, étoient des parties : cependant on auroit cru que le suc gastrique n'avoit point agi sur ces os, si leur poids réduit à quarante-deux grains n'avoit pas montré leur grande diminution. Je remis ces morceaux dans les tubes pour la seconde fois, ils séjournèrent dans l'estomac du Faucon pendant deux autres jours, & au bout de ce tems-là tous ceux qui étoient de la grosseur d'un grain de froment disparurent, à la réserve de deux qui n'avoient plus que la grosseur d'un grain de millet. Les trois morceaux, égaux à une fève, furent réduits à un volume plus petit que celui d'un grain de maïs. Les écailles d'une grosseur moyenne diminuèrent à proportion, toutes me parurent très-dures. Enfin, le reste de ces écailles d'os séjourna encore pendant cinquante-sept heures dans l'estomac du Faucon, & elles disparurent entiérement, à la réserve des trois plus grosses, qui furent réduites au volume d'un grain de millet, ces derniers morceaux conservèrent leur première dureté, quoiqu'ils aient été si long-tems dans l'estomac de cet oiseau. Je m'en assurai en les rompant avec le marteau.

Il faut donc conclure que le suc gastrique de notre Faucon ne s'insinue pas dans l'os, &

M

n'agit que fur fa furface qu'il diffout , tandis que le fuc gaftrique des Chouettes & d'autres animaux les pénètre davantage. Je croirai donc que la chofe fe paffe ainfi. Imaginons qu'un os ou un morceau d'os eft compofé de couches , comme le bois ou les oignons, avec cette différence que dans les gros oignons les couches font épaiffes , au lieu qu'elles font très-minces dans les os. Le fuc gaftrique des Chouettes & de quelques autres animaux , en enveloppant un os , diffoudra la dernière couche qui eft le plus à la furface ; mais en diffolvant cette couche, il s'infinuera jufqu'à d'autres couches qui font deffous la première ; celles - ci , fans fe diffoudre , fe ramolliffent , & c'eft la caufe de la différente dureté des os digérés par les animaux. Au contraire , le fuc gaftrique du Faucon, pendant qu'il diffout la première couche qui eft à la furface , ne peut pas s'infinuer jufqu'aux lits inférieurs , mais il s'arrête à la furface , de forte qu'il digère l'os fans le ramollir intérieurement , il enlève ainfi une couche à la fois , comme fi un diffolvant pouvoit diffoudre un oignon , en enlevant à la fois une feule de fes couches fans toucher aux couches inférieures.

C L I X.

AVANT d'être convaincu que l'os ne fouffroit aucun amolliffement par l'action du fuc gaftrique , je voulus encore faire l'expérience lorfqu'il agit librement dans l'eftomac, car il me reftoit le foupçon que la force diffolvante du fuc gaftrique avoit été diminuée , en fe filtrant au travers de la chemife de toile mife au tube qui renfermoit l'os. Je pris donc un morceau du même fémur de Bœuf, là où fon épaiffeur eft la plus grande, j'en fis tourner un petit globe, pour qu'il ne bleffât pas avec fes angles les tuniques délicates d'un eftomac membraneux. Je le fis avaler au Faucon, & je me propofai d'obferver fi la dureté & la maffe de l'os diminueroient en même tems.

Un féjonr de cinq jours dans l'eftomac du Faucon ne l'amollit point ; fa maffe avoit un peu diminué, comme je m'en apperçus par fa mefure. Le Faucon vomiffoit le globe offeux une ou deux fois par jour, fuivant qu'il avoit plus ou moins mangé, car il ne vomiffoit les corps indigeftibles que lorfque la digeftion des autres étoit achevée, comme je l'avois déja obfervé, §. CXLVIII. Auffi inftruit par l'expérience, je le faifois manger quand je croyois que la digeftion étoit fur le point de s'achever, & je prolongeois ainfi le féjour des corps dans fon eftomac fans en fortir, de forte que, par cet artifice, la fphère offeufe refta dans l'eftomac de cet oifeau pendant vingt - deux jours continuels : je ne parle plus de fon ramolliffement. J'ai affez prouvé que le fuc gaftrique ne pouvoit produire cet effet ; je dirai plutôt un mot de fa petite diminution. Cette petite fphère avoit quatre lignes & demi de diamètre, & après trente - cinq jours & fept heures de féjour dans l'eftomac de l'oifeau, elle n'avoit plus qu'une ligne & un tiers, mais elle avoit confervé parfaitement fa rondeur & fon poli ; on

n'y appercevoit aucune efpèce de traits , ce
qui prouve clairement que l'eftomac du Faucon
n'agit avec aucune force triturante fur les alimens , puifque les chocs des tubes de laiton ,
que je tenois dans fon eftomac , y auroient
gâté le poli & la rondeur de la boule.

C L X.

MAIS il ne faut pas croire que la digeftion
des os moins durs fût auffi longue. Mon Faucon mangeoit un gros Pigeon par jour, quand
je le lui donnois , & il le mangeoit en une
fois , fuivant l'ufage de ces oifeaux, qui, lorfqu'ils ont fait quelque groffe proie , s'en repaif-
fent tant qu'ils peuvent , & reftent des jours
entiers fans rien prendre. Quand le Faucon dévoroit un Pigeon , il laiffoit ordinairement les
boyaux , la pointe des aîles & le bec, il avaloit le refte avec avidité , il ne vomiffoit rien
de ce mélange d'os & de chair, & il ne fortoit
par l'anus ni chair ni os; fes excrémens étoient
comme ceux de ces oifeaux, une matière demi-fluïde , en partie noirâtre , en partie blanchâtre , & qui n'offroit aux doigts qui la pal-
poient , après l'avoir fait fécher , qu'une pouffière impalpable ; tous les os & la chair du
Pigeon avoient donc été digérés , dans l'efpace
d'un jour , puifqu'il donnoit , au bout de ce
tems, des marques de faim , & qu'il étoit très-
difpofé à manger un fecond Pigeon fi je le lui
offrois.

C L X I.

EN étudiant la digeftion des os par le Faucon , j'eus une idée qui ne m'étoit pas venue

en faifant mes autres expériences. Je fus curieux de favoir s'il digéreroit l'émail des dents,
les tendons les plus tenaces, & les fubftances
cornées. Je mis dans un tube deux dents incifives d'un Mouton ; le Faucon les garda trois
jours & fept heures dans fon eftomac, & je
trouvai ces dents rongées là où elles n'étoient
pas couvertes d'émail ; un nouveau féjour de
quatre jours, dans l'eftomac du Faucon, n'al-
téra pas davantage l'émail des dents, quoique
leurs racines fuffent digérées en très-grande partie, elles y reftèrent en vain pendant deux jours
fans tubes. Je conclus donc que le fuc gaftrique du Faucon ne produifoit aucun effet fur
l'émail des dents, qui eft une fubftance différente de celle des os.

C L X I I.

J'ai dit ailleurs, §. LIX., que les oifeaux de
proie, & par conféquent les Faucons, vomiffoient les plumes attachées aux oifeaux
qu'ils dévorent, d'où il réfulte que les fucs
gaftriques ne les digèrent pas ; & comme les
plumes ont quelques rapports avec la corne,
au moins fi l'on en juge par leur odeur quand
on les brûle, il étoit naturel de foupçonner
que les fucs gaftriques ne diffolvent pas les
fubftances cornées : le fait vérifia ce foupçon.
Plufieurs morceaux de corne de Mouton & de
Bœuf, cachés dans la viande que je donnois
à manger au Faucon, furent vomis fans avoir
fouffert aucune altération, quoiqu'ils euffent
féjourné plufieurs jours dans fon eftomac. En
parlant des tuniques qu'on trouve dans l'efto-

mac des oiseaux gallinacés, j'ai fait sur-tout
mention de la plus interne ; elle n'est ni tendre
ni délicate, comme dans plusieurs animaux,
mais ferme & cartilagineuse, §. XXXI. XLVIII.
XLIX. L. L'ayant fait brûler quelquefois, je
lui trouvois une odeur semblable à celle des
plumes & de la corne brûlées. Seroit-elle aussi
inattaquable par les sucs gastriques ? C'est encore ce que j'ai éprouvé, car j'en fis avaler à
mon Faucon ; & cela est vrai, non-seulement
pour l'épaisse tunique des Poules-d'Inde & des
Oies, mais encore pour les minces tuniques
des Pigeons, des Merles & des Cailles. Si le
Faucon avaloit tout l'estomac, il ne digéroit
jamais cette tunique.

A l'égard des tendons, je choisis celui d'A-
chille dans un Bœuf ; je le laissai sécher, pendant
plusieurs semaines, en été, & il étoit devenu
si sec & si dur, qu'un couteau affilé l'entamoit
avec peine. Cependant il fut digéré par les sucs
gastriques du Faucon, soit qu'il fût à nud dans
l'estomac du Faucon, soit qu'il fût enfermé
dans un tube.

C L X I I I.

Les souliers, dont plusieurs personnes se
servent, ont la partie supérieure faite avec le
cuir de Veau, & la femelle avec du cuir de
Bœuf. Les animaux carnivores digèrent fort
bien ce cuir, dans son état naturel de peau de
Bœuf & de Veau, & mon Faucon l'a fort bien
digéré ; mais j'ai éprouvé le contraire quand
ce cuir a été préparé par l'art. Un autre fait
m'apprend encore combien on doit être réservé

en faifant des loix générales. Qui n'auroit pas
cru que tous les cuirs préparés étoient également incapables d'être digérés ? Et cependant
cela n'eft point vrai pour les peaux de Moutons
préparées & teintes en jaune ; au bout de deux
heures, le fuc gaftrique d'un Faucon en digéra fort bien dans un tube quelques morceaux.

C L X I V.

QUOIQUE j'euffe vu que le fuc gaftrique des
autres animaux carnivores étoit incapable de
digérer les végétaux, & quoiqu'il parut très-
vraifemblable que le Faucon confirmât cette
vérité ; je penfai de m'en affurer par une expérience, car les argumens tirés de l'analogie ne
doivent pas être reçus fans défiance, §. CLXIII.
Je voulus m'affurer en même tems fi la digeftion de la chair s'opéroit feulement par l'action
des fucs gaftriques. Le Faucon pouvoit facilement avaler fix tubes l'un après l'autre, j'en
remplis quatre avec différentes fubftances végétales, la mie de pain, des pois, des pepins
de poires, de courge, & dans le cinquième
& fixième, de la chair de Mouton & de Bœuf:
l'expérience m'apprit que le fuc gaftrique qui
diffout la chair de Mouton & de Bœuf, ne
produifit aucun effet fur les quatre autres, quoiqu'ils euffent refté vingt-fix heures dans l'eftomac du Faucon & que la chair contenue dans
les deux tubes eût été bien digérée. Enfin,
je fis prendre au Faucon deux tubes dont les
parois étoient garnies de pain maché & de pois
cuits, tandis que le centre étoit rempli de
viande ; mais cette viande fut entiérement dé-

truite & les végétaux ne souffrirent aucune altération, d'où il résulte clairement que le suc
gastrique qui dissout la viande ne peut dissoudre les végétaux.

C L X V.

J'OBTINS plusieurs fois par le moyen des
éponges une certaine quantité de suc gastrique
du Faucon, quand il étoit à jeun, & quand il
restoit un peu de viande dans son estomac; dans
ce dernier cas il étoit très-trouble, plein de matières hétérogènes, sa couleur étoit un gris cendré, il étoit peu fluide; mais lorsque l'oiseau
étoit à jeun, ce suc étoit assez clair, & presque
sans matières hétérogènes; sa couleur étoit entre
un jaune foible & le blanc, il étoit très-fluide, un
peu salé & amer; je me servis de ce dernier
suc pour faire mes digestions artificielles, & elles
réussirent comme les précédentes; différentes
chairs furent dissoutes dans de petits vases en
renouvellant le suc gastrique, & en faisant
éprouver à ces sucs une chaleur de trente dé-
grés, qui est celle de ces oiseaux; j'ai même
vu dissoudre par ce moyen une esquille d'os
spongieux d'un bœuf qui pesoit quarante-quatre
grains.

C L X V I.

JE tuai ce Faucon après toutes les expériences que je viens de raconter, afin d'observer son estomac & son ésophage. Je le fis
manger trois heures avant, pour voir l'état des
alimens dans son gésier. J'en trouvai une partie
dans le gésier & le reste dans l'estomac; ce qui
étoit dans l'estomac commençoit à se digérer,

il étoit entiérement enveloppé de fuc gaftrique,
& cette digeftion paroiſſoit fe faire comme je
l'avois vu dans mes vafes avec le fuc gaftrique.
La chair qui étoit dans le géfier ne paroiſſoit
pas avoir fouffert, elle étoit feulement déco-
lorée là où elle étoit fur le point d'entrer dans
l'eftomac, ce qui me convainquit que la vraie
digeftion fe faifoit feulement dans l'eftomac,
& que les alimens recevoient feulement dans
le géfier une difpofition qui les rendoit plus
digeftibles.

C L X V I I.

Apres avoir fermé l'eftomac avec un fil au-
deſſus du pilore, & l'avoir enflé en foufflant par
la partie fupérieure de l'éfophage, je trouvai
que l'éfophage avoit la forme d'un large boyau,
long d'environ cinq pouces, s'élargiſſant vers
le milieu, & y formant une tumeur qui eft le
géfier du Faucon, auquel à la vérité on donne
improprement ce nom, fi l'on le compare à
celui des oifeaux gallinacés, qui eft toujours
placé au côté de l'éfophage, & qui y forme
une efpèce de fac hors de lui, au lieu que
dans le Faucon il eft une continuation de l'éfophage : fi l'on renverfe l'éfophage qu'on le gonfle, & qu'on l'obferve avec une lentille, le nombre des petites glandes qu'on y voit eft incroyable, elles occupent tout l'efpace qu'il y a entre
fon commencement & la bande charnue, en y
comprenant le géfier : fi on le gonfle davantage, & fi on l'obferve avec une lentille, les
petites glandes qui font alongées, & qui s'é-
lèvent au-deſſus de l'éfophage, laiſſent fortir

de leur extrêmité une goutte de liqueur, qu'on peut en détacher par le moyen d'un corps pointu ; cette goutte fe change en un filet de matière, qui s'attache extrêmement, & qu'on peut tirer de la longueur d'un pouce. Si l'on touche cette partie interne de l'éfophage avec le bout du doigt & s'il refte couvert de cette matière, on la trouvera infipide en la goû‑tant. Cette portion de l'éfophage, qui eft cou‑verte de petites glandes, eft membraneufe, & elle devient mufculaire là où commence la grande bande charnue, qui ne femble compo‑fée dans cet oifeau, comme dans les autres, que d'une multitude de follicules glanduleux ; elle a la largeur d'un pouce. Ces follicules font cylindriques, & liés par leurs côtés étroitement enfemble au moyen d'une membrane fine ; ils s'implantent par une de leurs extrêmités dans la tunique extérieure de l'eftomac, & par l'au‑tre dans la tunique nerveufe ; c'eft-là que leurs canaux excrétoires font ouverts, & qu'il en fort continuellement un fuc blanc un peu vifqueux, dont j'ai déja fouvent parlé en dépeignant ces follicules dans les autres oifeaux. Ces petites glandes & ces follicules font pour l'eftomac des fources continuelles de fucs, qui fe joignent à ceux que lui fourniffent les vaiffeaux artériels ; car, par lui-même, il eft privé de corps glan‑duleux.

C L X V I I I.

L'Aigle qui m'a fervi pour mes expérien‑ces, eft appelée par Buffon l'*Aigle com‑*

mune (1); on la trouve dans les plus hautes montagnes de l'Europe; elle étoit connue d'ARISTOTE, qui l'appelle l'Aigle noire (1). LINNÉUS l'appelle *falco melampetus*; parce qu'il ne fait qu'une famille des Faucons & des Aigles. Quelques Naturalistes croient que l'Aigle noire & la brune font deux espèces, mais je croirai avec ARISTOTE & BUFFON qu'elles ne font qu'une même espèce, la différence de couleur pouvant venir de la différence de l'âge dans l'oiseau, comme on l'observe chez d'autres animaux. Lorsque j'avois cette Aigle, qui étoit d'un brun clair, j'eus occasion d'en voir cinq, c'est-à-dire, quatre mortes & préparées, & une en vie, chez Mrs. les Comtes CASTEGLIONI de Milan; & quoique toutes ces Aigles fussent différentes par les teintes de leurs couleurs, qui étoient plus ou moins noires ou plus ou moins brunes, elles se ressembloient par les caractères essentiels, qui les plaçoient dans la même espèce. Elles avoient toutes la même grandeur, qui surpasse un peu celle d'un Coq-d'Inde; elles avoient les jambes & les pieds couverts de plumes, les ongles noirs, les pieds jaunes, le bec bleuâtre, & sa base teinte d'un jaune vif: ce font les caractères que BUFFON trouve les mêmes dans l'Aigle brune & l'Aigle noire.

C L X I X.

JE nourrissois ordinairement mon Aigle, quand je le pouvois, avec des Chiens & des

---

(1) Oiseaux.
(2) Hist. Animal. Lib. **IX.** cap. **XXXIII.**

Chats en vie ; il lui étoit indifférent que les Chiens fuffent plus grands qu'elle, pourvu qu'elle pût les tuer. Si je faifois entrer un de ces animaux dans la chambre que l'Aigle habitoit, elle hériffoit d'abord les plumes de fa tête & de fon col. Son regard devenoit plus féroce, elle prenoit un petit vol, & fe précipitoit fur le dos de l'animal, dont elle pinçoit le col avec les ferres d'un pied, pour éviter fes morfures en fixant fa tête ; avec les ferres de l'autre pied elle pinçoit les côtés, en plongeant les pointes aiguës de fes ferres dans le corps, & elle confervoit cette attitude jufqu'à - ce que l'animal eut expiré au milieu des cris & des tourmens. Alors elle employoit fon bec, qui étoit refté oifif; elle faifoit une déchirure à la peau, d'abord très-petite, mais qui s'agrandiffoit bientôt, quand elle commençoit à déchirer fa chair & à la dévorer ; elle continuoit ce travail jufq'uàce qu'elle fut raffafiée. C'étoit fa coutume de ne jamais avaler ni la peau, ni le canal des alimens, ni les os, à moins qu'ils ne fuffent trèspetits, comme les côtes des Chats & des petits Chiens. Malgré cette férocité naturelle & cette volonté furieufe de détruire les animaux, elle ne faifoit aucun mal aux hommes qui l'approchoient, & j'entrois librement dans fa chambre, où elle n'étoit point attachée, pour être le témoin de fes maffacres, fans courir le moindre danger & fans qu'elle s'inquiétât de ma préfence dans fes combats. Mais quoique je ne puffe ni ne vouluffe pas la nourrir toujours avec des animaux vivans, comme des Chiens ou des Chats, & qu'il fût trop difpendieux de lui donner des oifeaux gallinacés, qu'elle préféroit à tout, elle fe nourriffoit fort bien avec des chairs mortes, lors même qu'elles n'étoient pas de la meilleure qualité. Elle ne faifoit qu'un repas par jour, quand elle pouvoit manger à fon gré; & fuivant mes expériences, j'ai trouvé qu'elle mangeoit environ trente onces de viande par jour. Elle a un géfier très-ample, qui fert à recevoir la viande qu'elle dévore ; & lorf-qu'elle pouvoit fatisfaire fon goût, elle man-geoit affez pour remplir fon géfier, de ma-nière qu'il étoit plus gros que celui d'un Coq-d'Inde quand il étoit plein. Le géfier diminuoit peu-à-peu à mefure que les alimens defcen-doient dans l'eftomac.

C L X X.

Pendant les premiers jours que j'obfervois la manière de manger de mon Aigle, je vis conftamment que les premiers morceaux de chair qu'elle prenoit, faifoient fortir de fes narines deux petits ruiffeaux de liqueur, qui defcendoient de la partie fupérieure du bec , & qui, en defcendant jufqu'à la pointe, y for-moient une groffe goutte qui tomboit quelque-fois, mais qui entroit fouvent dans la bouche de l'oifeau, & s'y méloit aux alimens ; & cette goutte augmentée par ce qui fortoit des nari-nes fe renouvelloit fans ceffe, & continuoit à fe faire voir jufqu'à ce que l'oifeau eût fini de manger. La couleur de ce fluïde eft d'un bleu clair, fon goût eft falé, fa fluïdité eft comme celle de l'eau ; mais pourquoi cette

liqueur ne fort-elle hors des narines que lorfque l'oifeau mange ? Quel eft fon ufage ? Il me
paroît que la fortie de cette liqueur eft produite par la compreffion du réceptacle qui la
contient , & cette compreffion naît du mouvement & de l'agitation que la bouche éprouve
par le choc des morceaux de viande contre le
palais dans le voifinage du réceptacle. Pour
l'ufage , je l'ignore abfolument. Je foupçonne-
rai feulement, que , comme cette liqueur fe
mêle avec les alimens , elle peut fervir comme
la falive pour les ramollir , & favorifer leur
digeftion.

C L X X I.

C'est une opinion générale , & accréditée
par l'autorité des plus grands Naturaliftes, que
les oifeaux de proie , & fur-tout les Aigles , ne
boivent pas. Voici ce que j'ai vu fur ce fujet.
Si les oifeaux de proie que j'ai nommés , &
que j'ai nourris pendant plufieurs mois, reftoient
fans eau , ils s'en paffoient fans en fouffrir. Mais
fi je leur donnois de l'eau dans des vafes, non-
feulement ils y baignoient leurs plumes comme
les autres oifeaux , mais ils y plongeoient encore fouvent de fuite leur bec, & ils le reti-
roient en foulevant la tête comme les Poules,
afin de faire defcendre l'eau dans le gofier ,
& ils prouvoient ainfi qu'ils buvoient. A l'égard
de l'Aigle , il falloit mettre beaucoup d'eau dans
un grand vafe ; autrement, fi le vafe étoit petit,
ou qu'il contînt peu de liqueur , elle le vuidoit
prefque toujours avant de boire, en y fecouant
fa tête.

CLXXII.

L'Aigle qui manqueroit de viande, se nourriroit-elle de végétaux? Cette question intéresse la matière de la digestion. Plusieurs Naturalistes & Physiologistes célèbres assurent qu'elles se nourrissent de pain (1). Pour décider cette question, je mettois devant l'Aigle de la viande & du pain de froment; elle ne le regardait pas, & se portoit sur la viande : je lui présentai seulement du pain, après qu'elle eût jeûné pendant un jour, mais elle ne le toucha pas mieux. Je prolongeai son jeûne pendant deux jours, mais elle ne mangea point de pain; en l'approchant d'elle, elle le regardoit, mais elle en détournoit bientôt les yeux. Enfin, après un jeûne de quatre jours, j'ouvris la porte de sa chambre, elle me courut au-devant pour me demander à manger ; je lui jettai un morceau de pain, qu'elle ne toucha pas, mais elle retourna à sa place. J'aurois pu prolonger davantage son jeûne, mais je craignis qu'elle n'y succombât.

CLXXIII.

Je forçai cependant mon Aigle à avaler du pain ; & comme elle le vomissoit au bout d'un tems déterminé, je jugeai par-là qu'il ne pouvoit la nourrir : je cachai, dans ce but, du pain dans la viande qui devoit servir à nourrir l'Aigle, comme je l'avois fait pour le Faucon, §. CLVII., & je suivis cette méthode pour

---

(1) BUFFON, Hist. nat. des Oiseaux, T. I. HALLER,

T. VI.

les petits tubes que je lui fis avaler ; car, quoique cet oifeau féroce fût docile avec moi qui
le nourriffoit, il ne falloit pas cependant l'irriter ; mais comment prévenir fa colère, voulant lui faire avaler par force du pain ? La première dofe de pain que l'Aigle avala avec un
morceau de viande, fans s'en appercevoir, pefoit demi - once. Elle avoit coutume de vomir
les corps qu'elle ne pouvoit digérer, comme
les plumes, après dix - huit, vingt ou même
vingt - quatre heures qu'elle avoit mangé. Il
faut le dire, elle ne vomiffoit point ce pain,
fes excrémens n'en furent pas changés, &
je n'y apperçus aucune trace de pain. Je forçai
mon Aigle à avaler une once de pain, mais
elle n'en vomit point, & fes excrémens furent
les mêmes. Je parvins enfin à lui en faire manger fix onces, & les réfultats furent toujours
les mêmes. Enfin, au lieu de la mie du pain,
je lui fis prendre de la croûte, mais j'obfervai
toujours les mêmes effets, & l'Aigle conferva
fa fanté & fa vigueur, d'où je conclus que cet
aliment fe digéroit fort bien dans fon eftomac,
& devenoit une bonne nourriture ; de forte
que je n'héfitai point à croire ce qu'on affure,
c'eft que les Aigles, fortement affamées, mangent du pain, malgré la réfiftance de la mienne
pour en manger.

C L X X I V.

MAIS comment l'Aigle digère-t-elle le pain ?
Eft-ce par l'action des feuls fucs gaftriques ou
de la trituration ? Si cette force fe développe,
quel eft le véritable agent de la digeftion ? Je
ne

ne pouvois laisser ces questions sans réponse. Les tubes que j'emploie devoient décider la première question ; ils m'apprirent aussi qu'il n'y avoit aucune trituration , & que toute la digestion s'opéroit par les sucs gastriques. Le pain contenu dans les tubes se digéra fort bien, pendant le tems que l'Aigle, bien repue , prend pour digérer ce qu'elle a mangé ; ce tems ne va pas au-delà de vingt-quatre heures, §. CLXXIII, & lorsque l'Aigle vomissoit ces tubes plutôt, les sucs gastriques avoient seulement alors commencé à dissoudre le pain, qui avoit contracté une nuance jaunâtre & un goût un peu amer ; dans l'endroit où le suc gastrique avoit le plus agi, le pain s'étoit changé en une bouillie gélatineuse qui ne conservoit plus le goût du pain.

C L X X V.

L'Aigle digéroit de même le fromage de Vache , appelé fromage de Plaisance & de Lodi ; cette activité dans son estomac, pour digérer des matières si étrangères à sa nourriture , me fit chercher si ses sucs gastriques digéreroient d'autres matières végétales que le pain. Les graines céréales, crues & cuites , n'y souffrirent aucune altération , ni dans les tubes, ni dans l'estomac , lorsqu'ils y furent nuds ; il en fut la même chose pour le froment dont elle avoit digéré le pain, ce qui prouve que le suc gastrique de l'Aigle ne digère les matières végétales que comme celui des gallinacés , lorsqu'elles ont été auparavant triturées , §. XLV.

Cette expérience du pain digéré par l'Aigle,

fortifiée par ce que j'ai déja dit, §. CLXXII.,
prouve que ces animaux, qui fembloient uniquement faits par la Nature pour fe nourrir
de chair, peuvent devenir frugivores par les
circonftances ; comme il eft arrivé que des
animaux herbivores, tels que les Chevaux, les
Moutons & les Bœufs, oubliant leur aliment
naturel, font devenus carnivores (1). Je puis
en fournir un exemple récent dans un Pigeon,
que je vins à bout, par le jeûne, de nourrir
de viande, & que j'y accoutumai de manière
qu'il refufoit les végétaux & même les graines.
Mais ces goûts fi extraordinaires dans les animaux, & la nourriture qu'ils y trouvent, n'é-
tonneront plus, fi l'on fait attention que la matière gélatineufe, qui eft la feule nourricière,
fe trouve également dans les végétaux & les
animaux (2). L'exemple de l'Aigle parmi les
carnivores, & celui des Bœufs, des Chevaux
& des Pigeons parmi les frugivores, en font
une preuve ; ce qui me porte à croire qu'il en
feroit de même des autres animaux, qu'on
pourroit faire paffer de l'état de carnivores à
celui de frugivores & réciproquement; nous
avons à la vérité les expériences du Milan de
Reaumur, §. CXLVI., & les miennes fur les
Chouettes, les Ducs & le Faucon, §. CXLVI.
CLVI. CLXIV. qui prouvent que ces oifeaux
ne peuvent digérer les fubftances végétales (3),

______

(1) Haller, *Phyf. T. VI.*
(2) *Halleri*, *Phyf. T. VI.*
(3) M. Battigne, dans fes critiques fur les expériences de Reaumur, prétend qu'on ne peut pas con-

ce qui montre feulement que ces fubftances ne fauroient les nourrir, que parce que leurs fucs gaftriques ne fauroient les décompofer, de manière à en tirer la gelée nourriciére.

C L X X V I.

L'ESTOMAC de l'Aigle agit-il par une force triturante? Je crois avoir des preuves décifives du contraire. Les tubes qui ont féjourné dans fon eftomac n'y ont fouffert aucune altération. Les graines céréales, qui ont été à nud dans fon eftomac, en font forties entières, §. CLXXV, quoiqu'elles euffent été cuites, & que le plus léger choc eût pu les brifer. Je fortifiai ces

---

clure que le fuc gaftrique du Milan de REAUMUR ne puiffe pas diffoudre les végétaux, parce qu'il n'a eu aucune prife fur eux dans fon eftomac, & il en donne pour raifon que ces alimens n'avoient pas été mâchés. *Première réflexion fur les expériences de* REAUMUR.

M. BATTIGNE fe trompe : après avoir fini mon ouvrage fur la digeftion, je me fuis procuré un Milan, femblable à celui de REAUMUR, pour répéter les expériences de ce Phyficien, & j'ai trouvé que les fubftances végétales, comme le pain & les graines céréales, même celles qui étoient bien mâchées, étoient vomies entières par l'oifeau, non-feulement lorfqu'elles étoient enfermées dans les tubes, mais encore quand elles étoient à nud dans l'eftomac ; ce qui s'accorde avec ce que j'ai rapporté du Faucon. J'ajouterai qu'ayant nourri un Duc, pendant quatre jours, avec des tubes remplis de mie de pain mâché, il mourut avec le pain dans fon eftomac qu'il n'avoit pas digéré, comme je m'en apperçus en l'ouvrant. Il réfulte donc de-là qu'il y a des fucs gaftriques qui ne fauroient digérer le pain, même lorfqu'il eft mâché, parce qu'ils n'ont pas cette propriété.

preuves en faifant avaler, dans un morceau de viande , des bandes de plomb laminé très-mince , roulées en fpirale : l'Aigle les vomit au bout de dix - huit heures, & ces lames fort minces, & fans élafticité fenfible, en fortirent telles qu'elles avoient été avalées, ce qui prouve qu'elles n'avoient point été froiffées.

Je ne prétends pas cependant exclure toute efpèce d'agitation & de mouvement dans l'eftomac de l'Aigle. J'ai fouvent trouvé des matiè-res hétérogènes enfoncées dans les trous des petits tubes, d'où j'ai été porté à croire qu'el-les y avoient été chaffées par quelque force , qui ne pouvoit être que le mouvement de l'ef-tomac, foit que ce mouvement fût produit par l'action des vifcères qui l'environnent, ou qu'il lui fût propre , & qu'il fût le mouvement pé-riftaltique qui chaffe les alimens à la bouche du pilore. Je dis feulement que ce mouvement dans l'eftomac de l'Aigle eft bien éloigné de pouvoir rompre & triturer les alimens, & je crois l'avoir bien prouvé, de même que l'ac-tion des fucs gaftriques pour digérer , comme il paroît par l'expérience du fromage renfermé dans les tubes, §. CLXXV. Mais je le prou-verai encore mieux par mes expériences fur les fubftances animales.

C L X X V I I.

JE penfai d'abord aux moyens de connoître les changemens que la viande éprouve dans le géfier de l'Aigle , & par conféquent de l'en faire fortir à ma volonté ; fi cet oifeau eût été traitable comme les gallinacés , la chofe eût été facile, par une légère compreffion de bas en haut jufqu'au bec, j'aurois pu en venir à bout comme avec les gallinacés ; mais ce moyen étoit impraticable : après y avoir bien penfé, j'imaginai de ne lui donner que trois ou quatre morceaux de viande, dont le dernier étoit lié en croix avec une groffe ficelle, à laquelle je laiffois la longueur d'une ou deux aunes. Quand l'Aigle étoit affamée, elle avaloit avidement le morceau, il lui pendoit hors du bec la plus grande partie de la ficelle, & elle ne penfoit plus qu'à l'avaler ou à la vomir. Quand je croyois qu'il me convenoit d'obferver le morceau de chair, je tirois la ficelle avec force, & l'Aigle ouvroit volontiers fon bec pour faciliter la fortie de la ficelle & de la viande à laquelle elle étoit attachée. Plus d'une fois je retirai la ficelle inutilement, parce que le morceau étoit peut-être defcendu trop bas dans le géfier ; alors, pour délivrer l'Aigle de cet embarras, je coupois la ficelle près du bec, je la faifois manger, & elle l'avaloit avec la chair que je lui donnois enfuite, elle vomiffoit enfin la ficelle quelque tems après. Mais j'ai parfaitement bien réuffi un très-grand nombre de fois, & j'ai pu faire mes obfervations comme je le fouhaitois. Je n'ai jamais remarqué que le géfier & fes fucs opéraffent une digeftion fur la chair ; elle pefoit toujours autant quand elle en fortoit qu'avant d'y entrer, elle ne paroiffoit point fe diffoudre ; elle étoit feulement attendrie ; à fa furface elle avoit perdu fa couleur rouge & elle étoit baignée d'un fuc qui lui donnoit un goût qui n'étoit ni amer ni falé , mais infipide ; la chair donc fe macère feulement dans le géfier de l'Aigle , comme les grains & l'herbe dans le géfier des gallinacés.

C L X X V I I I.

La digeftion fe commence donc & fe finit dans l'eftomac de l'Aigle : qu'y devient la chair qui y defcend ? Je ne pouvois employer le moyen dont je me fuis fervi pour le géfier ; j'imaginai donc de renfermer de petits morceaux de viande dans une bourfe faite avec du fil à grandes mailles , & de les faire avaler à l'Aigle ; le plus fouvent elle les vomiffoit vuides, quelquefois il y reftoit des morceaux de chair ; & quoique les morceaux de chair que j'employois fuffent fphériques , ceux qui reftoient confervoient cette fphéricité ; ils étoient baignés de fuc gaftrique , & au goût ils paroiffoient amers & falés. Un voile grefque gélatineux les couvroit , mais fi on l'enlevoit , on diftinguoit mieux les fibres de la chair devenues affez tendres pour reffembler à de la chair cuite , dont la couleur feroit un rouge pâle. J'enlevai avec un couteau tranchant cette couche de fibres tendres , & je trouvai deffous une chair plus ferme & mieux colorée , mais la fermeté de la chair étoit plus grande , & fa couleur plus vive au centre de ce globe où la chair fembloit le moins altérée. Ces expériences montrent clairement que le fuc gaftrique étoit le menftrue de la chair , & la forme fphérique, confervée à ces morceaux , le démontroit par fon action égale fur toutes les parties du globe charnu , dont elle enlevoit toujours une couche à la fois, jufqu'à ce qu'elle fût arrivée au centre , au lieu que la force triturante n'auroit pas agi de cette manière , §. LXV. CI.

C L X X I X.

CETTE expérience me difpenfa d'en faire avec les tubes, mais je voulus voir les différences qu'il y auroit dans la digeftion des différentes viandes , fuivant leur degré de dureté. Je mis donc dans des tubes de fer blanc un morceau du foie, de la chair mufculaire de la cuiffe , du cœur, de la cervelle & des tendons d'un Bœuf; elles reftèrent treize heures dans l'eftomac de l'Aigle, & le fuc gaftrique y agit fur elles, comme je l'avois foupçonné. Il ne reftoit plus de cervelle dans le tube où je l'avois mis, il n'y avoit qu'une petite quantité de foie, une plus grande quantité de la chair mufculaire des cuiffes , davantage du morceau de cœur, & beaucoup plus du tendon. Ces reftes de chair & de tendons montroient , dans leur diffolution , les apparences que j'avois remarquées fur les globes de chair fans tube ; ils étoient couverts de cette gelée ; ils faifoient voir ce ramolliffement de fibres à la furface , & cette fermeté centrale qui démontroient l'action des fucs gaftriques dans les tubes, comme fur la chair libre dans l'eftomac, §. CLXXVIII.

C L X X X.

JE voulus favoir enfuite fi la force des fucs gaftriques diminuoit moins en traverfant un tiffu de toile , avant d'arriver à la chair, que lorfqu'il en traverfoit deux. Je renfermai donc dans ces deux facs deux petits morceaux de ce même tendon & du cœur de Bœuf, égaux en poids aux autres deux que j'avois mis dans les tubes de l'expérience précédente, §. CLXXIX. L'Aigle les prit tous les deux, & les rendit dix-huit heures après. Les petits facs étoient gonflés par la viande qu'ils contenoient; mais quand l'Aigle les eût rendu, un de ceux qui contenoient la chair s'étoit réduit à la moitié, celui où étoient les tendons étoit plus gonflé, il en contenoit les deux tiers. En comparant la perte foufferte dans les tubes de l'expérience précédente, §. CLXXIX, & dans les petits facs, je vis qu'elle fut moindre dans ces derniers, quoique le féjour dans l'eftomac eût été plus long de cinq heures, de forte que la toile fut un plus grand obftacle à l'action des fucs gaftriques que les tubes.

C L X X X I.

MES expériences fur les Corneilles, §. LXVII, me faifoient deviner aifément, qu'en augmentant le nombre des enveloppes de toile, on diminueroit l'action du fuc gaftrique fur les fubftances animales qui en feroient enveloppées : je voulus le vérifier, & je fis avaler, dans le même tems, à mon Aigle fix petits facs pleins de la même quantité de chair de Bœuf, dont e premier étoit fait avec la fimple toile, le fecond étoit fait avec deux toiles l'une fur l'autre, le troifième avec trois toiles, & fucceffivement jufqu'au fixième qui avoit fix enveloppes. L'Aigle vomit ces petits facs enfemble, fuivant fa coutume , au bout de vingt - trois heures : après les avoir ouverts , je trouvai que les deux premiers ne contenoient plus de chair, & les autres quatre en avoient confervé proportionnellement au nombre de leurs enveloppes ; cependant la chair , contenue dans le fixième , étoit diminuée , & le fuc gaftrique , qui avoit pénétré ces fix enveloppes , commençoit à diffoudre la chair qu'elles renfermoient , comme il paroiffoit par fa couleur pâle & fon ramolliffement. Je voulus voir fi une enveloppe plus denfe feroit impénétrable aux fucs gaftriques , j'en fis une avec un morceau de drap , où je mis foixante-huit grains de chair de Vache , que j'y enfermai avec une bonne ficelle. L'Aigle les vomit au bout de quatorze heures : comme le petit fac ne me parut point diminué , je le fis encore avaler à l'Aigle , qui le vomit au bout de vingt-deux heures. Je l'ouvris alors , & quoique le drap eût en épaiffeur les quatre cinquièmes d'une ligne , cependant il fut pénétré de fuc gaftrique ; la chair qu'il renfermoit en étoit ramollie , & elle fut diminuée de vingt-fept grains diffous par le fuc gaftrique. Ils étoient fortis par les pores du drap avec le diffolvant , d'où il réfultoit que ce fuc pouvoit diffoudre la chair en parties très-fines.

C L X X X I I.

J'AI déja dit que l'Aigle , en dévorant les Chiens & les Chats , en dévoroit auffi quelques petits os , §. CLXIX. Je l'ai vu encore quand je lui donnois quelques oifeaux à manger , elle en avaloit tous les os hors ceux des pieds ; & comme elle ne les vomiſſoit pas, je jugeai qu'elle les avoit digérés, ce qui s'accordoit avec tout ce que j'ai dit du Faucon & des autres oiſeaux , §. XCVIII. CXLVII. CLIV. CLVIII. Pour m'en aſſurer encore mieux, je liai fortement avec du fil deux morceaux des côtes d'un vieux petit Chien ; ils étoient longs de deux pouces avec deux tibia d'un Coq : ces quatre os ne ſortirent hors de l'eſtomac de l'Aigle qu'après vingt - trois heures. Les deux côtes furent alors réduites à l'état de membrane , qui ſe rompoient en les étirant, elles étoient privées d'élaſticité, & dépouillées de tout ſuc intérieur. Les deux tibia ſembloient deux tubes de parchemin qui ſe comprimoient aiſément lorſqu'on les preſſoit entre les doigts, & qui reprenoient leur première forme ; ils ſe courboient quand on le vouloit, & reprenoient leur figure en ligne droite ; on y découvroit la nature de l'os, mais d'un os tendre, cédant ſous les doigts & fort diminué : il me parut donc que le ſuc gaſtrique de l'Aigle diſſout les os très-vîte. Je fis avaler de nouveau à l'Aigle tous ces quatre os réunis en faiſceaux, & je les mis dans un tube pour m'aſſurer mieux de leur deſtinée ; ils reſtèrent treize heures dans l'eſtomac de l'Aigle, & au bout de ce tems-là je trouvai le tube parfaitement vuide, je fus ainſi convaincu que le ſuc gaſtrique les avoit complettement digérés.

C L X X X I I I.

Je répétai ces expériences ſur les os les plus durs ; je fis tourner une petite ſphère du fémur d'un Bœuf ; elle étoit semblable à celle qui m'avoit servi pour le Faucon , & elle étoit tirée du même animal , §. CLIX. Le Faucon ne la digéra qu'au bout de trente-cinq jours & sept heures. L'Aigle la vomissoit tous les jours, & je la lui faisois avaler de même chaque jour ; elle la digéra entièrement au bout de vingt-cinq jours & neuf heures. Ainsi l'Aigle digère non-seulement les os les plus durs , mais elle les digère plus vîte que les autres oiseaux de proie. Cette petite sphère conserva dans l'estomac de l'Aigle sa figure sphérique , de même que dans l'estomac du Faucon ; mais au lieu que l'os ne se ramollissoit pas dans l'estomac du Faucon , §. CLIX. , chaque fois que l'Aigle le vomissoit , il étoit ramolli à sa surface ; on en pouvoit aisément enlever avec un couteau de fines couches , qu'on pouvoit plier comme un cartilage. Le suc gastrique de l'Aigle s'insinuoit donc dans la substance osseuse , & la ramollissoit , mais il ne fit aucune impression sur l'émail des dents , comme le suc gastrique du Faucon , §. CLIX.

C L X X X I V.

Si le suc gastrique de l'Aigle étoit plus actif sur la chair que celui du Faucon , par contre l'Aigle mangeoit trente onces de viande par jour , & il n'en falloit que dix au Faucon ; ainsi le suc gastrique du premier digéroit par jour le triple de la chair que le suc gastrique du second. Cependant cette promtitude est plus apparente que réelle , parce que le suc gastrique de l'Aigle est beaucoup plus abondant que celui du Faucon ; car en fuppofant fa quantité triple , ce qui n'eft pas exagéré , comme nous le verrons , chaque tiers de ce fuc doit digérer autant de viande que le fuc du Faucon. Il faut appliquer cette réflexion aux autres animaux. Combien eft petite la dofe de chair qui nourrit une Chouette pendant un jour , relativement à celle qu'il faut à l'Aigle , & par conféquent combien eft petite la diffolution de la chair que fait dans ce tems leur fuc gaftrique ; mais auffi combien eft petite la quantité de ce fuc relativement à celle de l'Aigle ? Il en eft de même d'un Agneau relativement à un Bœuf , & d'un Lièvre relativement à un Cheval. Mais pour déterminer mieux fi la digeftion étoit plutôt hâtée par l'abondance du fuc gaftrique , dans l'Aigle , que par fa nature , je fis prendre à l'Aigle & au Faucon un très-petit morceau de viande , parce que fi les deux oifeaux le digéroient dans le même tems , on ne peut plus dire qu'un fuc gaftrique foit plus efficace que l'autre. Mais fi elle s'opéroit plus vîte dans l'Aigle que dans le Faucon , alors il falloit conclure que le fuc gaftrique de l'Aigle étoit plus propre à la digeftion que celui du Faucon , parce que le fuc gaftrique du dernier étoit fuffifant pour le diffoudre d'abord. J'ai répété cette expérience non-feulement fur le Faucon & l'Aigle , mais encore fur les Ducs , les Chouettes & les Corneilles , & j'ai trouvé que ces oifeaux digéroient les morceaux de chair qu'on leur donnoit , tantôt plus vîte & tantôt plus tard que l'Aigle , de forte que la différence pour le tems étoit très - petite , & pouvoit dépendre de la différence des sucs gastriques, qui n'étoient pas toujours les mêmes dans tous ces oiseaux. Il faut pourtant dire que l'Aigle a digéré plus vîte les os que le Faucon, puisqu'il fallut à celui-ci trente-cinq jours pour digérer la petite sphère osseuse que l'Aigle digéra en vingt-six jours , §. CLIX. CLXXXIII. Au reste, deux menstrues peuvent agir également sur le même corps, sans avoir la même énergie sur deux corps différens, & j'ose l'avancer, parce que le suc gastrique de l'Aigle peut ramollir les os , quoique le suc gastrique du Faucon ne puisse pas le faire, §. CLX. CLXXXIII.

C L X X X V.

LE suc gastrique de l'Aigle est bien plus abondant que celui des autres oiseaux plus petits qu'elle, comme le Faucon, les Ducs, les Chouettes. Je n'employai pas, pour avoir le suc de l'Aigle, les petites éponges dont je me suis servi pour les autres animaux, §. LXXX. L'Aigle me le fournissoit d'elle-même. Au bout des premières semaines que j'eus cet animal, je m'apperçus qu'elle vomissoit du suc gastrique avec les tubes, & que le terrain en étoit baigné ; je profitai de cette observation pour recueillir le suc gastrique, en plaçant un grand vase de verre à l'endroit où les tubes avoient coutume de tomber, parce que l'Aigle ne bougeoit plus de place quand elle avoit mangé , & vomissoit toujours dans le même endroit ; j'en avois ainsi tous les jours plus de trois quarts d'once, ce que je ne pouvois espérer de tous mes autres oiseaux de proie pris ensemble. Ce suc étoit bien propre à mes expériences, il étoit dégagé de toute hétérogénéité, l'Aigle le vomiſſoit quand elle étoit à jeun, car alors, elle étoit fort affamée ; ſonodeur, que je ne puis définir, n'étoit pas déſagréable, mais elle reſſembloit à celle des ſucs gaſtriques des autres oiſeaux de proie. La couleur des ſucs gaſtriques des autres oiſeaux eſt jaunâtre, celle du ſuc gaſtrique de l'Aigle eſt cendrée, mais il eſt d'ailleurs comme les autres amer & ſalé ; il eſt trouble, comme eux ; ſa fluïdité approche de celle de l'eau ; il s'évapore à-peu-près comme elle, & il ne s'enflamme pas quand on l'expoſe au feu.

C L X X X V I.

Le ſuc gaſtrique de l'Aigle, comme celui des autres animaux, ne diſſout pas auſſi vîte les alimens hors du corps que dans l'eſtomac ; mais il a cependant commencé à diſſoudre les os, & la diſſolution du cartilage a été complette ; il eſt vrai que la diſſolution s'en faiſoit dans une forte chaleur, autrement elle étoit nulle, alors, le ſuc gaſtrique de l'Aigle empêchoit ſeulement la putréfaction.

J'ai fait avec ce ſuc deux expériences que je n'avois pas faites avec les autres ; j'expoſai une petite taſſe, où j'avois mis une petite doſe de ſuc gaſtrique, ſur une fenêtre pendant un jour d'hiver très-froid, j'y plaçai en même tems deux taſſes ſemblables pleines d'eau commune, excepté que dans une, j'avois diſſous une quantité de ſel commun, ſuffiſante pour produire une ſalure un peu plus forte que celle du suc gaſtrique ; le thermomètre deſcendit à côté de ces taſſes à cinq degrés au-deſſous de zéro, l'eau commune gela la première, enſuite l'eau ſalée, enfin le ſuc gaſtrique, qui dégela le premier, puis l'eau ſalée, & enfin l'eau commune, quand je les eus entré dans la chambre où la chaleur étoit de trois degrés & demi au-deſſus de zero. Ce ſuc gaſtrique réſiſte donc plus au froid que l'eau commune, & ce n'eſt pas le principe ſalin qui en eſt la ſeule cauſe, car il y gêle plus tard que l'eau ſalée; il faut l'attribuer, ſans doute, à une ſubſtance ſpiritueuſe ou huileuſe ou d'une autre nature, & comme ce ſuc reſſemble beaucoup à celui des autres animaux, le principe qui agira dans tous ſera le même.

L'idée de la ſeconde expérience me fût fournie par la lecture d'un ouvrage de M. LE-VRET (1) ; où je vis que les ſucs gaſtriques fondoient la couenne inflammatoire du ſang des pleurétiques, je m'en fis donner un petit morceau, que je jettai dans une petite bouteille de ſuc gaſtrique de l'Aigle ; au bout de deux jours & demi à une chaleur de quinze degrés, la couenne fut parfaitement diſſoute & changée en une couleur noirâtre, ce qui n'eſt point extraordinaire, car ſi les ſucs gaſtriques diſſolvent, hors du corps, des ſubſtances animales bien plus dures, comme les os, à plus forte raiſon diſſoudront-ils la croûte inflammatoire du ſang ?

____

(1) L'art d'accoucher.

C L X X X V I I.

Je terminai là mes expériences faites fur l'Aigle en vie, elle périt après avoir vécu près de moi pendant cinq mois. Je pris le parti de l'étudier anatomiquement. Je trouvai que c'étoit une femelle, elle avoit plufieurs œufs de différentes groffeurs attachés à l'ovaire; elle étoit donc plus groffe & plus forte que le mâle de fon efpèce, car les mâles, dans les oifeaux de proie, font d'un tiers moins grands & moins forts que les femelles; ce qui eft contraire à ce qu'on voit dans les autres oifeaux (1). Le tube inteftinal formoit des méandres & des contours nombreux, comme dans les autres animaux; fa longueur en ligne droite étoit de cinquante - neuf pouces depuis le commencement du duodenum jufqu'à la fin du rectum; le pancréas étoit double, & fes deux parties étoient très-diftinctes & féparées, comme on l'a obfervé dans d'autres animaux; elles étoient d'une couleur de chair pâle, fa forme étoit alongée & étroite aux deux extrêmités; mais l'une étoit plus longue que l'autre de quelques lignes. Ces deux pancréas font parallèles entr'eux, ils font éloignés d'environ cinq pouces du pilore, ils s'étendent fur le duodenum, auquel ils font atttachés, l'un par un côté l'autre au côté oppofé; à fix pouces environ du pilore, une efpèce de petit cordon, dont la couleur intérieure eft d'un bleu obfcur, s'attache au duodenum; ce cordon, qui groffit peu-à-peu,

s'implante

____

(1) Buffon, *T. I.*

plante dans la véficule du fiel, qui reffemble
par fa figure & fa grandeur à un œuf de
Pigeon ; fi l'on fe rappelle ce que j'ai dit,
§. LXXXIV. & CXV, on comprendra bientôt
l'ufage de ce cordon, il eft le canal qui fait
paffer la bile de fa véficule dans le duodenum,
fi l'on comprime cette véficule avec les doigts,
on voit ce cordon fe teindre en bleu foncé, &
verfer la bile dans le duodenum : fi l'on ouvre
alors le duodenum par la partie oppofée, on
apperçoit la partie fupérieure baignée de bile
qui eft d'une couleur verte tirant fur le bleu,
fi on l'effuie on découvre le trou du canal qui
s'ouvre dans le duodenum, & par lequel on
verra couler la bile fi l'on preffe la véficule,
elle eft placée dans le lobe droit du foie, elle
n'y eft point implantée elle eft toute dehors.
La bile étoit un peu denfe & affez amère.

C L X X X V I I I.

En tournant mes yeux fur l'eftomac, je fus
frappé de fa petiteffe, fur-tout en le comparant au géfier, qui contient trente-huit onces
d'eau, tandis que l'eftomac en contenoit à peine
trois; toute la chair que ces oifeaux avalent
remplit le géfier, & defcend peu-à-peu dans
l'eftomac où elle fe digère, & paffe enfuite dans
les inteftins. On comprend ainfi comment un
feul repas peut fuffire à l'Aigle pour une journée, ou même pour plufieurs; fi le hafard lui fait
prendre quelque gros animal, alors un gros
repas peut lui en tenir lieu de plufieurs petits.
La forme de l'eftomac de l'Aigle eft fort bien
repréfentée par la jambe & le pied d'un hom-

me. Le pilore s'ouvre fur la pointe du pied, le pied repréfente le fond de l'eftomac, & la jambe fa longueur. Cette bande charnue pleine de follicules glanduleux, qu'on trouve immédiatement au-deffus de l'eftomac dans les autres oifeaux carnivores & granivores, fe trouve dans l'Aigle, fituée au milieu en-dedans. La tunique intérieure de cette bande eft fi délicate & fi fine, qu'en la frottant légérement avec un petit linge, elle fe décompofe & fe déchire; fous cette tunique, on trouve la tunique nerveufe, percée de mille trous, d'où fort fans ceffe une liqueur vifqueufe, cendrée & infipide quand elle eft comprimée. En détachant cette tunique, on voit que ces petits trous font autant de canaux excrétoires des follicules glanduleux, qui leur font fortement attachés par l'extrêmité fupérieure; ils font implantés par l'autre dans la tunique mufculaire qui eft deffous; elle eft placée fous la tunique extérieure du ventricule qui paroît membraneufe. Ces follicules fi nombreux ont une forme cylindrique, de la longueur d'une ligne & un quart, ils fe lient entr'eux par de petits filets membraneux. Cette defcription montre une parfaite reffemblance entre la bande charnue de l'Aigle, & celle des autres oifeaux carnivores & granivores. Ces quatre tuniques fe font appercevoir dans la partie inférieure de l'eftomac fous la bande charnue, & elles s'étendent jufqu'au pilore. La tunique mufculeufe m'a paru mériter quelque examen; elle eft compofée de deux couches, la fupérieure placée fous la tunique nerveufe, qui eft formée par de petites bandes charnues d'une couleur rouge très-vive ; elles font placées fuivant la longueur de la couche ; l'autre couche, ou l'inférieure, eft formée auffi par de petites bandes charnues, dont la rougeur eft pâle, qui coupent les autres à angles droits par leur pofition, & fuivent la direction de la largeur de l'eftomac. Quoique ces deux couches foient fortement liées, elles font cependant féparées comme les anneaux de certains vers, fur-tout de ceux de terre ; c'eft fans doute par le moyen de cette double couche de bandes charnues, que font produits les mouvemens de l'eftomac, prouvés par mes expériences. L'épaiffeur de cette tunique mufculeufe eft d'un quart de ligne, & comme elle eft beaucoup plus mince dans la bande charnue, je n'ai pu y découvrir qu'une couche de petites bandes, ce font les tranfverfales ; auffi, je crois que les mouvemens de l'eftomac fe font fur-tout fentir dans cette portion qui eft fous la bande charnue. Cette partie de l'eftomac n'a point de glandes, au moins apparentes ; mais elle eft couverte de très-petites artères, qui en tiennent lieu en la baignant intérieurement d'une liqueur tenue & tranfparente, fi l'on vient à la comprimer comme on l'a vu dans plufieurs autres oifeaux, §. XCIII. CLI. CLXVII.

C L X X X I X.

Mon Aigle ayant péri quelques heures après qu'elle eut mangé, fans avoir pu découvrir la vraie caufe de fa mort ; je trouvai la plus grande partie de la chair que je lui avois donnée dans le géfier, une petite portion étoit defcendue dans l'eftomac, elle étoit dans le fond peu éloignée du pilore, elle n'étoit point encore digérée, foit que l'Aigle fut malade, foit que la chair fût feulement alors defcendue du géfier; elle étoit feulement ramollie par le fuc gaftrique, & fon goût étoit amer: je vis évidemment que cette amertume venoit de la bile entrée dans l'eftomac, dont la teinte jaunâtre étoit d'autant plus forte qu'elle étoit plus près du pilore. La chair qui étoit dans le géfier & qui le rempliffoit, n'avoit changé ni de confiftance, ni de couleur, à l'exception de celle qui étoit en contact avec les parois du géfier; celle-ci étoit un peu pâle & ramollie, ce qui eft affez analogue avec ce que j'ai dit, §. CLXXVII. Je vuidai enfuite le géfier, je le renverfai & le gonflai ; toute fa furface convexe fe baigna d'un nombre prodigieux de petites gouttes, que je ramaffai en les réuniffant, & qui formèrent un fluïde prefque tranfparent, & coulant comme l'eau, dont le goût étoit un peu amer, autant que je pus en juger. En recherchant enfuite d'où ces gouttes fortoient, j'apperçus avec une lentille une foule de très-petits trous d'où elles s'échappoient & ces trous étoient fi preffés qu'il n'y avoit pas une portion du géfier qui n'en fût couverte; je ne doutai pas un moment que ces trous ne fuffent les petites bouches des canaux excrétoires d'une foule de petites glandes, placées entre les tuniques du géfier, comme je l'avois trouvé dans

les géfiers des autres oifeaux, §. XLIX. CLXVII.
Pour l'obferver, je coupai & foulevai en plufieurs endroits la tunique interne du géfier, qui
me parut reffembler par fon épaiffeur, fa couleur & fa confiftance à la tunique nerveufe de
l'eftomac, dont elle n'étoit peut-être qu'une
continuation; mais je ne trouvai aucune trace
de glandes ni d'aucuns corps analogues, foit
dans fa fubftance, foit entre les deux tuniques;
feulement cette tunique interne que j'appellerai
nerveufe, étoit garnie de points brillans, qui
étoient les petits trous dont j'ai parlé, comme
je le vis par tranfparence. La tunique mufculeufe, ni celle qui la fuit extérieure au géfier &
membraneufe, ne renfermoient point de glandes ni de petits corps glanduleux. J'en conclus
donc que ces gouttes, qui fortoient du géfier
de l'Aigle & qui en couvroient les parois, ti-
roient leur origine des petites artérioles, comme le fluïde qui étoit dans le fond de l'eftomac;
quoique ces artérioles ne fuffent pas fenfibles à
la vue. Le refte de l'éfophage, depuis fon origine jufqu'à la bande charnue, eft chargé de
petits trous, & par conféquent de la liqueur
dont j'ai parlé, dont une très - grande partie
defcend dans l'eftomac, & concourt à la formation du fuc gaftrique dans l'eftomac avec la
bile, peut-être même avec le fuc pancréatique.

DISSERTATION CINQUIEME.

De la digeſtion de quelques autres Animaux à eſtomac membraneux, des Chats, des Chiens, de l'Homme.

La digeſtion continue-t-elle après la mort ?

C X C.

IL eſt très-difficile de faire avaler les petits tubes aux Chats, & ils les vomiſſent avec une grande facilité, quand on a pu les leur faire avaler ; de ſorte que je n'ai pas pu faire ſur cet animal toutes les expériences que j'aurois ſouhaitées. Cependant, entre une foule de tentatives inutiles, quelques-unes m'ont réuſſi, elles m'ont fourni des preuves en faveur de mes recherches les plus importantes pour découvrir la cauſe de la digeſtion. On nourrit les Chats domeſtiques de chair & de pain, je cherchai les moyens de leur en faire avaler dans des tubes, je réuſſis ſur un Chat adulte, & ſur un autre de quelques mois. Je les tuai après qu'ils eurent tenu dans leur eſtomac, pendant neuf heures, l'un trois tubes avec la chair, & l'autre, pendant cinq heures, deux tubes avec du pain. Les trois premiers tubes étoient dans l'eſtomac, près de l'ouverture du pilore ; ils étoient extérieurement couverts de fuc gaftrique , & la petite grille qui étoît à l'extrêmité des tubes , pour empêcher la fortie des chairs , étoit entière comme les tubes , fans avoir aucune trace de froiffement , ni de contufion , ni d'aucune autre altération : dans deux tubes je ne trouvai plus de viande , & dans le troifième un petit morceau , gros comme une lentille ; le noyau de ce morceau confervoit fa couleur , fa confiftance & fon goût , mais la couche extérieure avoit perdu fon caractère fibreux , elle n'étoit plus qu'une colle grife , fans goût , ou peut-être un peu amer. Le pain , qui n'étoit refté que cinq heures dans l'eftomac du fecond Chat , étoit encore en partie dans les tubes ; je l'avois d'abord maché légérement pour en remplir les tubes , où il avoit pris la forme de deux cylindres longs de fix lignes & trois quarts comme les tubes ; ces deux cylindres n'étoient pas entiérement diffous , il en reftoit vers le milieu du tube une partie , dont la longueur étoit de quatre lignes ; elle étoit couverte d'une matière gélatineufe , mais on retrouvoit le pain dans le centre. Le fuc gaftrique eft donc dans les Chats , comme dans les autres animaux , la caufe de la digeftion, fans le concours de la force triturante.

C X C I.

QUAND on renverfe l'eftomac d'un Chat , quand on le gonfle , il fe couvre d'une humidité très-fenfible , quoiqu'il ait été auparavant effuyé , & cette humidité reparoît plufieurs fois quand on l'effuie plufieurs fois après

qu'elle a paru, comme nous l'avons déja obfervé. La lentille ne laiffe appercevoir aucun
trou dans cet eftomac, ni aucune ouverture
par où puiffe s'échapper la liqueur qui l'hu-
mecte ; on n'apperçoit de même, ni entre les
tuniques, ni fur les tuniques, aucun corps glanduleux ; feulement, en obfervant par tranfparence, avec une forte lentille, il paroît au-
travers de ces tuniques un amas de mailles,
ou de petits yeux brillans & plats, dont je n'ai
pu faifir la nature, quoique je les aye obfervé
foigneufement.

C X C I I.

Comme les Chiens ne vomiffoient pas fi facilement les petits tubes que je leur faifois avaler, j'ai pu faire fur eux plus d'expériences que
fur les Chats. Mais comme ils me faifoient redouter leurs dents, de même que l'Aigle & le
Faucon me faifoient craindre leurs becs, je fus
réduit à leur faire avaler mes tubes cachés dans
d'autre chair, comme à ces oifeaux de proie,
en la leur jettant lorfqu'ils étoient affamés,
parce qu'ils l'avaloient alors fans la macher,
au lieu que les Chats, qui la promenoient dans
leur bouche, les laiffoient tomber.

Je répétai fur un Chien l'expérience qui m'a-
voit réuffi fur les deux Chats, §. CXC ; je lui
donnai fix tubes, dont quatre étoient remplis
avec des fubftances animales, du fang cuit,
du poumon de Vache, un morceau de mufcle
& un de cartilage ; dans les deux autres il y
avoit de la mie de pain machée. Je tuai le Chien

au bout de quinze heures, & je viſitai ſon eſtomac, où je ne trouvai que quatre tubes, les
deux autres étoient dans les inteſtins, au milieu
des excrémens, au commencement du rectum.
La cavité de l'eſtomac ne contenoit que les
quatre tubes avec le ſuc gaſtrique qui étoit pur;
ſa couleur étoit jaune, ſenſiblement amère,
ſans odeur, moins fluïde que l'eau, point inflammable, & compoſée de deux ſubſtances,
dont l'une étoit très - liquide & l'autre gélatineuſe, comme je m'en apperçus en la verſant
dans un verre, où il ſe dépoſa une ſubſtance
gélatineuſe qui laiſſa le reſte plus clair. Si le
verre où il étoit ſe mettoit ſur le feu, il commençoit à s'évaporer en ſe ſoulevant en l'air,
ſous l'apparence d'une fumée, & il diſparoiſ-
ſoit tout, à l'exception d'une croûte ſèche,
formée par cette matière gélatineuſe dont j'ai
parlé. Quant aux tubes, les deux qui étoient
dans les inteſtins ſe trouvoient vuides, à l'exception de quelques particules d'excrémens qui
y étoient entrées. Entre les quatre reſtés dans
l'eſtomac, trois étoient vuides, & je ne pus
diſtinguer quels étoient ceux où avoient été le
pain & la chair. Le ſeul cartilage occupoit une
portion de ſon tube, c'étoit la matière la plus
dure & la plus compacte, mais elle étoit diminuée de la moitié, autant que j'en pus juger
à l'œil ; ce reſte étoit couvert de ſuc gaſtrique, il en avoit la ſaveur, au moins extérieurement, & il s'étoit ramolli au point qu'il
reſſembloit plus à une membrane qu'à un cartilage.

C X C I I I.

La digestion des substances charnues & cartilagineuses , qui s'étoit faite dans l'estomac du Chien , ne s'accordoit point avec ce qu'on lit dans les leçons académiques de BOERHAAVE commentées par HALLER. *Receptum est in hominum opinione , quod ossa ab animalibus subigantur, cum Helmontianis olim sensit BOERHAAVIUS ; ut verò certior esset , curam adhibuit , ut observaret , quid cibis fieret in ventriculis animalium valdè cibos coquentium & experimento cognovit non subigi. Dedit cani devoranda intestina animalium, famelicus erat, affatim deglutiit , subegit minimè , & per extremum intestinum pendula miserè post se traxit. Dedit famelico cani ossa butyro munita, reddidit furfura neque quidquam dissolvit nisi quod in aqua dissolvi potest. Dedit carnes , reddidit fibras carnis exsuccas. Dedit ligamenta , ea post triduum nihil mutata egessit* (1).

Je parlerai plus bas du fameux problême sur la faculté des Chiens de digérer les os , & je me borne à présent à l'expérience de BOERHAAVE sur les intestins, les chairs & les ligamens. J'avoue que j'ai été bien surpris de la différence du Chien de BOERHAAVE avec le mien, d'autant plus que les alimens qu'il lui donna étoient à nud dans son estomac, au lieu qu'avec le mien les alimens furent renfermés dans des tubes, & moins exposés à l'action du suc gastrique , ce qui diminue toujours leur

___

(1) T. I. Edit. Neap.

énergie. En penſant donc à cette expérience,
j'imaginai que la digeſtion de ce Chien n'avoit
été ſi mauvaiſe que parce qu'il étoit malade,
quoiqu'il ne le parût pas, & que ſes ſucs gaſtriques étoient altérés comme ceux du Duc
dont j'ai parlé dans ma quatrième Diſſertation,
§. CLII. Cependant je crus qu'il falloit encore
répéter l'expérience de BOERHAAVE, & donner
d'abord à un Chien d'une moyenne grandeur
quelques morceaux d'inteſtins, pour voir les
changemens qu'ils ſubiroient dans l'eſtomac. Je
lui donnai donc le colon & l'ileon d'un Mouton, que je coupai en quatre morceaux, avec
deux tubes qui contenoient une portion de ces
inteſtins. Mais les tubes ſortirent, au bout de
onze heures, par l'anus, avec les excrémens,
c'étoit avant le tems fixé pour ſa mort. Je
lavai les deux tubes, & je trouvai que la digeſtion des morceaux qu'ils contenoient y étoit
à moitié faite ; les morceaux de boyaux étoient
conſidérablement amincis par la diſſolution extérieure & intérieure qu'ils avoient ſoufferte,
mais cette partie du milieu avoit toujours la
forme de boyau ; après cette obſervation, je
fis laver & détremper les excrémens de ce Chien,
& il ne me fut pas difficile d'y obſerver les
morceaux de boyau plus amincis encore que
ceux du tube, mais très-reconnoiſſables, comme cela paroiſſoit quand on les étiroit ; ils ſe
diviſoient alors en fragmens fibreux.

C X C I V.

CETTE expérience ne s'accordoit pas avec
celle de BOERHAAVE, mais elle ne lui étoit pas

contraire , car ces morceaux d'inteſtins n'é-
toient pas complettement digérés ; le long
exercice que j'ai fait de ces expériences ſur la
digeſtion me fit imaginer ceci. La digeſtion de
ces inteſtins, me diſois-je, a été faite dans le
petit eſpace de onze heures , §. CXCIII, mais
n'auroit-elle pas été plus complette pendant un
tems plus long ? La quantité de la diſſolution
des alimens eſt proportionnelle, juſqu'à un certain point , à la quantité du tems qu'ils ſéjournent dans l'eſtomac ; mes expériences précédentes l'ont démontré. Pour juger ma conjecture , il ſuffiſoit de trouver un moyen qui re-
tînt les inteſtins dans l'eſtomac, & les empê-
chât de ſortir par le pilore , & je crus avoir
trouvé ce moyen en employant des tubes plus
gros. Je fis donc avaler à ce Chien trois morceaux des gros inteſtins d'un Mouton, qui peſoient enſemble demi-once & quatre deniers ;
je les avois enveloppés dans trois morceaux de
ces inteſtins. Le Chien affamé ſe délivra de
quelques excrémens pendant l'eſpace de vingt
& une heure qui s'écoulèrent , après qu'il eût
avalé ces tubes. Ayant examiné ſcrupuleuſement ces excrémens , je commençai de croire
à la ſolidité de ma conjecture , parce que ,
quoiqu'il y eût des petits brins membraneux,
& en partie fibreux, qui ne pouvoient être que
les reſtes des inteſtins renfermés dans les tubes,
ils étoient plus petits & moins reconnoiſſables
que ceux de l'autre expérience , §. CXCIII,
ſans doute parce qu'ils avoient fait un plus long
ſéjour dans l'eſtomac du Chien ; mais afin que

la digeftion des inteftins mis dans les tubes pût s'achever, j'attendis vingt heures avant de tuer le Chien, de forte que les tubes féjournèrent dans fon eftomac quarante & une heure. Je trouvai ces trois tubes en un grouppe près de l'orifice inférieur de l'eftomac, enveloppés dans de petits brins d'étoffe que l'animal avoit fans doute mangé avant l'expérience, mais les tubes & les brins nageoient dans un petit lac de fuc gaftrique, femblable à celui que j'ai décrit, §. CXCII ; auffi je ne trouvai point d'inteftins dans deux de mes petits tubes, & le troifième en avoit deux fragmens qui ne pefoient que onze grains, d'où il réfultoit clairement que fi les Chiens ne digèrent pas toujours complette-ment les inteftins, ce n'eft pas une preuve de l'impuiffance des fucs gaftriques pour les dif-foudre, mais de ce qu'ils n'ont pas pu agir fur les inteftins affez long - tems, & c'eft la caufe de l'équivoque de BOERHAAVE qui, voyant les inteftins qu'il avoit donné à manger à un Chien pendans à l'anus, il conclut que les Chiens ne pouvoient pas digérer les inteftins, au lieu de conclure qu'ils ne pouvoient pas les digérer en fi peu de tems.

C X C V.

IL réfulte encore de-là, que les chairs fe diffolvent bien dans l'eftomac des Chiens, pour-vu qu'elles y reftent affez long-tems pour y perdre leur nature fibreufe, autrement elles peuvent être rendues avec les excrémens fans être bien digérées. Cependant, comme on pour-roit m'objecter que les fibres n'ont pas été mieux digérées dans les petits tubes, mais qu'après s'être féparées, elles font forties par les trous qu'il y avoit, & les grilles qui enfermoient les extrêmités, je voulus faire une expérience décifive ; je mis donc ces chairs dans une petite bourfe de toile très-denfe & bien fermée, & je la fis avaler à un Chien ; car, alors, ou les chairs devoient fe diffoudre fi parfaitement qu'il n'en refteroit aucune trace, & qu'elles fortiroient avec le fuc gaftrique par les pores de la toile, comme cela eft arrivé, §. LXVII.CLXXX. CLXXXI, & l'on pouvoit dire que ces chairs étoient bien digérées ; ou bien les fibres charnues étoient feulement féparées, brifées ; & alors il falloit reconnoître avec Boerhaave, que la digeftion des chairs n'étoit pas la converfion en chyme des parties folides, puifqu'elles reftoient intactes, mais feulement les fucs exprimés de la chair. En faifant cette expérience fur les chairs, je voulus la faire fur des parties plus tenaces, telles que les tendons & les ligamens. Je fis donc avaler à deux Chiens fix bourfes d'une toile fort denfe, dont quatre renfermoient différentes qualités de chair, c'eft-à-dire, de Bœuf, de Veau, de Cheval & de Mouton, & deux autres renfermoient des ligamens & des tendons du même Bœuf. Chacune de ces fubftances pefoit un quart d'once, & formoit un feul morceau. Craignant, enfin, que ces petites bourfes ne s'échappaffent par l'orifice du pilore, avant le tems déterminé pour les obferver, j'attachai à chacune d'elles avec un fil, un epetite éponge très-sèche, qui devoit fe gon-

fler par le moyen des fucs gaftriques dont elle
s'imprégneroit. Au bout de quatre jours, je
retirai mes fix bourfes après avoir tué les Chiens;
mais comme un jeûne auffi long auroit pu nuire
aux fucs gaftriques, je nourris les Chiens légérement, afin que la digeftion ne fût pas troublée ; je trouvai les fix bourfes dans l'eftomac,
& elles étoient parfaitement entières, quoiqu'elles euffent paffé entre les dents des Chiens;,
après les avoir ouvertes, ces quatre bourfes qui
avoient renfermé la chair étoient auffi vuides
que fi elles n'en avoient jamais eu, mais il reftoit un morceau de tendon & de ligament de la
groffeur d'une petite noifette, fans aucun autre petit fragment ; le tendon avoit perdu les
trois quarts de fon poids, & le ligament plus
de la moitié. Ce n'étoit pas le fuc forti du ligament & du tendon qui avoit caufé fa diminution, car ils n'étoient pas plus defféchés qu'au
paravant ; mais les parties folides avoient été diffoutes, de manière à paffer au travers des pores
de la toile comme les chairs. Mais cette digeftion me parut pas faite rigoureufement, puifque
les couches extérieures du ligament & du tendon
étoient attendries, de manière qu'elles fe rompirent au plus léger effort fait pour les étirer. Je
fus ainfi convaincu de l'énergie des fucs gaftriques des Chiens, pour digérer les parties fi-
breufes des chairs, des ligamens & des tendons ;
quoique la digeftion de ces deux derniers fût
plus lente à caufe de leur plus grande dureté
& tenacité. A l'égard des ligamens dont parle
BOERHAAVE, que le Chien rendit au bout de

trois jours par l'anus fans changement, §. CXCIII; je ne fuis point étonné de cette obfervation, j'ai vu un ligament de Bœuf, qui, après avoir féjourné quatre jours dans l'eftomac d'un Chien paroiffoit le même, quoiqu'il eût fouffert une grande diminution, le Médecin Hollandois ne l'aura pas remarquée, parce qu'il la jugea au premier coup-d'œil; mais il en auroit eu une autre idée, s'il avoit pris la peine de pefer le ligament quand le Chien l'eut rendu par l'anus.

C X C V I.

Nous fommes arrivés à ce Problême : *Les Chiens digèrent-ils les os?* Si j'avois voulu écouter les Phyfiologiftes & les Médecins, j'aurois décidé pour la négative. Nous avons vu les expériences de Boerhaave, elles paroiffoient tranchantes, §. CXCIII. Il ajoute même : *Deinde in ftercore Canino quod* album Græcum *vocant fragmenta offium pene non mutata reperiuntur, & fit mera rafura offium, quæ dentibus Canis adrofit, exfuccorum, & in unam maffam fictorum.* Albert Haller, fon difciple, penfe de même, comme il paroît dans fes notes & dans fa grande Phyfiologie (1). M. le Docteur Pozzi, dans fon Commentaire anatomique, que j'ai déja cité, §. XIII, dit auffi que les Chiens ne digèrent pas les os, & il s'appuie fur les deux expériences qu'il a faites; il donna à un Chien, qui jeûnoit depuis cinq jours, trois os que l'animal avala, parce qu'ils étoient couverts de beurre, un de ces os pefoit trois onces, le

fecond

---

(1) T. VI.

cond deux, & le troisième une ; au bout de trois jours le Chien les rendit par l'anus, & ces os n'avoient perdu que six grains. Voilà les argumens les plus forts des Phisiologistes contre la digestion des os par les Chiens. Cette opinion a été défendue par RÉAUMUR, ce Naturaliste qui connoissoit si bien l'art de faire des expériences, qui s'est si fort distingué en traitant plusieurs sujets difficiles, sur - tout celui de la digestion, dans deux Mémoires, que j'ai loué & cité si souvent ; il fit cette expérience pour s'en assurer (1). REAUMUR fit avaler a une petite Chienne deux os compacts & cylindriques, ayant chacun sept lignes de longueur & deux lignes de diamètre ; cette Chienne fut tuée vingt-six heures après. Il trouva les os dans l'estomac, ils lui parurent diminués dans leur volume, il lui sembla même que quelques lames en avoient été enlevées ; ces os avoient même acquis la flexibilité de la corne, quoiqu'ils fussent très-durs & très-fermes auparavant, & il en conclut que les sucs gastriques les avoient un peu digérés.

C X C V I I.

ON a vu les expériences qui ont été faites sur ce sujet : voici les miennes. En parlant du Chien, nommé au paragraphe CXCII, j'avois trouvé en l'ouvrant plusieurs débris d'os dans son estomac & dans ses intestins ; je jugeai qu'ils appartenoient à un Mouton, & qu'ils avoient été mangés avant que j'eusse le Chien.

____

(1) Mémoire second.

Ils me parurent peser à l'œil environ six onces. Après les avoir lavé, je les observai avec soin, j'y trouvai des éclats, des sillons longitudinaux ; mais je ne savois pas s'ils étoient produits par les sucs gastriques ou par les dents du Chien. Outre cela, dans ces écailles d'os, je vis plusieurs angles tranchans qui avoient été manifestement émoussés, ce qui me rappela les phénomènes observés dans l'estomac des oiseaux gallinacés ; mais je remarquai encore que ces parties émoussées étoient moins dures que celles qui appartenoient aux endroits où les os étoient les plus gros. Tout cela fit naître en moi des doutes, que l'expérience seule pouvoit lever, & les tubes qui avoient décidé la question sur la digestion des os par les autres animaux devoient aussi la décider pour les Chiens ; je remplis donc des tubes de plusieurs petits morceaux d'os que je fis avaler à un Chien. Les os étoient de différente qualité & dureté ; je les mis dans deux tubes que j'enveloppai de toile pour éviter qu'ils ne s'échappassent. Ce Chien, qui ne mangea que fort peu, fut gardé dans une chambre, & tué au bout de sept jours : quoique mes tubes fussent assez gros, l'un d'eux avoit passé le pylore, & se trouvoit dans le cœcum enveloppé par les excrémens, l'autre étoit dans l'estomac, tous les deux renfermoient les os ; mais ils étoient si fort diminués qu'ils ne pesoient plus que quatre deniers & sept grains, quoiqu'ils pesassent avant l'expérience le tiers d'une once & dix-huit grains. Tous leurs angles, toutes leurs pointes avoient disparu, les os les moins durs avoient encore plus fouffert. Le couteau les coupoit facilement dans les places les moins épaiffes tant elles étoient attendries. Enfin, la diffolution avoit été fi complette qu'elle étoit paffée au travers de la toile. D'où il faut conclure, 1°. que la force digeftive des Chiens s'exerce auffi bien fur les os que fur les chairs, avec cette différence, qu'elle eft moins promte fur ces derniers : 2°. que cette force digeftive dépend entiérement de l'action des fucs gaftriques.

C X C V I I I.

AYANT répété cette expérience fur trois autres Chiens, j'eus pour l'effentiel les mêmes réfultats, mais j'obfervai deux fingularités. La première eft qu'un de ces Chiens n'avoit diffous pendant huit jours, qu'une très-petite partie de ces os, quoiqu'il fut bien nourri & qu'il parut bien portant. Ce qui prouve que les expériences de BOERHAAVE & de POZZI, qui n'ont pas vu les os digérés par les Chiens, §. CXCVI, ne démontrent pas qu'il leur foit impoffible de les digérer; mais elles font voir feulement que tous les Chiens n'ont pas la même force digeftive, ce qui s'obferve également parmi les hommes. L'autre fingularité eft le contraire de la première. Entre les os donnés à un de ces trois Chiens, il y avoit deux dents incifives fupérieures d'un Mouton. J'ai fait voir que l'émail des dents n'étoit point altéré par les fucs gaftriques qui diffolvent les os les plus durs, comme ceux du Faucon & de l'Aigle, §. CXXXIII. CLXI. Cependant les fucs gaftriques de ce Chien attaquèrent ce corps très-dur ; j'ai à préfent fous les yeux ces deux dents incifives, où l'on peut voir avec étonnement l'émail qui manque à deux endroits dans une dent & à trois dans l'autre ; de forte qu'on croiroit que ce font cinq cavités qui ont une largeur plus grande qu'une ligne, & affez profonde pour pénétrer jufqu'au noyau de l'os. La diffolution fut encore plus grande dans les racines de ces dents, elles font prefque anéanties. Mais ce menftrue puiffant avoit agi avec une grande force fur les os attenant aux dents ; ils fe trouvoient excavés en plufieurs endroits, & les excavations étoient plus profondes que dans les dents, parce que les dents étoient plus dures que l'os. En comparant ce fait avec celui que j'ai raconté, §. CXCVII, où je parle d'os fur lefquels on voyoit des fillons longitudinaux, on trouve qu'ils s'accordent fort bien, puifque l'action des fucs gaftriques eft fi forte. Mais c'eft une chofe bien étonnante, qu'un diffolvant qui triomphe de la dureté de l'émail n'altère point l'enveloppe de toile au travers de laquelle il paffe ; cela ne doit pas nous étonner, puifque nous avons vu les fucs gaftriques les plus actifs fur les corps les plus durs, perdre leur énergie fur les végétaux les plus tendres, §. CXLVI. CLVI. Les diffolvans chymiques montrent la même chofe ; l'acide nitreux qui diffout la pierre calcaire la plus dure n'a aucune influence fur les argiles qui font les plus friables & les plus tendres.

CXCIX.

CES expériences prouvent que la digestion s'opère dans les Chiens par l'action du suc gastrique : mais y a-t-il pendant la digestion quelques mouvemens dans les parois de l'estomac ; & si ces mouvemens existent, quels sont-ils ? On peut découvrir cela par deux moyens, ou par les effets, ou par l'inspection en ouvrant l'abdomen d'un Chien. Quant au premier moyen, il ne m'avoit rien indiqué qui pût me faire soupçonner que ces mouvemens fussent violens ; les tubes n'avoient jamais souffert aucune altération, ni les toiles qui les couvroient ; cependant, pour m'en assurer encore mieux , je fis avaler à ce Chien quelques tubes fort minces, que je laissai vuides & ouverts, pour qu'ils fussent plus aisément comprimés ; mais au bout de trois jours ils n'avoient éprouvé aucune espèce de compression ou de froissement dans son estomac. Cependant, en observant ces tubes, je vis bien que les parois de l'estomac n'étoient pas tranquilles ; en ouvrant l'estomac d'un Chien, j'y trouvai un amas de poils qui n'appartenoient point à ce Chien , parce qu'ils étoient de diverses couleurs, & qu'ils devoient appartenir à quelqu'autre animal qu'il avoit dévoré avant que de m'appartenir. Ces poils ne flottoient pas seulement dans l'estomac, mais ils entroient en grand nombre dans les tubes, ce qui prouvoit qu'une force les y chassoit , & cette force ne pouvoit venir que des parois de l'estomac.

C C.

J'AI ouvert cinq Chiens en vie, fans toucher à leur eftomac, pour effayer d'en voir les mouvemens ; je faifois cette opération peu de tems après les avoir fait manger, parce que je préfumois que la fibre mufculaire, irritée par la diftenfion qu'occafionnoient les alimens, fe contraéteroit davantage, ce qui rendroit les mouvemens de l'eftomac plus fenfibles. L'eftomac du premier Chien ne donna aucune apparence de mouvement, tant qu'on ne le touchoit pas ; mais en le piquant avec la pointe d'un couteau, ou la faifant courir fur lui légérement, il fe retiroit dans la place bleffée & dans les parties adjacentes, enfuite il reprenoit bientôt fon premier état. Je le liai au - deffus de l'orifice fupérieur & inférieur, je le détachai de l'abdomen, & il me parut avoir un léger & court mouvement périftaltique. Pendant demi-heure, j'obfervai bien les mouvemens de contraétion & de dilatation, par-tout où je touchai avec la pointe d'un couteau ou avec un corps ftimulant. L'eftomac du fecond Chien fut fans mouvement quand on ne le touchoit pas, quand on le touchoit, & quand on y appliquoit quelque ftimulant. Dans le troifième Chien, le mouvement périftaltique de l'eftomac fut très-fenfible, il commençoit à fe contraéter un peu au-deffous de l'orifice fupérieur, & l'onde fe prolongeoit doucement jufqu'au pilore ; à la contraétion fuccédoit périodiquement une dilatation. Je fus pendant fept minutes l'obfervateur de ce mouvement ; & quand il fut fini, je pus le renouveller, à la vérité pendant peu de tems, par l'irritation dans la partie supérieure de l'eftomac. Une femblable irritation fit naître ce mouvement dans l'eftomac du quatrième Chien, quoiqu'il ne fe fît pas remarquer d'abord. Mais ce mouvement s'exécutoit toujours à la même place, c'eft-à-dire, dans l'anneau ou la bande circulaire de l'eftomac, qui correfpondoit à la place de l'irritation. Cette bande fe contractoit doucement, en diminuant fenfiblement le diamètre de l'eftomac, qui reprenoit avec lenteur fa première grandeur. Le mouvement périftaltique, dans l'eftomac du cinquième Chien, ne fut pas moindre que celui du troifième. Il dura même pendant quelques minutes de plus, & lorfque les contractions & les dilatations fucceffives eurent fini, on vit encore une bande de l'eftomac, fituée un peu au-deffus du pilore, continuer à fe contracter & à fe dilater d'une manière fi fenfible, que l'eftomac fe fermoit prefque tout-à-fait. Tous ces mouvemens fe font toujours faits tranquillement, & je n'ai point vu les parois de l'eftomac fe contracter ou fe dilater avec effort.

C C I.

En faifant ces expériences fur l'eftomac des Chiens, je voulus en faire fur celui des Chats : les réfultats furent tout-à-fait les mêmes ; c'eft-à-dire, j'obfervai plufieurs fois un mouvement doux de compreffion & de dilatation, commençant à la fommité de l'eftomac & s'étendant jufqu'au fond.

Toutes ces expériences, & plusieurs autres semblables rapportées par HALLER (1), font voir que les mouvemens, observés dans l'estomacs des Chiens & des Chats, pendant la digestion, ne sont point suffisans pour triturer les alimens, mais qu'ils sont seulement propres, par leur lenteur, pour pousser lentement les matières de l'orifice gauche & supérieur de l'estomac au droit, & pour les chasser dans le duodenum.

Le grand nombre des Chiens sur lesquels j'ai fait des expériences, m'a fourni l'occasion de recueillir une assez grande quantité de suc gastrique, pour voir si je pourrois avec lui opérer, hors de leur corps, un commencement de digestion comme avec le suc gastrique des autres animaux; j'en suis venu à bout sur les chairs cuites & crues, sur quelques substances végétales, pourvu que ce suc éprouvât une chaleur médiocre, & qu'il fût renouvellé, comme je l'avois observé avec le suc gastrique d'autres animaux.

C C I I.

M. BLAISE, dans son exacte anatomie du Chien (2), dit que la tunique interne de l'estomac de cet animal semble être un amas de glandes. J'ai eu l'occasion d'examiner cette tunique; j'en ai observé à l'œil nud & avec un verre d'abord la partie qui touche les alimens, mais je ne vis rien de glanduleux, après l'avoir essuyée; il en suintoit un voile humide quand

---

(1) Mém. sur la nat. sensible & irritable.
(2) *GERARDI BLASII Anatomia animalium.*

je la comprimois avec le doigt, mais je ne pouvois appercevoir les petits trous qui lui fervoient
d'iffue. Je détachai quelques morceaux de cette
tunique, & je les obfervai à l'œil & avec la
lentille par tranfparence, mais j'appercevois
quelques points lumineux dans quelques morceaux & non dans d'autres. Enfin, en renver-
fant cette tunique, & en obfervant la partie
qui touche la tunique nerveufe, je voyois qu'elle
étoit compofée d'un amas de petits corps, dont
la couleur étoit celle de la chair pâle, alongés
& groupés enfemble ; ce font fans doute ces
petits corps auxquels BLAISE a donné le nom
de petites glandes, je n'oferois pourtant affurer
qu'ils en fuffent, au moins je n'ai fu y reconnoître les caractères des corps glanduleux. Mais
quels qu'ils foient, il eft certain qu'ils font deftinés à conduire un liquide dans l'eftomac des
Chiens, comme il paroît par la reproduction
qui fe fait de ce voile humide fur la furface
interne de cette tunique, quand ces petits corps
font comprimés, & ce liquide continue à fe
faire voir, pendant plufieurs jours, après que
l'eftomac eft féparé du Chien.

J'ai dit que je n'avois pas pu appercevoir dans
la tunique interne les petits trous par lefquels
le fuc gaftrique entre dans l'eftomac. On en
doit excepter les parties voifines du pilore où
ces petits trous font très-vifibles, de même
que le fuc qui en fort. Si l'on veut comparer
la liqueur qui fort de l'eftomac par la compreffion, avec celle qu'on y trouve raffemblée
quand on ouvre les Chiens, on les trouvera

différentes. Le second eſt jaune, fort amer &
plus ou moins gélatineux, §. CXCII, mais la
liqueur qui s'échappe des parois de l'eſtomac,
eſt ſans couleur, inſipide & très-fluide. Il paroît donc évident que le ſuc gaſtrique des
Chiens, qui ſert à leur digeſtion comme celui
de tant d'animaux, eſt compoſé de pluſieurs
principes différens, comme de la ſalive, du
fluide qui ſort de l'éſophage, de ceux qui ſont
propres à l'eſtomac, du ſuc pancréatique &
d'une portion de bile.

C C I I I.

Pour finir l'examen de la digeſtion dans les
différens animaux à eſtomac membraneux, il
me reſte à parler de l'Homme. Il eſt vrai que
les découvertes, fournies ſur cet objet par les
animaux nombreux de cette claſſe, & ſur-tout
par les oiſeaux de proie, les Chats & les
Chiens, dont les eſtomacs ſont ſi fort ſemblables aux nôtres, nous font conclure que la
digeſtion s'opère chez nous comme chez
eux ; mais la preuve eſt tirée de l'analogie ,
& elle n'eſt par conſéquent que probable ;
auſſi puiſque je ſuis parvenu à obtenir quelque
choſe de ſûr à l'égard des animaux, je devois
au moins faire des efforts pour y arriver par
rapport à nous. En parcourant les Médecins
anciens & modernes, je n'ai rien trouvé de
plus commun que leurs raiſonnemens ſur la digeſtion de l'Homme ; mais qu'il me ſoit permis
de le dire, ils ont plus cherché à deviner la
manière dont la digeſtion s'opère, qu'à chercher à la découvrir. Toutes les expériences

directes, faites sur l'Homme, manquent abfolument, & tout ce qu'ils ont fait fe borne à des conjectures & à des hypothèfes plus ou moins précaires. Si donc, dans les recherches que j'ai faites fur la digeftion des animaux, j'ai été forcé de recourir à mes expériences, à plus forte raifon ai-je dû le faire pour l'homme. En réfléchiffant aux expériences qu'on pouvoit faire fur l'homme, & à celles qui devoient être les plus importantes, il m'a paru qu'elles pouvoient fe réduire à deux chefs principaux, c'eft-à-dire, d'avoir du fuc gaftrique de l'homme pour répéter les expériences que j'ai faites avec celui des animaux, & à avaler des tubes remplis de différentes fubftances végétales & animales, afin de voir les changemens qu'elles auroient fubi en fortant par l'anus. Je penfai de faire ces expériences fur moi-même, mais j'avoue que celle des tubes me fit craindre quelque danger ; je favois que des corps arrêtés dans l'eftomac, fans fe digérer, avoient produit des effets funeftes, & étoient fortis au bout d'un tems affez long par le vomiffement (1). Je me rappelai les cas où des corps femblables avoient été arrêtés dans les inteftins, mais auffi des faits contraires & journaliers m'encourageoient à tenter ces expériences ; je voyois que des noyaux très - durs, comme ceux des cerifes, des griotes, des nêfles, des prunes, étoient impunément avalés par les enfans & les payfans, qu'ils paffoient fort bien par l'anus, &

______

(1) HALLER, Phyf. T. VI.

qu'ils n'avoient jamais occasionné la plus légère incommodité : au milieu de ces combats, les derniers faits que j'ai rapportés m'engagèrent à surmonter ma répugnance.

C C I V.

Il s'agissoit de prendre par la bouche une petite bourse de toile, contenant cinquante-deux grains de pain maché ; je fis cette expérience le matin, après mon lever, étant à jeun, & les circonstances que je vais raconter accompagnèrent toutes mes expériences de ce genre. Je gardai cette bourse pendant vingt-trois heures, sans éprouver aucun mal, elle ne contenoit plus de pain, le fil avec lequel on avoit cousu les deux parties de la bourse n'étoit ni rompu, ni gâté, de même que celui qui en fermoit l'entrée. Il n'y avoit pas la moindre déchirure à la toile, de sorte qu'il étoit évident qu'elle n'avoit souffert aucune altération ni dans l'estomac, ni dans les intestins. Le succès de cette expérience m'encouragea pour en faire d'autres, je la répétai avec deux bourses semblables, également pleines de pain maché, mais avec cette différence, que l'une des bourses avoit deux enveloppes de toile & l'autre trois : on sent déja par ce que j'ai dit ailleurs, que je voulois savoir si le nombre des enveloppes augmenteroit la difficulté de la digestion du pain, c'est ce que j'observai. Ces deux petites bourses sortirent de mon corps au bout de vingt-sept heures ; le pain fut entiérement digéré dans la bourse qui n'avoit que deux enveloppes, mais il en restoit un peu dans celle qui en avoit trois. Ce refte de pain avoit perdu fon goût, quoiqu'il confervât fes qualités.

C C V.

JE paffai des expériences faites avec les fubftances végétales à celles qui devoient fe faire fur les fubftances animales ; j'enveloppai dans une bourfe de toile fimple foixante grains de la chair d'un Pigeon cuite & machée ; ces deux bourfes ne reftèrent que dix - huit heures & trois quarts dans le corps, mais les chairs étoient abfolument digérées. Au lieu de foixante grains de cette chair, j'en employai quatre - vingt qui formoient un volume que je crus propre à defcendre dans l'eftomac, & à fortir par le pilore ; c'étoit de la chair de Veau cuite & machée, enveloppée dans la petite bourfe de toile. La chair n'y fut pas entiérement digérée, il en refta onze grains, & ce refte de digeftion n'étoit pas femblable à ceux que j'avois obfervé dans les animaux ; il n'étoit pas enveloppé d'un voile gélatineux, il reffembloit à la chair cuite, preffée dans un linge, & dépouillée de fon fuc. Cette fingularité combinée avec la féchereffe du pain, en partie digéré, de l'autre expérience, §. CCIV, me fit foupçonner que l'eftomac de l'homme avoit peut-être cette force comprimante que je n'avois pas obfervé dans les autres animaux. Je cherchai les moyens de détruire ou de confirmer ce foupçon.

C C V I.

VOYANT que je digérois la chair cuite & machée, je voulus voir fi je digérerois la même chair fans la macher : j'avalai donc quatre-vingt grains de la chair mufculaire de la poitrine d'un Chapon, dans une petite bourfe ; je la rendis feulement au bout de trente-fept heures ; le morceau de chair avoit perdu cinquante - fix grains, & ce morceau, loin d'être gélatineux ou tendre à ·fa furface, étoit fec, & les fibres charnues les plus internes fembloient moins sèches que les extérieures. Au refte, la digef-tion paroiffoit faite également bien dans tous les points de ce morceau de chair, il avoit con-fervé la figure que je lui donnai en le coupant.

C C V I I.

MAIS la chair crue fe defsèche-t-elle comme la cuite dans l'eftomac lorfqu'elle s'y digère ? car je favois que plufieurs Nations fe nourrif-fent de chair crue, de poiffon crud : il eft com-mun de manger des huitres, des oreilles, des patelles ; & quoique ces alimens foient de dure digeftion, il y a plufieurs perfonnes qui en font friandes. Je mis donc dans deux petites bourfes de toile deux petits morceaux de chair crue de Veau & de Bœuf, pefant chacun cinquante-fix grains ; je les avalai à jeun, & je les rendis le lendemain à midi, le morceau de Veau ne pefoit plus que quatorze grains & celui de Bœuf vingt - trois ; l'une & l'autre chair étoit digérée en grande partie, mais toutes les deux étoient également deffêchées, & fe trouvoient dans l'état où elles auroient été fi l'on en avoit exprimé le fuc avec force.

C C V I I I.

NE fembleroit-il pas que l'action des fucs

gaftriques humains fur les alimens eft aidée par la compreffion de l'eftomac? Pour décider cette queftion , il falloit mettre les alimens dans de petits tubes , parce que fi la digeftion ne fe faifoit pas , ou fe faifoit mal , c'étoit une preuve qu'il manquoit quelque chofe d'utile , & alors il étoit affez probable que ce feroit la force triturante. J'étois donc phyfiquement obligé d'avaler des tubes ; & comme j'avois vu dans mes précédentes expériences, qu'il ne m'arrivoit aucun mal en avalant les petites bourfes , je dirai franchement que j'avalai fans crainte les tubes , que je fis faire en bois & non en laiton , craignant quelque accident fâcheux par leur féjour dans l'eftomac ou dans les boyaux, quoique je ne me fuffe pas apperçu qu'il en eût fait aucun aux animaux. Les fucs gaftriques ne les avoient pas rongés , les tubes s'étoient feulement noircis par un long féjour dans l'eftomac. Le calibre des petits tubes que j'employai étoit de trois lignes , leur longueur avoit cinq lignes , les parois étoient couvertes de trous , afin que le fuc gaftrique de mon eftomac pût les pénétrer de toutes parts ; je les couvris feulement avec une toile , pour en fermer l'entrée aux excrémens , pendant leur longue traverfée des inteftins. Je n'avalai d'abord qu'un feul petit tube , où j'avois mis trente - fix grains de chair de Veau cuite & machée : il fortit heureufement au bout de vingt-deux heures, mais il ne contenoit plus de chair , ni rien du tout, parce qu'il avoit été fort bien fermé par les toiles.

CCIX

CETTE expérience étoit tranchante contre la trituration ; cependant, je voulus en faire d'autres avant de me décider. Le tube pouvoit contenir quarante-cinq grains de viande, je le remplis, il resta dix - sept heures dans mon corps, & j'y trouvai vingt-un grains de viande ; mais, que les choses furent changées ! je n'apperçus pas que ce petit morceau de veau cuit & mâché eût perdu son suc, mais je le trouvai gélatineux & défait, il étoit seulement fibreux dans le centre. Le goût de cette gelée étoit doux, & n'annonçoit rien de pourri, & je vérifiai ceci dans trois autres restes de chair avalés dans des tubes, dont deux étoient de chair cuite & un étoit de chair crue ; les chairs furent de Veau, de Bœuf, de Chapon & d'Agneau. Les alimens se digèrent donc dans l'estomac de l'homme, comme dans celui des autres animaux, par l'action seule des sucs gastriques, sans le concours d'une force triturante des muscles de l'estomac. J'avois fait faire quelques tubes de bois si minces que la plus légère compression du doigt sur une table, les réduisoit en morceaux. J'ai souvent employé de semblables tubes, mais jamais il ne s'en est rompu un seul, en les dépouilant même de leur enveloppe de toile, qui étoit toujours parfaitement entière, & en les observant scrupuleusement, je ne me suis jamais apperçu qu'ils eussent un tant soit peu souffert de leur séjour dans mon corps.

CCX.

C C. X.

CES faits s'accordent parfaitement avec les suivans : les noyaux de cerifes avalées entières par les hommes, font forties entières par l'anus; il eft arrivé la même chofe à des grains de raifin (1). J'ai voulu voir quel degré de foi méritoient ces hiftoires, & j'ai fait mes premières expériences fur des raifins qui n'étoient pas parfaitement mûrs, & dont l'enveloppe étoit plus dure. J'en avalai quatre l'un après l'autre, je les rendis tous par l'anus au bout d'un jour; tous ces raifins étoient entiers, leur couleur feule avoit fouffert, au lieu d'un blanc gris qu'ils avoient pour leur couleur, ils étoient devenus jaunâtres ; je répétai ces experiences fur des grains de raifins mûrs, dont la peau eft fi mince qu'elle rompt fans prefque aucun effort ; j'en avalai vingt-cinq & dix-huit fortirent entiers par l'anus, il y en eût fept dont je ne trouvai que la peau. Je variai cette expérience avec des cerifes plus ou moins mûres, il y en eût très-peu qui fe rompirent dans mon corps. De forte qu'en réuniffant les expériences faites avec les tubes très-minces, §. CCIX, avec celles dès raifins & des cerifes, il me paroît démontré que l'eftomac humain n'a aucune force triturante.

Mais d'où venoit donc cette féchereffe des fibres enveloppées dans les petites bourfes de toile, §. CCIV. CCV. CCVI. CCVII. En réfléchiffant à ce phémonène, j'ai penfé qu'il

______

(1) HALLER, *Phyf. T. IV.*

avoit plus de rapport avec les inteſtins qu'avec l'eſtomac. La chair dans l'eſtomac eſt plus ou moins diſſoute par les ſucs gaſtriques, & elle ſe change en une eſpèce de gelée ; car il n'y a aucune raiſon pour laquelle les choſes doivent ſe paſſer différemment dans les bourſes de toile que dans les tubes. Mais ces enveloppes de toile, en traverſant les inteſtins, & venant dans les gros boyaux, y ſont enveloppées & comprimées par la matière fécale ; l'effet de cette compreſſion, quelque légère qu'elle ſoit, eſt d'exprimer le ſuc gélatineux de la chair, & par conſéquent de la deſſécher, c'eſt ainſi que quelques raiſins & quelques ceriſes ont été rompus.

C C X I.

APRES avoir établi cette vérité fondamentale, que la digeſtion ſe fait dans l'homme ſans le concours d'aucune force triturante, mais par l'action ſeule des ſucs gaſtriques, §. CCIV. CCV. CCVI. CCVII. CCVIII. CCIX. CCX ; j'avois un beau champ pour tenter des expériences propres à fournir des vérités utiles. On ſait combien la maſtication eſt importante à la digeſtion, de même que l'humeur de la ſalive avec les alimens pendant que les dents les briſent. On ſait que pluſieurs perſonnes ſe ſont procurées des indigeſtions par leur négligence de mâcher. Pour prouver cela évidemment, je détachai une portion de chair de la poitrine d'un Pigeon cuit ; j'en fis deux morceaux de quarante-cinq grains, j'en mâchai un comme j'ai coutume de mâcher ce que je mange, je laiſſai l'autre ſans le toucher, je mis ces deux morceaux dans des tubes ſemblables, je les avalai; mais l'expérience fut incomplette, parce que je ne les rendis pas enſemble, le tube de la chair mâchée, reſta vingt-cinq heures dans mon corps, & l'autre trente-ſept; tous les deux étoient vuides: mais je fus plus heureux une autre fois, les deux tubes ſortirent enſemble au bout de dix-neuf heures. Les quarante-cinq grains du Pigeon cuit & mâché furent réduits à quatre dans le tube, & il en reſtoit dix-huit de la chair qui n'avoit pas été mâchée. Cette expérience fut enſuite confirmée par pluſieurs autres faites avec la chair de Veau & de Chapon; la raiſon en eſt claire, indépendamment de la ſalive qui baigne cette chair, qui la pénètre & la diſpoſe à la diſſolution, il eſt clair que la ſeule action des dents, qui réduit la chair en petits morceaux, la met en état d'être mieux pénétrée par les ſucs gaſtriques qui doivent la diſſoudre, & qui la diſſolvent auſſi alors beaucoup plus vîte; auſſi m'eſt-il arrivé que le pain mâché & la chair cuite ont été mieux digérés par mon eſtomac que le pain non mâché & la chair crue; la coction avoit rendu la chair plus tendre & plus propre à recevoir l'impreſſion des ſucs gaſtriques & à en être diſſous.

C C X I I.

Tous les Phyſiologiſtes modernes s'accordent à reconnoître que les fibres charnues, les membranes, les tendons, les cartilages, les os, ſe dépouillent plus ou moins de leurs ſucs dans l'eſtomac de l'homme, mais que leur parties folides ne s'y diffolvent pas & ne s'y digèrent pas. Mes expériences prouvent évidemment le contraire pour les fibres charnues, §. CCV. CCVIII. CCXI; à l'égard des autres fubftances animales dont j'ai parlé, j'ai fait les expériences néceffaires avec facilité. J'ai commencé par les *membranes*. J'ai introduit dans un tube un morceau du tiffu cellulaire de la chair cuite de Bœuf, fans la mâcher ni la couper en petits morceaux, elle pefoit foixante-cinq grains. Je gardai le tube dans mon eftomac environ trente heures; la membrane me parut alors entière, mais plus mince, plus étroite, elle ne pefoit plus que vingt-huit grains. Cette diminution n'étoit pas une preuve de la diffolution de quelques parties folides, elle pouvoit provenir de la fortie du fuc de la membrane, auffi j'avalai de nouveau ce refte de membrane; dans un tube qui refta quinze heures dans l'eftomac, la membrane étoit toujours un morceau entier, mais tout-à-fait mince & petit, il pefoit à peine cinq grains; ce refte avâlé encore refta vingt-deux heures dans l'eftomac, & il y fût entiérement digéré; j'ai diffous de cette manière d'autres membranes & même des plus dures, dans des tubes, comme un morceau cuit de l'aorte d'un veau : il eft vrai que plus les membranes étoient compactes & plus il falloit de tems pour les digérer.

C C X I I I.

Voici les réfultats de mes expériences fur les tendons & les cartilages, ces derniers furent plus vîte diffous que les tendons, ils furent abfolument digérés au bout de quatre-vingt-cinq heures de féjour dans mon corps, les autres feulement au bout de quatre-vingt-dix-fept heures, les uns & les autres appartenoient à un Bœuf, ils furent bouillis pendant une demi-heure.

C C X I V.

JE fis ces expériences fur les os tendres & les durs, les premiers fe digèrent avec la même lenteur que les cartilages ; je ne pus jamais opérer aucune diffolution fenfible des autres après un féjour de quatre-vingt heures à diverfes reprifes ; j'avalai fans tube une petite fphère offeufe faite avec un os dur de Bœuf, elle avoit trois lignes de diamètre, je la rendis au bout de trente-trois heures, mais elle n'avoit rien perdu de fon poids : concluons donc que l'eftomac de l'homme peut digérer les membranes, les tendons, les cartilages, les os mêmes qui ne font pas durs, quoiqu'en aient pu dire les Phyfiologiftes & les Médecins, trompés par des expériences équivoques, qui n'étoient pas faites avec affez de foin.

Mon eftomac n'eft cependant pas meilleur qu'un autre ; bien loin de-là, j'ai le malheur de fentir qu'il eft foible, comme celui de la plupart des Gens-de-Lettres, & je fens cette foibleffe par la lenteur des digeftions, qui me force à quitter prefque le travail cinq ou fix heures après le dîner, quoiqu'il foit frugal, & par les indigeftions que me caufent une quantité d'alimens plus grande qu'à l'ordinaire.

Avant de quitter les digeftions qui fe font

opérées dans mon eſtomãc, je dois avertir que
quoique j'aie repréſenté les ſucs gaſtriques comme les cauſes de la digeſtion, je n'ai jamais
prétendu exclure l'action des ſucs inteſtinaux.
On ſait que les inteſtins grêles perfectionnent
le chyle qui n'étoit qu'ébauché dans l'eſtomac,
ainſi la digeſtion des chairs renfermées dans les
petites bourſes de toile, ou dans les tubes de
bois, n'a été perfectionnée que dans les inteſtins, mais ceci ne change point les réſultats
tirés de mes expériences, puiſqu'il n'en eſt pas
moins vrai que l'eſtomac de l'homme digère
ſans l'action de la trituration, & que la digeſtion eſt uniquement l'ouvrage des ſucs gaſtriques.

C C X V.

Je diſois au paragraphe CCIII, que les expériences capitales à faire ſur l'eſtomac de
l'homme ſe réduiſoient aux digeſtions naturelles, opérées dans les tubes, & aux digeſtions
artificielles opéréẹs avec le ſuc gaſtrique de
l'homme, ſi l'on pouvoit en avoir aſſez; ce
ſont celles-ci qu'il me reſtoit à tenter, mais il
me falloit avoir un moyen pour me procurer
une quantité ſuffiſante de ce ſuc. Je penſai d'a-
bord à celui que les cadavres humains pourroient me fournir; je tâchai d'en avoir, mais
je m'apperçus bientôt que le ſuc recueilli de
cette manière, étoit ſi mêlé de matières étrangères, qu'il ne pouvoit pas me ſervir, puiſque
je voulois l'avoir pur. Les petites éponges enfermées dans des tubes, qui m'avoient été ſi
utiles pour cela avec les autres animaux, ne

pouvoient me suffire ; je ne pouvois avaler à la fois que deux tubes, un plus grand nombre eût été dangereux, mais le suc produit par ces deux petites éponges étoit en trop petite quantité pour pouvoir m'en servir, & le suc lui-même auroit été encore mêlé à divers corps en passant avec le tube au travers des intestins. Il ne me restoit plus qu'un moyen, c'étoit de tirer ce suc gastrique hors de mon estomac, par un vomissement excité le matin à jeun : je préférai d'irriter ma gorge avec mes deux doigts, ce qui me fait vomir plutôt que d'avaler de l'eau tiède, qui se feroit mêlée avec le suc gastrique. J'employai deux fois ce moyen de cette manière, & j'eus une quantité de suc gastrique suffisante pour entreprendre quelques expériences dont je parlerai. J'aurois bien voulu répéter cet exercice pour avoir encore mon suc gastrique, mais j'éprouvai un sentiment si pénible, & des convulsions générales, & surtout de l'estomac, même pendant plusieurs heures après le vomissement, que ma curiosité ne put vaincre ma répugnance.

C C X V I.

JE fus donc forcé de me contenter du suc gastrique que j'eus par le moyen de ces deux vomissemens. Le premier m'en fournit une once & trente-deux grains. Ce suc, au sortir du corps, étoit écumeux & visqueux. Je le vis limpide comme l'eau, après avoir séjourné quelques heures dans un vase de verre, & avoir déposé un léger sédiment ; il étoit sans couleur, son goût étoit salé sans amertume ;

jetté fur le feu, il ne s'enflamme pas, non pas même en l'approchant d'une chandelle (1), il s'évaporoit facilement à l'air libre. J'en avois mis cinquante-deux grains dans un petit vafe, ils s'envolèrent tous dans un quart d'heure par l'action des charbons ardens qui l'environnoient. Quatre-vingt-trois grains de ce fuc ayant été mis dans un petit vafe, bouché d'abord pour éviter l'évaporation, ne changea ni de goût ni d'odeur, quoique je l'aye confervé pendant un mois très-chaud de l'été. C'eft ainfi que j'em-

---

(1) Ce paragraphe avec les LXXXI. CXXIII. CXLI. CLXXV. prouvent que le fuc gaftrique des animaux & de l'homme, fur lefquels j'ai fait des expériences, n'eft pas inflammable ; & je fis ces expériences, parce qu'il fembloit que le fuc gaftrique du Milan de REAUMUR avoit eu quelque inflammabilité que M. BATTIGNE attribue à la bile, qui eft naturellement huileufe, & qu'on trouve dans l'eftomac des oifeaux carnivores. Mais fi cette raifon étoit bonne, le fuc gaftrique de tous les oifeaux qui ont été les objets de mes expériences, auroit dû s'enflammer, ce qui eft contraire à ce que j'ai vu ; mais il feroit pourtant poffible que cette obfervation unique de REAUMUR eût une autre caufe. REAUMUR vouloit ôter l'odeur puante d'un tube qui avoit été rempli de fuc gaftrique ; il le mit pour cela fur des charbons allumés, & il en fortit une flamme qui dura plus d'une minute, (*fecond Mémoire*), mais cette flamme pouvoit être produite par quelque matière graiffeufe, attachée au tube qui avoit été rempli de viande ; & cela me paroît d'autant plus vraifemblable, qu'ayant jetté fur le feu du fuc gaftrique d'un Milan, femblable à celui de REAUMUR dont j'ai parlé, §. CLXXV, il ne put jamais s'allumer.

ployai la moitié de mon fuc gaftrique, l'autre moitié me fervit pour une digeftion artificielle ; j'en fis entrer dans un tube de verre long de deux pouces, fermé hermétiquement par un bout, & dont l'ouverture oppofée étoit fort étroite ; je mis avec ce fuc quelques brins de chair de Bœuf cuits & machés, je fermai le petit tube avec du coton, & je le plaçai dans un fourneau où l'on éprouvoit à-peu-près la chaleur de mon eftomac ; j'y mis auffi un tube femblable avec une égale quantité de chair de Bœuf cuite & machée, mais je le remplis avec une quantité d'eau qui étoit la même que celle du fuc gaftrique, pour me fervir de terme de comparaifon, comme je l'avois fait pour les autres animaux. Je vifitai ces deux tubes de tems en tems. Voici les événemens que j'obfervài. La chair qui étoit dans le fuc gaftrique commença à fe défaire avant douze heures, & elle continua infenfiblement jufques-là que, au bout de trente-cinq heures, elle avoit perdu toute confiftance, elle s'échappoit fous le doigt quand on vouloit la prendre. Cependant, quoique à la vue fimple cette chair parût avoir perdu fon organifation fibreufe, en obfervant cette bouillie avec une lentille, on voyoit toujours ces fibres charnues réduites à une extrême petiteffe. Mais ayant laiffé encore, pendant deux autres jours, cette maffe à demi-fluïde dans le fuc gaftrique, on n'y vit pas une plus grande diffolution, & durant tout ce tems la chair ne me fit obferver aucune mauvaife odeur. Il n'en fut pas de même dans le petit tube où j'avois mis l'eau commune ; au bout de seize heures, la chair sentoit mauvais, & l'odeur augmenta pendant deux autres jours; quelques fibres de la chair se détachoient, comme on l'observe dans la putréfaction, mais il n'y eut aucune comparaison pour cela avec la chair contenue dans le suc gastrique, puisque la plus grande partie des fibres charnues, plongées dans l'eau, étoient encore entières au bout du troisième jour.

C C X V I I.

LE second vomissement, dont j'ai parlé, me fournit une plus grande quantité de suc gastrique, & plus de moyens pour faire des expériences. Je répétai celle des tubes de verre, mais j'en mis un dans le fourneau, §. CCXVI, & l'autre fut exposé à la chaleur naturelle de l'atmosphère pour juger de l'influence de la chaleur. J'observai pour la chair ce que j'ai raconté, mais la chair contenue dans le tube exposé à la chaleur du fourneau, fut, comme l'autre, beaucoup plutôt dissoute que celle qui étoit dans le tube exposé à la seule chaleur de l'atmosphère ; malgré cela, la dissolution de la chair fut plus avancée dans ce dernier que dans le tube plein d'eau, dont j'ai parlé, §. CCXVI, & la chair ne fit sentir aucune mauvaise odeur, quoiqu'elle restât dans le tube avec le suc gastrique pendant sept jours.

Avant de terminer ce récit, je rapporterai un fait qui m'arriva dans mon second vomissement du suc gastrique. Quatre heures avant de vomir, j'avois avalé deux tubes remplis de chair mâchée. Il fortit un de ces tubes par la bouche, il étoit pénétré de fuc gaftrique & en dedans & en dehors, ce qui prouve que la chair commençoit à s'y digérer, fes fibres fe détachoient à la furface, & elle étoit devenue gélatineufe ; elle avoit perdu quinze grains de fon poids, ce qui prouve que les fucs gaftriques opèrent une digeftion remarquable dans l'eftomac avant de paffer dans les inteftins.

C C X V I I I.

ME voici arrivé, fi ce n'eft pas au terme de mes recherches phyfiques, au moins au point de généralifer furement les conféquences fur la digeftion des animaux & de l'homme. J'ai commencé mes expériences fur les animaux à eftomac mufculeux, tels que les oifeaux gallinacés, & l'on a vu l'influence de la force triturante pour préparer les alimens à leur digeftion, de même que l'appareil de mufcles très - forts dont la Nature a muni l'eftomac de ces oifeaux pour opérer cet important ouvrage ; mais j'ai fait voir auffi que la métamorphofe des alimens en chyme étoit l'ouvrage des fucs qui fe raffembloient dans la cavité de l'eftomac. C'eft ce qu'on a pu remarquer dans la premiere Differtation.

J'ai obfervé enfuite quelques oifeaux à eftomac moyen, comme les Corneilles & les Hérons, & on aura vu, dans la feconde Differtation, que la digeftion des alimens fe faifoit par l'action des fucs gaftriques.

La multitude des animaux à eftomac membraneux eft devenue l'objet de mes expérien-

ces; j'en ai trouvé dans les eaux falées & dou-
ces, comme les poiffons à écailles; parmi les
amphibies, comme les Salamandres, les Grenouilles, les Couleuvres; entre les animaux
qui rampent toujours fur la terre, tels que les
Vipères, les Couleuvres terreftres & plufieurs
autres Serpens; tels font encore les quadrupedes, comme les Chats, les Chiens, les
Brebis, les Chevaux, les Bœufs : tels font encore les oifeaux de proie. L'homme qui a,
comme tous ces animaux, un eftomac membraneux termine mes recherches. J'ai montré
dans plufieurs animaux là néceffité de la trituration pour faciliter la digeftion, telle eft celle
qui s'opère par le moyen des dents dans l'homme & les animaux ruminans; elle reffemble à
celle qui fe fait dans le géfier des oifeaux gallinacés, mais il y a d'autres animaux dans lefquels la trituration ne joue aucun rôle pour la
digeftion, comme dans les Grenouilles, les
Salamandres, les Serpens, les oifeaux de proie,
où les fucs gaftriques font les feules caufes efficientes de la digeftion. Voyez les Differtations
troifième, quatrième & cinquième.

C'eft ainfi que la Nature, toujours fimple dans
fes opérations, fuit la même formule pour
cette fonction importante de la vie des animaux; c'eft pour cela qu'elle a couvert l'éfophage & l'eftomac de tous les animaux avec
des petites glandes, des follicules, & d'autres moyens équivalens qui font des fources
fécondes & continuelles de fucs fi importans
pour conferver la vie des animaux & de l'hom-

me. Quoique tous ces sucs aient plusieurs propriétés analogues, ils différent cependant à quelques égards dans leurs effets, comme nous l'avons vu ; quelques-uns n'ont besoin que d'une chaleur presque égale à celle de l'atmosphère, pour digérer les alimens, comme ceux des Grenouilles, des Salamandres, des Poissons à écailles, & des animaux à sang froid. Au contraire, les sucs gastriques des animaux à sang chaud ne sauroient digérer les alimens à ce degré de chaleur. Ces sucs digèrent en peu d'heures les alimens dans les animaux à sang chaud ; il faut des journées entières pour cela, & quelquefois des semaines dans les animaux à sang froid, & sur-tout dans les Serpens. Les sucs gastriques de quelques animaux ne peuvent digérer que les corps qui ont été auparavant broyés ou amollis, comme ceux des oiseaux gallinacés. Au contraire, les sucs gastriques des autres suffisent pour décomposer des substances très - tenaces, telles que les tendons, les ligamens, & même les os les plus durs & les plus compacts, comme les Hérons, les Serpens, les oiseaux de proie & les Chiens nous en ont donné l'exemple. L'homme lui-même seroit de ce nombre, si les sucs gastriques avoient quelque influence sur les os les plus durs. Outre cela, les sucs gastriques de quelques animaux peuvent digérer les substances animales, sans avoir aucune action sur les végétales, comme on l'a vu dans mes expériences sur les oiseaux de proie. L'homme, les Chiens, les Chats, les Corneilles, & une foule d'autres animaux, digèrent également les corps des deux règnes. Mais généralement les sucs gastriques de tous ces animaux ne perdent pas leur propriété digestive, quand il sont tirés hors du corps de l'animal, comme je l'ai fait voir dans une foule de digestions ébauchées, que j'ai faites avec des sucs gastriques, & même avec celui de l'homme dans les vaisseaux qui leur étoient étrangers.

CCXIX.

J'ai rassemblé sous un point de vue les traits principaux rélatifs à l'instrument immédiat de la digestion ; il me semble à présent intéressant de les rapprocher de ce qu'on a écrit de mieux sur ce sujet. L'opinion la plus plausible & la plus généralement reçue par les Médecins de l'Europe, est celle de Boerhaave, qui sut accorder toutes les opinions de son tems. Il considère d'abord les substances solides & fluïdes dans l'estomac, comme étant renfermées dans un vase chaud, humide & clos, où elles doivent commencer à éprouver un principe de fermentation ou de putréfaction. Il pleut abondamment dans l'estomac plusieurs liqueurs différentes, telles que la salive qui distille de la bouche & de l'ésophage, le subtil suc gastrique qui sort de l'extrémité des artérioles gastriques, & une humeur mucilagineuse filtrée par les glandules de l'estomac ; en considérant chacun de ces alimens à part, en leur joignant les restes des vieux alimens, qui servent de levain pour les nouveaux, l'air qui se mêle avec tous & qui agit sur eux, la chaleur qui

met en mouvement ce mélange ; on trouvera
que les alimens avalés doivent fe macérer, fe
délayer, fe diffoudre, fubir le commencement
de la fermentation, & recevoir ainfi un principe de vie. C'eft ainfi que BOERHAAVE explique la digeftion des alimens qui font d'une
texture tendre, mais pour les alimens plus
durs, il emploie la force triturante de l'eftomac, qui eft formée par les mouvemens de
la tunique mufculaire, aidée par les coups
continuels de l'aorte & des autres artères qui
en font proches, par l'abondance du fluïde
nerveux, qui eft ici plus grande qu'ailleurs, &
par la compreffion très-forte du diaphragme &
des mufcles de l'abdomen. Il réfultera de tout
ceci, que les alimens feront mis hors de l'eftomac, & qu'ils auront acquis une couleur
cendrée ; fecondement que les fibres, les membranes, les cartilages, les tendons, les os,
feront dépouillés de leurs fucs, conferveront
leur cohérence, & feront chaffés de l'eftomac ;
enfin, que les fubftances végétales & animales
ainfi diffoutes produiront une humeur très-
femblable aux nôtres.

C C X X.

TEL eft le fentiment de ce célèbre Médecin
dans fes inftitutions. Il y a donc fouvent ici
deux agens principaux de la digeftion, les
différens fluïdes raffemblés dans l'eftomac, &
l'action méchanique de ce vifcère, la chaleur,
l'air, le fluïde nerveux, les reftes des vieux
alimens, & un principe de fermentation font
les aides de ces deux caufes. Il a bien cherché

à expliquer comment les sucs gastriques dissolvent les alimens; mais, cependant, on voit qu'il
n'en avoit qu'une idée imparfaite. En combinant ses instidutions avec ses leçons, on apperçoit clairement qu'il croyoit que les sucs gastriques dissolvoient les alimens, comme de simp-
ples fluïdes auroient pu le faire, comme l'eau
à laquelle on auroit communiqué le degré de
chaleur de l'estomac des animaux; mais une
foule de faits rapportés dans ce livre, démontrent que les sucs gastriques agissent comme de
vrais dissolvans sur les alimens, & les dissolvent
beaucoup plus promtement, & bien plus effi-
cacement que l'eau, comme je l'ai dit mille
fois; outre cela, ces sucs digèrent non-seulement les matières molles, mais encore les plus
tenaces & les plus dures, contre le sentiment
de BOERHAAVE, & cette digestion s'opère
sans aucune trituration. Car autant cette force
a paru énergique dans les animaux à estomac
musculeux, autant on l'a vue inerte dans les autres, comme je l'ai montré dans les Chiens,
dont les mouvemens de l'estomac, pendant la
digestion, sont incapables de triturer les alimens, puisqu'ils ne causent aucune altération
aux tubes les plus minces que je leur ai fait
avaler, §. CXCIX. CC. J'ai eu ces preuves
pour la digestion opérée dans mon estomac,
§. CCIX. CCX. Il faut donc conclure que l'hy-
pothèse de BOERHAAVE est fausse, & cette
conclusion se tirera de même si l'on sonde ses
fondemens. Il tire la force triturante des mouvemens de la tunique musculaire, & des chofes
que

que reçoit l'eſtomac par les corps voiſins. Mais
cette tunique dans les animaux à eſtomac membraneux eſt très-mince, de ſorte que ces mouvemens feront néceſſairement très-foibles. Il
m'a paru dans les Chiens & les Chats, que
l'influence des corps environnans ſur l'eſtomac
étoit fort petite ; je paſſai ma main dans l'abdomen & par un trou fait à l'eſtomac : j'obſervai avec un doigt que j'y introduiſis, que la pulſation des artères que je ſentois dans ſa con-
vexité, ne comprimoit & n'élevoit point l'eſtomac, quoique ce viſcère ne fût pas exempt
des vibrations de ces artères voiſines, mais elles
ne produiſirent rien de plus que la pulſation
des artères gaſtriques, le mouvement de l'eſtomac conſiſtoit à monter & à deſcendre, ce
qui s'opéroit par le moyen de la reſpiration ;
j'ai éprouvé auſſi dans plus d'un eſtomac l'exiſtence du mouvement périſtaltique. Mais ſi le
premier mouvement ne pouvoit reſſerrer l'eſtomac, le ſecond le reſſerroit ſi doucement,
qu'il ne pouvoit en broyer les alimens ; il auroit
pu tout au plus les agiter en divers ſens, & les
mettre ainſi plus à portée d'être diſſous &
digérés par les ſucs gaſtriques.

C C X X I.

BOERHAAVE regarde, avec raiſon, la chaleur comme une aide à la digeſtion, je l'ai
prouvé dans pluſieurs expériences. Quoique les
ſucs gaſtriques ne ſoient pas inflammables, §.
LXXXI. CXXIII. CXLIX. CLXXXV. CCXVI,
il n'en eſt pas moins vrai que la chaleur les
rend plus propres à opérer la digeſtion des ali-

R

mens, leur diſſolution & leur changement en une gelée, qui ſert immédiatement à la nutrition; mais cette condition eſt également favorable à tous les autres menſtrues.

Je crois bien auſſi que l'air joue ſon rôle dans la digeſtion, en ſe détachant des alimens auxquels il s'étoit attaché avec la ſalive & qu'il favoriſe ainſi leur diſſolution.

Mais je ne puis pas convenir ſi facilement avec BOERHAAVE, que le fluïde nerveux ſoit un aide à la digeſtion, puiſque ſon exiſtence eſt au moins douteuſe.

Je crois encore moins que les reſtes des alimens facilitent la digeſtion des nouveaux, puiſque, comme le grand HALLER l'obſerve (1), l'on digère auſſi bien quand l'eſtomac eſt vuide, & je l'ai vérifié pluſieurs fois, en donnant peu à manger à une Corneille, à un Héron, à un Faucon; je croyois qu'au bout de ſix ou ſept heures leur eſtomac ne conténoit preſque rien, ils prenoient cependant, alors, avec avidité les alimens que je leur offrois, & ils les digéroient en peu d'heures entiérement, s'ils n'étoient pas en trop grande quantité, comme je m'en ſuis aſſuré par l'ouverture de leur eſtomac.

La fermentation joue-t-elle un rôle dans la digeſtion, comme BOERHAAVE l'aſſure? Je traiterai ce ſujet capital dans la diſſertation ſuivante.

Enfin, je ſuis obligé de penſer différemment

____

(1) *Phyſ. T. VI.*

que ce célèbre Médecin fur les fibres charnues ,
les membranes, les tendons, les cartilages, les
os, qu'il croit indigeftibles pour l'eftomac de
l'homme , qui n'en tire que le fuc ; mes expériences fur moi - même prouvent que ces fubftances fe digèrent, fe diffolvent dans leurs parties folides , à l'exception des os les plus durs ,
§.CCV.CCVIII.CCXI.CCXII.CCXIII.CCXIV.
BOERHAAVE voulant concilier toutes les opinions des Médecins fur la digeftion , paroît cependant ici fuivre en partie l'idée de ceux qui
croyoient que l'eftomac agiffoit comme diffolvant & foutiroit le fuc des végétaux & des animaux ; c'étoit en particulier l'idée du célèbre
HECQUET. Dans une note ajoutée à fes inftitutions, BOERHAAVE déploie fa façon de penfer, il obferve qu'on trouve dans les crottes des
Chevaux & des Bœufs les tiges du foin qu'ils
ont mangé, malgré la maftication répétée des
derniers. En faifant mes expériences fur la
digeftion, je crus qu'il feroit important de rechercher, fi ce qu'on obferve dans les Bœufs &
les Chevaux s'obferve auffi dans d'autres animaux, & je vis que les chofes fe paffoient ainfi.
Les Corneilles noires & cendrées font granivores & carnivores, la nourriture que je
leur donnai étoit du bled affez brifé. Cependant, quoiqu'elles le mangeaffent avec avidité,
leurs excrémens étoient compofés de morceaux
de ce grain qui avoient perdu tout leur fuc.
J'obfervai la même chofe quand elles avoient
mangé de la chair ferme & dure ; alors leurs
excrémens, agités dans l'eau, s'y diffolvoient

en très-grande partie, mais il y en avoit un peu
qui fe précipitoit au fond, & qui reftoit info-
luble ; ce réfidu, examiné avec foin, paroiffoit
compofé de particules animales, auxquelles
étoient attachés quelques filets charnus, & les
unes & les autres confervoient quelque cohérence ; elles avoient différente longueur, j'en
ai vu prefque d'un pouce. En comparant la
portion des excrémens diffoute dans l'eau avec
celle qui fe précipitoit, & qui confervoit quelques caractères d'animalité, la première étoit
toujours double de la feconde. Les jeunes Corneilles, qui digérèrent plus vîte que les adultes, ne diffolvoient jamais entiérement ces
chairs dures. On trouvoit fouvent quelques portions du tiffu cellulaire dans leurs excrémens.
Si je nourriffois mes Corneilles avec des viandes tendres, & avec des végétaux réduits en
pâte, alors la digeftion en étoit complette.

C C X X I I.

J'AI obfervé la même chofe avec les Grenouilles, elles fe nourriffent d'infectes & d'ani-
malcules de ce genre, & je trouvai fouvent
dans leurs excrémens que je mettois diffoudre
dans l'eau, des jambes, des cuiffes, des aîles
de Sauterelles & d'autres parties cruftacées d'a-
nimaux femblables.

LEWENHOECK étudiant avec le microfcope
les excrémens de la Merluche, les trouva compofés de filamens femblables aux poils de la
barbe coupés avec un rafoir, & il les regardoit
comme les reftes de la digeftion (1). Je pourrai

____

(1) Tranf. pphical. N°. 152. art. II.

confirmer cette observation par une autre que j'ai faite avec une lentille sur les excrémens d'une Tanche où je n'appercevois aucune fibre charnue, mais des restes d'arêtes. Je dois ajouter encore, qu'ayant étudié avec des lentilles foibles & fortes les excrémens de plusieurs autres poissons, je n'y ai pas trouvé un atôme qui parût avoir le moindre caractère du végétal ou de l'animal ; j'ai fait les mêmes observations sur les oiseaux de proie de jour & de nuit, & ces chairs, dont une petite portion passoit avec les excrémens des Corneilles, de l'Aigle, du Faucon, des Ducs, des Chouettes sans être digérée, se digéroient cependant par eux, de manière qu'il n'en restoit pas trace. Ce que je dis ici des oiseaux de proie est vrai pour une foule d'oiseaux de genres & d'espèces différens, & je n'en parle pas afin d'éviter l'ennui. Les Serpens eux-mêmes, dont la digestion est si lente, digéroient absolument les alimens qu'ils mangeoient, & on n'en trouvoit pas le moindre vestige dans leurs excrémens, comme je l'ai vu dans les Vipères & dans les Couleuvres de terre & d'eau.

En comparant mes observations sur les excrémens avec celles de Boerhaave & d'autres, on peut en conclure qu'en général la plupart des animaux ont dans leurs excrémens certaines substances des deux règnes qui ne sont changées ni en tout ni en parties, non parce que leurs sucs gastriques ne peuvent pas les digérer, mais parce qu'elles ne séjournent pas assez long-tems dans leur estomac ; je l'ai fait.

voir pour les fubftances membraneufes, charnues, tendineufes & offeufes, que BOERHAAVE
avoit décidé indigeftibles, au moins dans leurs
parties folides. Les chairs avalées par lés Corneilles, qu'elles rendent par l'anus en partie
digérées, en font encore une preuve convaincante, puifqu'elles fe diffolvent entiérement
dans les petits tubes qu'on force à refter dans
leur eftomac, pendant plufieurs heures, comme cela m'eft arrivé fouvent. Mais je ferois
bien fâché qu'on penfât que j'ai voulu diminuer
la grande eftime dûe à l'Hypocrate Hollandois;
n'ayant point fait d'obfervations & d'expériences, il raffembla les penfées des autres, & en
fabriqua fon fyftême fur la digeftion, qui étoit
le plus vraifemblable, que j'adoptai, & que
j'adopterois toujours fi mes expériences ne m'a-
voient pas forcé de l'abandonner.

C C X X I I I.

TERMINONS cette differtation par l'examen
d'un problême, qui a les plus grands rapports
avec celui que j'ai difcuté en recherchant la
caufe efficiente de la digeftion. M. HUNTER,
un des premiers Anatomiftes Anglois, a fouvent
obfervé, dans l'ouverture des cadavres, que
la grande extrêmité de l'eftomac étoit fenfiblement diffoute, quelquefois rompue, & qu'elle
montroit fur les bords de la déchirure cette
molleffe, cette diffolution qu'on obferve dáns
les chairs à demi digérées par l'eftomac vivant.
Les alimens contenus dans l'eftomac tomboient
dans l'abdomen par l'ouverture. L'Auteur obferve qu'il ne pouvoit croire que ce vice pré-

exiftât à la mort , parce qu'il n'avoit aucun rapport avec la maladie , & qu'il étoit plus commun dans les hommes qui mouroient en fanté de mort violente. Pour découvrir la caufe de ce phénomêne , il n'épargna pas fes obfervations fur les eftomacs de différens animaux obfervés tantôt immédiatement après leur mort, & tantôt quelque tems après. Il obferva quelquefois ce phénomêne. Il crut alors pouvoir l'expliquer, il penfa que cette diffolution , cette déchirure étoit une fuite de la digeftion qui s'opéroit après la mort de l'animal , de manière que le fuc gaftrique diffolvoit l'eftomac lui-même privé du principe vital , & il en conclut que la digeftion ne dépend ni des mouvemens de l'eftomac , ni de la chaleur, mais des fucs gaftriques qu'il regarde commee l vrai menftrue des alimens qu'on avale (1).

C C X X I V.

LORSQUE je lus le Mémoire excellent de M. HUNTER , j'étois occupé de mes expériences fur la digeftion , j'étois perfuadé de l'influence des fucs gaftriques pour la produire ; je favois qu'ils agiffoient hors du corps de l'animal , ce qui pouvoit fe comparer à leur aftion dans l'animal mort ; j'avois obfervé qu'après la mort, les parois de l'eftomac font baignées de ce fuc , de forte que je n'étois point éloigné de croire aux idées de l'Anatomifte anglois. Cependant il falloit répéter les expériences ; mais comme je n'avois pas des cadavres

_____

(1) Tranf. philofoph.

humains à ma difpofition, il fallut me contenter de ceux des animaux que j'ouvris en divers
tems, plutôt & plus tard après leur mort.
Mais je ne faurois dire par quelle fatalité il
m'eft arrivé, qu'après avoir obfervé un fi grand
nombre d'eftomacs, je n'en ai pas trouvé un
feul qui eût la grande extrêmité ou déchirée ou
notablement diffoute ; je dis *notablement* diffoute, parce que j'ai apperçu plufieurs fois
quelques diffolutions, fur-tout en divers poiffons, en débarraffant l'eftomac des alimens
dont il étoit plein ; j'ai vu quelquefois fa tunique intérieure écorchée, & cette écorchure
s'obfervoit fur - tout dans la partie inférieure.
Mais fi ces faits favorifoient les idées de Hunter, le plus grand nombre leur étoit contraire ;
les faits que j'ai obfervés font négatifs, & ceux
de Hunter pofitifs, & il eft clair que mille
faits négatifs ne peuvent détruire un fait pofi-
tif en fuppofant qu'il eft sûr ; je n'ai aucun mo-
tif de me défier de l'Obfervateur anglois, dont
le récit montre une ingénuïté & une candeur
qui font les filles de la vérité.

C C X X V.

Je ne perdis pas de vue l'idée de la digeftion
après la mort, mais je la confidérai fous un
autre point de vue, & je me difois ; fi les
fucs gaftriques confervent leur force digeftive
dans l'eftomac après leur mort, ils doivent auffi
diffoudre les alimens, de forte qu'en faifant manger un animal, & en le tuant d'abord après,
on pourroit voir fi les alimens fe diffoudront encore. Je fis donc jeûner une Corneille pendant

sept heures, son estomac étoit alors vuide ; je lui donnai des petits morceaux de chair de Bœuf, dont le poids total fut de cent quatorze grains ; elle les mangea tous, & ils descendirent d'abord dans l'estomac, parce que cet oiseau n'a point de gésier. Je la tuai sur le champ, & comme la saison étoit froide, je la mis dans une étuve, où elle resta pendant six heures : comme ce tems me parut suffisant pour l'action des sucs gastriques, j'ouvris son estomac dont la chair occupoit le fond, elle étoit pénétrée de sucs gastriques, & ramollie au point qu'elle cédoit sous le doigt qui la touchoit, quoiqu'elle eût la solidité de la chair de Bœuf quand elle fut avalée. Sa couleur rouge étoit fort pâle & son goût étoit amer, à l'exception des parties internes qui conservoient le goût de la chair ; elle ne pesoit plus que cinquante-deux grains après l'avoir essuyée avec un pinceau ; elle avoit donc été pendant six heures diminuée de la moitié. Un mucus cendré occupoit l'entrée du pilore, & pénétroit dans le duodenum jusqu'à un pouce, & ce mucus ne me parut que la portion de la chair qui avoit été dissoute.

Je donnai en même tems à une autre Corneille à jeun, depuis sept heures, une égale quantité de la même viande, mais je ne la tuai que deux heures & un quart après. La différence étoit très-grande dans les résultats ; dans celle-ci, la chair étoit entiérement digérée, à l'exception de quelques peaux membraneuses qui sont plus difficiles à digérer. Le mucus de cette Corneille étoit semblable à celui de la première, mais il étoit plus abondant, & il étoit defcendu davantage dans le duodenum. En rapprochant ces deux expériences, on trouve premiérement que la digeftion continue après la mort, mais en fecond lieu qu'elle eft alors beaucoup plus lente que pendant la vie de l'animal ; quoique la chaleur de l'étuve favorifât la digeftion de ma‑Corneille, elle fut toujours de dix degrés, & celle de la Corneille vivante étoit au-delà de trente.

C C X X V I.

JE tins dans la même étuve, pendant cinq heures, une autre Corneille tuée, après lui avoir fait avaler deux Lamproies mortes, du poids de cent douze grains ; en l'ouvrant, je ne trouvai dans fon eftomac qu'une Lamproie, mais elle étoit entiérement défaite, l'autre étoit dans le canal de l'éfophage où elle fe confervoit entière, mais molle & flafque ; cet accident me fit découvrir une vérité, c'eft que dans le tems que les fucs gaftriques produifent une digeftion très - fenfible, les fucs de l'éfophage n'en produifent aucune.

C C X X V I I.

JE répétai ces expériences en été, après les avoir faites en hiver ; je pouvois expofer alors les animaux tués à une plus grande chaleur. Je fis avaler à deux Corneilles de la chair de Veau broyée, & je les tuai d'abord ; je les pofai enfuite fur une fenêtre au foleil où elles reftèrent fept heures. J'ai fait voir l'influence de la chaleur fur les digeftions artificielles, §. CXLII. CLXXXVI. CCI. CCXVII ; elle fut la même

fur ces deux oifeaux. La chair qu'ils avoient
mangée pefoit foixante-huit grains, il n'en reftoit pas un atôme dans l'eftomac, elle étoit
entiérement diffoute & réduite en gelée ; la
plus grande partie s'étoit échappée par l'orifice
du pilore, & avoit pénétré dans le duodenum.

Ces expériences démontrent que les animaux, au moins l'efpèce fur laquelle j'ai fait
mes expériences, digèrent après la mort. Cependant, comme je veux examiner rigoureufement ce fujet, il m'a fallu lever une difficulté que je me fuis faite. Quelle que foit la
rapidité avec laquelle on tue les animaux quand
ils ont mangé, il s'écoule toujours quelques
momens entre celui où les alimens defcendent
dans l'eftomac, & celui où ils meurent, & les
fucs gaftriques peuvent agir alors fur ces alimens ; d'ailleurs ils agiront encore après leur
mort, pendant quelque tems, comme s'ils
étoient en vie, parce que la chaleur vitale n'eft
pas d'abord éteinte, de forte que la digeftion
dans les animaux morts pourroit bien être en
grande partie l'effet des fucs gaftriques qui agiffent avant la mort & quelque tems après. Il
étoit facile de réfoudre cette objeétion, en faifant defcendre dans l'eftomac d'un animal tué
& privé de fa chaleur, quelque portion d'aliment, & d'obferver enfuite ce qui arriveroit.
Je fis l'expérience fur une Corneille à qui je
fis avaler, une heure après fa mort, quarante-
deux grains de chair de vache, réduite en très-
petits morceaux ; j'ouvris la Corneille après
qu'elle fût reftée expofée au foleil pendant fept

heures. Mais je trouvai encore ici dans l'estomac & le duodenum, au lieu des petits morceaux de chair solide, la gelée de chair dont j'ai parlé. Il est donc clair que cette dissolution étoit l'ouvrage des sucs gastriques, qui agissoient indépendamment des forces vitales.

C C X X V I I I.

Je refis ces expériences sur un Duc & un Merle, que je tuai d'abord après leur avoir fait manger de la viande, & j'ouvris leur estomac sept heures après qu'ils furent restés dans un endroit chaud. La chair que je donnai au Merle étoit composée de trois morceaux, qui pesoient ensemble quatre-vingt-deux grains; celle que je donnai au Duc en un seul morceau pesoit demi-once & six grains. Je trouvai ces quatre morceaux dans les estomacs, mais ils étoient couverts d'une couche muqueuse, qui annonçoit la dissolution de la chair. Je pensai qu'en laissant plus long-tems la chair dans l'estomac des oiseaux morts, elle s'y digéreroit enfin, mais cela n'arriva pas, je répétai cette expérience sur deux autres oiseaux de la même espèce, avec les mêmes circonstances, pendant vingt-deux heures, & la dissolution ne m'en parut pas plus augmentée. Le Merle & le Duc répandoient pourtant une odeur putride en les ouvrant, mais la partie intérieure de l'estomac & les alimens qu'ils renfermoient étoient sans odeur.

C C X X I X.

Je voulois faire ces expériences sur différentes classes d'animaux pour pouvoir généraliser

davantage mes conféquences ; je fis des expériences fur les poiffons qu'on peut fe procurer à
Pavie, les Brochets, les Carpes, les Barbeaux,
les Tanches, les Anguilles, & je les employois
auffi-tôt qu'ils étoient morts ; j'introduifois par
la bouche différentes fubftances animales, comme des petits poiffons, des morceaux de chair
de veau ou de bœuf, des grenouilles & des
chenilles dans leur eftomac, & je les ouvrois
après un tems plus ou moins long. Les parties
de ces fubftances qui étoient reftées dans l'éfophage s'y confervoient fort entières & fort
faines, quelquefois celles qui étoient dans
l'eftomac fe confervoient de même ; mais le
plus fouvent elles s'y détruifoient en grande
quantité. Les grenouilles me firent obferver un
phénomène qui mérite d'être noté. Leur peau
qui eft affez tenace manquoit en plufieurs endroits fur-tout là où elle touchoit le fond de
l'eftomac, par-tout ailleurs, elle s'étoit ramollie
au point qu'elle fe déchiroit avec la plus grande
facilité. Les fucs gaftriques confervoient donc
dans les poiffons le pouvoir de digérer après
leur mort, mais ils avoient moins d'énergie
que les fucs gaftriques des oifeaux.

C C X X X.

LES quadrupèdes que je condamnois à la
mort pour ces expériences furent des Chiens
& des Chats, je les fis jeûner affez pour m'affurer que leur eftomac étoit vuide ; je leur donnai une quantité déterminée de viande, & je
les étranglai immédiatement après qu'ils l'eurent avaléè. Trois Chiens & trois Chats eurent

ce fort pendant l'été ; je laiffai deux des premiers & des feconds expofés au foleil pendant nenf heures , & j'expofai les deux autres à l'ombre pendant le même tems. La digeftion de la chair dans les Chiens & les Chats expofés au foleil fe manifeftoit en fe défaifant d'elle-même ; mais on n'obferva point cet effet d'une manière fenfible fur le Chien & le Chat expofés à l'ombre. Ces expériences confirment toujours davantage la néceffité de la chaleur pour la digeftion de plufieurs animaux.

C C X X X I.

J'AI fini ces expériences en cherchant fi la digeftion s'opéreroit dans un eftomac arraché à l'animal, cette expérience offre une variété qui méritoit d'être obfervée ; je la fis fur un Chat, une Corneille & un Duc. Je les fis manger légérement, & je coupai l'eftomac après en avoir lié les deux orifices, de manière que rien ne put en fortir ; je les expofai au foleil dans un vafe plein d'eau, pour empêcher leur deffication. Je les ouvris au bout de cinq heures & demie , & je vis bien que l'eau ne s'étoit point introduite dans l'eftomac. La chair étoit devenue fenfiblement muqueufe à fa furface, fur-tout celle qui avoit été dans l'eftomac des Corneilles & des Ducs, mais il s'en falloit bien que la diffolution fût auffi avancée dans ces eftomacs féparés du corps, comme dans ceux qui étoient dans les animaux en vie ; cela devoit arriver, car la privation de l'éfophage diminuoit la quantité des fucs qui fe filtroient dans l'eſtomac, & par conſéquent, la quantité du diſſoivant néceſſaire pour la digeſtion.

Je n'ai jamais vu, dans toutes ces expériences où j'ai tué l'animal après l'avoir fait manger, aucune déchirure dans l'eſtomac, comme j'en avois obſervé dans celles que j'ai entrepriſes pour vérifier celles d'HUNTER, §. CCXXIV. Seulement dans les premières, j'ai remarqué une légère excoriation vers le fond des eſtomacs, de même que dans ces dernières ; mais il faut dire que les tuniques de l'eſtomac ſouffrent moins dans ces animaux morts par l'action des ſucs gaſtriques que les chairs qu'ils ont avalées. J'ai encore fait cette expérience. Un Chien affamé mangea quelques morceaux de l'eſtomac d'un autre Chien, je le tuai ſur-le-champ, je le laiſſai neuf heures dans un lieu chaud ; ces morceaux d'eſtomac avoient ſouffert une altération très-ſenſible, mais je n'apperçus rien de ſemblable ſur les parois de ſon eſtomac, à l'exception d'une légère macération ſur la grande extrêmité où le ſeul attouchement avec la tunique la détachoit facilement & la diſſolvoit, & je comprends aiſément pourquoi l'eſtomac des cadavres n'éprouve pas la même diſſolution que les alimens qu'ils renferment, ceux-ci flottent dans l'eſtomac, où ils ſont enveloppés de toutes parts par le ſuc gaſtrique ; tandis que la ſurface ſeule extérieure de l'eſtomac en eſt baignée.

Si l'on pèſe toutes mes expériences rapportées dans les paragraphes CCXXV & ſuivans, on ne peut plus douter de la digeſtion qui s'o-

père après la mort pendant un tems donné , &
je fuis à cet égard d'accord avec l'Anatomifte
Anglois , mais je ne crois pas comme lui que
cette fonction foit indépendante de la chaleur ,
§. CCXXIII , & il me femble que je l'ai bien
prouvé.

DISSERTATION SIXIEME.

Les alimens fermentent-ils dans l'estomac ?

CCXXXII.

JE veux examiner à présent par le moyen de l'expérience, qui peut seule éclairer dans les recherches physiques, ce point sur lequel j'ai promis de faire des observaitons, §. CCXXI : pour savoir si les alimens subissent une fermentation dans l'estomac des animaux & de l'homme. Ce sentiment fut adopté universellement par les médecins de la dernière moitié du siècle passé, pendant lequel on expliquoit toute l'économie animale par les fermentations, comme la matière subtile étoit aussi la clef de tous les phénomènes, comme encore à présent on fait tout par le moyen des diverses espèces d'air. Ce sentiment fut cependant attaqué par plusieurs, & sur-tout par BOERHAAVE, qui trouva bientôt par ses expériences que ces fermentations étoient un jeu de l'imagination ; &, de toutes celles que les Médecins avoient fabriquées, il ne conserva que celle qui devoit s'opérer dans l'estomac, qu'il limita encore beaucoup, & qu'il ne regarda que comme imparfaite. Les alimens entrés dans l'estomac avoient, suivant ses idées, les conditions demandées pour fermenter. La salive, les sucs gastriques y jouoient le rôle de l'eau, le libre accès de l'air, l'eſtomac légérement fermé, la chaleur du lieu, la qualité des alimens eux-mêmes, naturellement fermenteſcibles. Ils devoient donc commencer à fermenter, & cela arrivoit, comme les vents qui ſortent par la bouche l'annoncent quand on a mangé, de même que le bruit qu'on entend quelquefois dans l'eſtomac : mais cette fermentation ne pouvoit s'achever à cauſe du ſéjour trop petit des alimens dans ce viſcère.

CCXXXIII.

DANS ce ſens-là ſeul, ſuivant BOERHAAVE & ſes diſciples, on peut dire que les alimens fermentent pendant la digeſtion, mais ce ſens a paru trop reſtraint à deux célèbres Médecins modernes, qui ont cru que la fermentation étoit entière, & qu'elle étoit le premier agent de la diſſolution & de la digeſtion des alimens. Je parle de Mrs. PRINGLE & MACBRIDE, qui, pour ſavoir ſi la fermentation a lieu, & comment elle agit, ſe ſont imaginés de faire opérer à la Nature, hors du corps de l'animal, ce qu'elle fait au-dedans de lui. Ayant donc préparé différentes ſubſtances végétales & animales qui ſervent à notre nourriture journalière; ils les plaçoient dans des vaiſſeaux, tantôt ſéparément & tantôt enſemble en les imprégnant de ſalive ou d'eau; ils plaçoient ces vaiſſeaux dans des endroits chauds, & ils en ſuivoient les changemens. Les réſultats furent que ces ſubſtances, après un tems plus ou moins long, commençoient à fermenter, que la fermen-

tation devenoit forte, qu'elle diminuoit, finiſſoit,
& que les matières décompoſées & défaites
acquéroient un goût doux. Ces matières, fer-
mentant, s'enfloient, devenoient plus rare, mon-
toient, avoient un mouvement inteſtin, laiſſoient
échapper pluſieurs bulles d'air qui s'élevoient à la
ſurface de la liqueur; d'abord, ces matières végétales & animales, qui avoient été au fond du vaſe,
ſurnageoient enſuite. PRINGLE fut le premier
à faire ces expériences que MACBRIDE varia;
ils en conclurent tous deux que la digeſtion
étoit l'ouvrage de la fermentation, & voici
comment ils l'expliquent. Les alimens diviſés
par la maſtication, & pénétrés par la ſalive,
doivent néceſſairement être agités d'abord dans
l'eſtomac, quand ils y ſont deſcendus, par le
mouvement inteſtin de la fermentation, que
la chaleur du lieu, les reſtes des vieux alimens,
la qualité fermentante du ſuc gaſtrique & ſur-
tout de la ſalive doivent fortement exciter. Ce
mouvement pouſſe d'abord à la ſurface des
fluïdes les parties ſolides des alimens, où ils
ſeront ſoutenus pendant quelque tems, à cauſe
des bulles d'air qui leur ſont attachées, mais
les alimens ſe précipiteront quands ils ſeront
diſſous & détruits, pour ſe confondre avec les
fluïdes de l'eſtomac. Cette confuſion ſera plus
intime & plus complette par l'agitation que produiront le mouvement périſtaltique, la preſſion
alternative du diaphragme & des muſcles de
l'abdomen, de même que la pulſation des gros
vaiſſeaux ſanguins environnans. Tel eſt l'état des
alimens lorſqu'ils entrent dans le duodenum &

dans les autres inteſtins grêles, où ils ſe changent par leur mélange avec la bile, le ſuc pancréatique, & ſur-tout par la fermentation qui
continue ; alors tous les alimens ſe changent
en un fluïde doux, nourricier, qui fermente
vivement ; on l'appelle le *chyle*. Sur cette théorie
de la fermentation, les deux Philoſophes anglois établiſſent une eſpèce de nouveau ſyſtême
très-utile pour la pratique, dans leurs idées que
PRINGLE a développé dans ſon *Appendix ſur
les ſubſtances ſeptiques & anti - ſeptiques*, &
MACBRIDE dans ſon *Eſſai d'expériences ſur la
fermentation des mélanges des alimens.*

C C X X X I V.

PLUSIEURS Phyſiciens ont été entraînés par
les Médecins anglois ; lorſque je lus leurs ouvrages, je n'avois fait encore que quelques obſervations ſur la digeſtion, & je commençois ſeulement alors à voir que le ſuc gaſtrique étoit le
vrai diſſolvant des alimens, par les digeſtions
opérées ſur les ſubſtances végétales & animales
dans des petits tubes avalés par les oiſeaux
gallinacés, §. XXXIX. XL. XLI. XLII. XLIII,
mais je n'étois pas ſûr alors qu'il n'y eût point
de fermentation dans le procédé de la digeſtion.
Il eſt vrai que, quoique le ſuc gaſtrique fût un
diſſolvant des alimens, il pouvoit auſſi agir ſur
eux par la fermentation, comme on l'obſerve
dans pluſieurs diſſolvans ; les alimens en ſe diſſolvant par l'action du ſuc gaſtrique pouvoient
éprouver un mouvement inteſtin dans le mêlange, & alors, ſi la fermentation n'étoit pas
la cauſe efficiente de la digeſtion, comme

PRINGLE & MACBRIDE le prétendent , §. CCXXXIII , elle en étoit une compagne. Aussi , pour éclaircir ce fait, je fis d'autres expériences ; & comme leur théorie est fondée sur les fermentations des matières végétales & animales opérées dans des vases , je pensai d'abord à mettre dans plusieurs petites bouteilles de verre , tantôt du pain , de la chair & de la salive , tantôt de l'eau , de la chair & du pain , ce qui formoit les principaux mélanges dans lesquels PRINGLE & MACBRIDE ont observé la plus vive fermentation. Je fermai légérement ces petites bouteilles , & je leur fis éprouver une chaleur de vingt à vingt - quatre degrés ; c'étoit le moment de l'ardeur de l'été. Les mélanges commencèrent à fournir des bulles d'air, les uns plutôt, les autres plus tard , & elles augmentèrent au point de former un voile blanc & écumeux , qui dura tant que les bulles s'élevèrent. La masse s'étoit alors gonflée , de manière qu'elle touchoit les bouchons dans quelques vases. Le mouvement intestin étoit très-sensible ; les matières végétales & animales, devenues plus légères que le fluïde où elles étoient , par l'air qui les environnoit & la dilatation qu'elles éprouvoient , surnageoient. Voilà des signes sûrs de fermentation, & je m'accordois en ceci parfaitement avec Mrs MACBRIDE & PRINGLE.

C C X X X V.

MAIS je ne pouvois penser comme eux , lorsqu'ils assuroient que cette fermentation s'opéroit de même sur ces substances végétales &

animales dans l'eftomac. J'avois différentes raifons pour fufpendre mon jugement. Le féjour
des alimens dans l'eftomac eft trop court pour
y completter leur fermentation, comme BOER-
HAAVE l'avoit obfervé, §. CCXXXII ; mais fi
la falive pouvoit favorifer la fermentation, il
ne s'enfuivoit pas de-là que le fuc gaftrique
eût la même propriété ; car puifqu'il eft en
partie compofé de falive avec d'autres fluïdes
qui en forment un troifième, il doit avoir des
qualités particulières. Combien de fois n'ai-je
pas prouvé l'action diffolvante des fucs gaftriques, & jamais la falive ne me l'a fait remarquer ? J'ai montré, encore, que les chairs enfermées avec le fuc gaftrique ne font point fu-
jettes à la pourriture, & je confirmerai ce fait
avec plus de force, tandis que les chairs mifes
dans la falive y pourriffent plus vîte que dans
l'eau. Tels étoient les motifs qui me faifoient
repouffer les idées de PRINGLE & de MAC-
BRIDE. Avant d'établir que les fermentations
qu'on obferve dans les vafes s'opèrent également dans l'eftomac de l'homme & des animaux, j'aurois fouhaité que les deux Médecins
euffent fait des expériences femblables fur les
fucs gaftriques ; car, comme on fait que le
repos eft néceffaire pour la fermentation, on
fait auffi que ce repos ne fe trouve pas dans
l'eftomac, comme dans les vafes, & qu'on ne
peut l'avoir à caufe du mouvement des animaux
& de celui de l'eftomac. Enfin, quand la fermentation eft commencée, elle devroit être
d'abord fufpendue par la nouvelle falive & les

nouveaux fucs gaftriques qui pleuvent fans ceffe dans l'eftomac ; on a déja fait ces deux objections à PRINGLE & à MACBRIDE, mais on n'a fait aucune expérience pour les vérifier. J'ai entrepris ces expériences méprifées, afin de trancher la queftion, & j'ai eu la commodité de les faire en continuant celles que j'avois entreprifes fur la digeftion.

C C X X X V I.

J'AI parlé plufieurs fois des digeftions artificielles opérées fur la chair, le pain & d'autres corps plongés, pendant un tems donné, dans les fucs gaftriques, je pouvois facilement voir fi ces diffolutions s'opéroient par la fermentation, & j'affure fermement que je n'ai jamais mêlé ces corps avec le fuc gaftrique, fans examiner fcrupuleufement ce qui fe paffoit : voici quelle a été l'iffue de ces obfervations. Lorfque les vafes où fe faifoit l'opération reftoient parfaitement tranquilles, après quelques heures, je voyois fortir du mêlange quelques bulles d'air, rares d'abord & très-petites, mais enfuite plus groffes & plus nombreufes ; elles adhéroient fortement aux corps végétaux & animaux, qui en devenoient plus légers, & qui furnageoient les fucs gaftriques. Cet air fortoit peut-être hors des corps où il s'étoit emprifonné, dont la chaleur le chaffoit, ou bien il s'échappoit des corps eux-mêmes qui fe diffolvoient, comme PRINGLE & MACBRIDE l'imaginent, ou bien ces deux caufes cóncouroient à le faire paroître, ce qui me femble plus vraifemblable. Ces corps végétaux & ani-

maux ou tomboient enfuite à fond, ou conti-
nuoient à furnager, & fe diffolvoient peu-à-peu,
mais je n'ai jamais apperçu le moindre mouvement inteftin, ce qui arrivoit toujours fi je fubf-
tituois dans le mêlange la falive aux fucs gaftriques. Si j'agitois ces vafes légérement, fur-tout
quelques heures après avoir fait l'infufion, les
bulles d'air qui paroiffoient étoient rares, &
les fubftances végétales & animales ne furnageoient jamais alors, quoiqu'elles fuffent diffoutes par les fucs gaftriques, comme celles qui
reftoient en repos; & quoique j'aie répété quatorze fois cette expérience avec différens fucs
gaftriques, je n'ai jamais trouvé de différence
dans mes réfultats. Il fuit donc de-là que je ne
pouvois regarder non-feulement la fermentation comme une des caufes efficientes des digeftions artificielles, mais qu'il étoit impoffible
de foupçonner qu'elle concourût pour les produire : de nouvelles expériences, combinées
autrement, me confirmèrent dans cette opinion. J'ai parlé de l'abondance du fuc gaftrique
des Corneilles, de la facilité avec laquelle il
fe reproduit, & de la promtitude de la digeftion dans celles qui font dans le nid, §. LXIX.
LXXXIII. Entre les différentes expériences que
j'ai faites hors du corps de ces animaux, avec
leurs fucs gaftriques, j'en entrepris quelques-
unes, & j'obfervai que le fuc peut fe renouveller dans les petits vafes comme dans leur
eftomac. Pour cela, je rempliffois, jufqu'à une
certaine hauteur, quelques larges tubes de
verre que je tenois verticaux; dans la partie

supérieure, je plaçai un entonnoir où je verfai
du fuc gaftrique, qui paffoit dans les tubes
goutte à goutte, en s'échappant par un trou
très-petit; l'extrêmité inférieure des tubes étoit
fermée négligemment, afin qu'il pût s'écouler
par en-bas autant de fuc qu'il y en arrivoit par
l'entonnoir fupérieur; cette préparation étant
faite, je plongeai dans le fuc gaftrique des tubes un morceau de chair ou de pain que les
Corneilles digèrent très - bien, & je variai les
expériences de manière que ces alimens différens fe trouvoient ou réunis ou féparés. Les
uns & les autres fe diffolvoient ainfi avec une
étonnante rapidité; il eft vrai que la chaleur
de l'atmofphère étoit forte, & cela étoit néceffaire, parce que ce fuc fe renouvelloit toujours. Quoique les tubes fuffent toujours tranquilles, il s'éleva un très-petit nombre de bulles
d'air hors du mêlange, & je n'y apperçus pas
le moindre mouvement inteftin; la chair & le
pain, plongés dans le fuc gaftrique, tombèrent
au fond, & n'en bougèrent pas; ils s'impré-
gnoient du fuc qui fe renouvelloit & fe diffolvoit. La digeftion s'acheva fans aucun des caractères qui accompagnent la fermentation.

C C X X X V I I.

Si la digeftion fe fait fans fermentation hors
du corps, il paroît prefque fûr qu'elle n'a pas
lieu dans l'eftomac. Cependant, pour l'affurer
fans replique, il falloit voir ce qui fe paffoit
dans l'eftomac vivant quand il digère. J'employai pour cela quatre Poules du pays, que
j'avois fait jeûner pendant douze heures; je

leur fis manger du froment, & au bout de
cinq heures j'ouvris l'estomac de deux sans les
tuer, & j'observai cette méthode pour les expériences suivantes, afin d'éviter l'effet que la
mort auroit pu produire. La cavité de ces deux
estomacs étoit pleine de morceaux de grains
de froment en partie rompu, avec une pâte
farineuse & demi - fluïde, confusément mêlée
avec ces débris. Quoique j'observasse soigneu-
sement, à l'œil nud & avec la lentille, cette
bouillie, je n'apperçus pas le moindre signe
de fermentation, elle étoit parfaitement tranquille & sans bulles d'air. J'attendis trois autres
heures, avant d'ouvrir l'estomac des deux autres Poules, pour voir si l'on n'observoit pas à
la fin de la digestion ce que je n'avois pu observer au commencement. Mais alors la pâte
farineuse étoit plus pénétrée de sucs gastriques,
& la plus grande partie des grains n'offroit plus
que l'écorce, mais je n'y vis encore ni mouvement intestin ni bulles d'air.

C C X X X V I I I.

JE refis ces expériences sur des animaux à
estomac moyen, sur trois Corneilles cendrées
encore dans le nid, deux heures après les avoir
rassasiées toutes trois de chair de Vache; j'ouvris l'estomac d'une. La chair en étoit à moitié
défaite, mais je n'y pus appercevoir aucune
apparence de fermentation; il en fut de même
pour les deux autres Corneilles, dont j'ouvris
l'estomac une heure & trois quarts après; la
digestion étoit cependant complette, il n'y
avoit dans l'estomac qu'un fluïde assez dense,

d'une couleur grife, compofé de chair diffoute & de fuc gaftrique.

Les animaux à eftomac membraneux, fur lefquels je fis ces expériences, furent un Hibou, quelques Chiens, quelques Chats, quelques Couleuvres aquatiques & terreftres ; je fis toujours mes obfervations dans trois tems différens, lorfque la digeftion commençoit, quand elle étoit plus avancée & à fa fin. Mais je ne vis rien dans tous ces eftomacs qui pût me faire foupçonner la plus légère fermentation. Seulement dans l'eftomac d'un Chien & d'un Chat, j'obfervai quelques bulles d'air mêlées avec les alimens digérés, mais je n'apperçus pas le moindre mouvement inteftin. Comme le Serpent digère très-lentement, il étoit un animal propre à faire voir les progrès de la fermentation, parce que les alimens féjournent long-tems dans fon eftomac, mais il ne m'a rien fait voir de plus que lès autres animaux. Ces faits m'ont forcé d'abandonner le fentiment de PRINGLE & de MACBRIDE, & même de BOERHAAVE, qui admet un principe de fermentation, & qui le fonde fur les vents qui s'échappent hors de la bouche quand on mange, §. CCXXXII, mais ces vents pourroient bien moins être l'effet d'une fermentation commencée que de la fimple chaleur de l'eftomac, qui en raréfiant l'air mêlé avec les alimens, le force à fortir par en haut.

C C X X X I X.

LES Chymiftes modernes établiffent trois degrés de fermentation, la *vineufe*, l'*acide* & la *putride* ; elles confiſtent dans un mouvement inteſtin qui ſe produit de ſoi-même , par le moyen de la chaleur & d'une certaine humidité dans les parties intégrantes de certains corps (1) ; comme on n'apperçoit pas ce mouvement dans les alimens qui ont ſéjourné dans l'eſtomac , il faut en conclure qu'ils n'éprouvent aucun des trois degrés de la fermentation.

Il me reſte à examiner ſi la digeſtion eſt unie à un principe acide, ſuivant l'idée de quelques-uns, ou à un principe putride , ſuivant d'autres. Voici les faits qui ſemblent favoriſer & l'un & l'autre de ces principes. Les partiſans du principe acide citent les vents & les vomiſſemens acides qui s'échappent hors de l'eſtomac humain , l'odeur déſagréablement acide qui s'exhale de l'eſtomac de divers oiſeaux , ſur - tout des granivores , de même que des animaux ruminans , la ſaveur acide des tuniques internes qui ſervent de parois à leur eſtomac , la diminution de volume des corps ſéjournés dans l'eſtomac des hommes & des animaux , & qu'on croit opérée par la corroſion de quelque acide : on peut trouver ces exemples & d'autres ſemblables dans les Phyſiologiſtes modernes , & ſur-tout dans les ouvrages du Baron HALLER.

C C X L.

LA grande quantité d'eſtomacs que j'ai ouverts m'a fourni les moyens de traiter ce ſujet. A l'égard des animaux purement carnivores , tels que les oiſeaux de proie & les Serpens ,

---

(1) MAQUER , Dict. de Chymie , art. Fermentation.

les alimens qu'ils ont mangé n'ont jamais eu, pendant tout le tems de la digestion, ni le goût ni l'odeur acides ; je l'ai observé de même sur les Poiffons & les Grenouilles. Quant aux omnivores, comme les Corneilles, lorfqu'elles avoient mangé de la chair, elles offroient les mêmes réfultats que les carnivores ; mais fi je les nourriffois avec des végétaux, & fur-tout avec du pain, la bouillie de leur eftomac faifoit fentir à la pointe de la langue un goût légérement acidule ; j'ai obfervé la même chofe deux fois fur des Chiens, & plus fouvent dans les animaux herbivores, les Brebis & les Bœufs, comme dans ceux qui font herbivores & granivores en même tems, tels que les oifeaux gallinacés ; mais dans ceux-ci, les alimens tombés dans l'eftomac, & ceux qui étoient dans le géfier, avoient la même acidité. J'en donne quelques exemples dans la troifième Differtation, §. CXXXIX. CXL. CXLI. CXLIII. Enfin, pour ce qui regarde l'homme, je dirai ce qui m'eft arrivé : je mange des fraifes à dîner & à fouper, pendant tout le mois de Mai & une bonne partie de celui de Juin, & je les affaifonne avec du fucre & du vin blanc. Pendant le jour, ce fruit ne m'incommode pas, mais il n'en eft pas toujours de même pour le foir ; mon fommeil eft quelquefois troublé par ce mêlange de vin & de fraifes, qui fe foulève hors de l'eftomac, & fe porte jufqu'à la bouche, où il laiffe, pendant quelques minutes, un goût très-défagréablement acéteux. Cet accident ne m'empêche pas de reprendre mon fommeil

tranquillement , & de faire une bonne digeftion ; j'ai éprouvé plufieurs fois la même fen-
fation quand j'ai eu mangé trop de fruit d'au-
tomne & d'été , & ceci s'accorde avec ce que
la plupart des hommes ont fenti ; il n'y en a
aucun qui n'ait trouvé quelquefois de l'acidité
à ce qu'il avoit déja mangé ou bu.

C C X L I.

OUTRE les preuves d'un principe acide ,
trouvé quelquefois dans certains animaux &
dans l'homme lui-même , & fournies par le
goût, je youlus favoir fi l'on pourroit s'affurer
de fon exiftence par les effets, comme la corrofion de certains corps , tels que les matières
calcaires. J'employai de petits morceaux de
corail & de coquilles , fur lefquels les acides
ont tant de prife. J'en fis avaler à mes oifeaux
carnivores , ils les vomirent fuivant leur coutume , mais ils n'avoient changé ni de couleur
ni de poids , il eft vrai que l'eftomac de ces
oifeaux n'avoit donné aucun indice d'acidité.
J'en fis avaler de même à des gallinacés , dont
l'eftomac annonçoit quelquefois un peu d'acidité ; c'étoient une Poule de notre pays & une
Poule - d'Inde , je les tuai un jour après. Ces
corps avoient été fortement rongés , les coraux
étoient réduits en morceaux ; mais un moment
de réflexion me fit bientôt fentir que mon expérience étoit douteufe, parce que la corrofion
pouvoit auffi bien être produite par la force
triturante que par l'acidité des fucs : pour vaincre cette difficulté , je mis donc les matières
calcaires dans de gros tubes de métal que je

fis avaler à ces oiseaux ; & après avoir répété
cette expérience sur ces deux espèces de Poule,
je trouvai toujours 1°. que les morceaux de
corail & de coquilles avoient diminué de poids,
mais d'une quantité si petite qu'elle n'égaloit
pas trois ou quatre grains : 2°. que la surface
des uns & des autres commençoit à s'amollir :
3°. qu'ils se noircissoient, mais sur-tout le corail. Pendant que je tenois ces matières calcaires dans l'estomac des oiseaux gallinacés,
j'en tenois aussi dans du vinaigre affoibli par
l'eau ; & comme je vis dans tous les deux des
effets analogues sur les matières calcaires, &
sur-tout leur noirceur, je crus pouvoir en conclure que les phénomènes observés dans l'animal
avoient la même cause. Je fis la même expérience sur moi-même, j'avalai des tubes remplis
de matières calcaires, & je les couvris de toile
pour empêcher l'action des excrémens sur elles.
Ils sortirent tous heureusement. Quand je m'é-
tois nourri de viande avec un peu de pain, les
coraux & les coquilles étoient intacts , &
avoient leur couleur ; mais quand je me nourrissois de légumes & de fruits, le plus souvent,
mais ce ne fut pas toujours, les coquilles avoient
un peu diminué de poids, & leurs couleurs
s'étoient un peu voilées. Tous ces faits prouvent la présence d'un principe acide dans l'estomac de l'homme & des animaux, quoiqu'il ne
soit pas constant, & qu'il dépende de la qualité
des alimens.

C C X L I I.

Mais je dois avertir que ce principe acide

s'évanouit bientôt dans les alimens. Je donnai
à plufieurs oifeaux gallinacés, dans le même
tems, la même efpèce de pain que j'ai dit,
qui s'aigriffoit quelquefois, §. CCXL. Je vifitai
leur eftomac en différens tems, c'eft-à-dire,
deux heures, trois, trois & demi, quatre &
cinq, après les avoir fait manger. Je trouvai
que tant que le pain confervoit de la confiftance, il laiffoit appercevoir quelquefois cette acidité ; mais que dès qu'il étoit réduit en chyme,
& qu'il fe digéroit, il n'avoit plus aucune acidité, & je n'en ai jamais trouvé aucune trace
dans le pain qui avoit paffé dans le duodenum.
J'ai fait fur moi l'obfervation fuivante.

Quand je fus réveillé par le goût défagréa-
blement acide que me donnoient les fraifes que
j'avois mangées, §. CCXL, je reftai deux fois
éveillé, je n'éprouvai plus ce vomiffement,
mais j'eus quelques vents acides qui ceffèrent
enfin ; & quoique j'éprouvaffe un poids fur l'eftomac, qui me fit connoître que la digeftion
n'étoit pas finie, cependant les vents que j'a-
vois encore n'avoient pas la moindre odeur
acéteufe.

C C X L I I I.

Quelles font les caufes de cette acidité
éprouvée quelquefois dans l'eftomac ? Peut-être
naît-elle des fucs gaftriques, ou plutôt des
alimens eux-mêmes qui tendent à devenir acéteux ? Je le crois d'autant plus, que ce principe
acide ne fe manifefte pas dans tous les alimens,
je ne l'ai jamais pu découvrir dans les viandes ;
& s'il étoit effentiel au fuc gaftrique, ce fuc
devroit

devroit le communiquer à tous les alimens qu'il pénètre ; d'ailleurs, quand je mangeai des végétaux, le principe acide se développoit dans mon estomac, ce qui n'arrivoit pas quand je me nourrissois de viande, & ce principe disparoît au moment que la dissolution est achevée, §. CCXLII. Enfin, si l'on met dans des tubes du pain fait pour s'aigrir, quand les Corneilles ont vomi ces tubes quatre ou cinq heures après les avoir avalés, & lorsque le pain est imprégné de suc gastrique, alors l'acidité est changée en douceur.

C C X L I V.

MALGRÉ ces preuves qui semblent ôter toute acidité aux sucs gastriques, & établir que l'acidité des alimens est un effet de leur nature, qui tend à l'acescence quand ils sont dans un lieu chaud, tel que l'estomac, sera-t-on convaincu que ces sucs ne sont pas acides ? Bravera-t-on l'opinion de tous les Médecins ? Eh bien, voici encore l'analyse chymique de ces sucs ; il n'est aucun des animaux sur lesquels j'ai fait des expériences, dont je n'aie voulu éprouver le suc gastrique dans l'état de pureté que j'ai décrit, §. LXXXI. CCXV.

Je le faisois tomber tantôt sur l'huile de tartre par deliquium, tantôt sur l'acide du nitre & du sel marin, mais je n'y appercevois aucun changement de couleur, aucun mouvement, aucune effervescence, d'où je commençai à conclure que les sucs gastriques des animaux & de l'homme n'étoient ni acides ni alkalins, mais neutres. Je voulois les soumettre à l'action du feu, au moins ceux dont je pouvois me procurer la plus grande quantité, comme celui de Corbeau. Je priai mon illuſtre ami & collègue, M. le Conſeiller Scopoli, de faire cette analyſe, que ſon profond ſavoir en Chymie & ſes inſtrumens lui rendoient plus facile qu'à moi. Il céda à mes prières, & il me donna ces réſultats.

Analyſe chymique du ſuc gaſtrique des Corbeaux.

La liqueur eſt trouble, ſa couleur un peu obſcure ; en l'agitant dans le vaſe, elle donne une odeur déſagréable.

En la triturant avec la chaux vive ou le ſel de tartre, elle a une odeur urineuſe & fétide.

Elle ne fait aucune effervescence avec les acides du nitre, du ſel marin & du ſoufre, elle colore un peu en verd le ſyrop violat.

Deux dragmes de ce ſuc, expoſées à un feu lent, laiſsèrent deux grains d'une ſubſtance dont la couleur étoit obſcure, qui s'humectoit à l'air ; ce réſidu a une mauvaiſe odeur, mais il ne fait aucune effervescence avec les acides.

Je paſſai enſuite à ſa diſtillation, mais je filtrai avant la liqueur pour en ôter ce qui la troubloit, elle laiſſa ſur le filtre une matière obſcure qui ſe changea, par la deſſication, en une poudre de la couleur des noix, dont le goût étoit un peu ſalin & amer. Cette poudre peſoit trois grains, elle ne faiſoit point effervescence avec les acides.

L'eau qui paſſa peu-à-peu dans le récipient fut diviſée en cinq parties : la première avoit un goût & une odeur un peu empyréumatique; dans la ſeconde l'odeur & le goût étoient plus forts, la troiſième, la quatrième & la cinquième reſſembloient à la ſeconde, avec cette différence que la dernière avoit une odeur plus empyréumatique que les autres.

Le ventre de la cornue étoit couvert d'une ſubſtance blanche & ſaline, qui donnoit une odeur urineuſe & fétide en la triturant avec la chaux vive ; dans le fond on trouvoit une matière d'une couleur obſcure, elle étoit tenace & ſemblable à un extrait, ce réſidu ne faiſoit aucune efferveſcence avec les acides. Son odeur étoit empyréumatique, ſon goût ſalin, amer & nauſéabond. La nature de ce ſel n'eſt ni acide ni alkaline, puiſqu'il ne fait efferveſcence ni avec les acides, ni avec les alkalis. Si l'on en jette quelque peu ſur l'huile de tartre, par défaillance, & qu'on les mêle, on a une odeur urineuſe, très-pénétrante ſemblable à celle de l'eſprit de ſel ammoniac.

Ces expériences apprennent que le ſuc gaſtrique ſain eſt compoſé 1°. d'une eau pure : 2°. d'une ſubſtance animale, ſavoneuſe & gélatineuſe : 3°. d'un ſel ammoniacal compoſé d'alkali volatil & de l'acide du ſel marin : 4°. d'une matière terreuſe, ſemblable à celle qu'on trouve dans toutes les liqueurs animales.

La ſubſtance ſavoneuſe, changée par le feu, donne une odeur mauvaiſe & empyréumatique, le ſel ammoniac s'y trouve enveloppé.

T 2

La matière saline ammoniacale ne fait aucune effervescence avec les acides & les alkalis ; c'est un sel neutre, il est enveloppé dans la matière savoneuse, tenace & empyreumatique : il ne faut pas s'étonner si l'on ne peut pas la séparer & la sublimer, comme le sel ammoniac, qui n'est enchaîné par aucun corps étranger.

Dans l'examen que j'ai fait du suc gastrique, on voit la dissolution d'argent, par l'acide nitreux, précipitée en lune cornée par ce suc, ce qui annonce qu'il contient du sel marin ; mais en voyant que ce sel est ammoniacal, il faut dire que l'argent dissous dans l'acide nitreux ne se sépare que par l'affinité qu'il a avec l'acide marin, qui est beaucoup plus grande que celle de l'alkali volatil avec l'acide même.

Je souhaiterois que vous fissiez les mêmes expériences sur le suc gastrique des animaux qui ne se nourrissent que de végétaux, parce que s'il donnoit le sel ammoniac, il faudroit reconnoître que le sel marin est produit par les forces vitales, & l'on pourroit soupçonner que l'acide marin est un produit des animaux qui habitent la mer. Voilà une conjecture, & les expériences que j'ai pu faire sur le suc gastrique, pour vous témoigner ma considération & le desir de vous être utile. Votre très-humble & obéissant serviteur, Scopoli.

Je quittai Pavie, après avoir reçu cette lettre de mon cher Collègue, & je ne pus répéter l'expérience qu'il m'indiquoit sur le suc gastri-

que d'un animal frugivore. Mais cette efpèce
de Corneilles, dont le fuc gaftrique avoit été
analyfé, me fournit des lumières fuffifantes
pour croire que le fel ammoniacal ne dépendoit pas des alimens, mais de l'action des forces vitales. Je nourris, uniquement, pendant
quinze jours, cinq Corneilles noires avec des
végétaux, & je tirai, par le moyen de mes
éponges, dans le dernier jour, affez de fuc
gaftrique qui ne me parut point avoir de rapport avec les alimens du règne animal, puifque
les Corneilles avoient été privées de viande
depuis fi long-tems. Je fis avec ce fuc les expériences indiquées, & je trouvai qu'il n'étoit
ni acide ni alkali, qu'il étoit falé; & que fi on
le verfoit goutte à goutte fur une diffolution
d'argent par l'acide du nitre, on avoit un précipité de lune cornée. Je pouvois donc croire
que ce fuc foumis à la diftillation auroit fourni
le même fel ammoniacal, & que l'acide marin
étoit le produit des forces vitales. Quoiqu'il en
foit du foupçon de M. SCOPOLI, que l'acide
marin du fel marin eft un produit des habitans
de la mer, ce qui ne fait rien à mon but, il eft
certain, par les expériences de ce célèbre Chy-
mifte & par les miennes, que le fuc gaftrique
des animaux n'eft point acide & prefque point
alkalin, mais neutre.

C C X L V.

MON goût naturel pour le vrai me force
à faire connoître les raifons de ceux qui croient
que les fucs gaftriques recèlent un acide que
les procédés chymiques ne fauroient dévelop-

per. On sait qu'une petite quantité d'acide fait cailler le lait, on sait avec quelle facilité le lait se caille dans l'estomac des animaux, sur-tout des veaux qui tettent, & comme l'on ne peut attribuer cela, chez eux, à l'acide des alimens végétaux, il faut que ce soit l'effet d'un acide enveloppé dans les sucs gastriques ; & comme ces sucs baignent la tunique intérieure de l'estomac, il ne faut pas s'étonner si cette tunique intérieure conserve en certains animaux la qualité de cailler le lait, lorsqu'elle est séparée de l'estomac ; aussi, lorsque les cuisiniers manquent de présure, ils enlèvent la tunique intérieure de l'estomac de quelque oiseau gallinacé, & après l'avoir lavée, ils en imprégnent de l'eau & la réduisent en petits morceaux, & ils opèrent avec cette eau ce qu'ils auroient fait avec la présure.

Je répétai ces expériences, je pilai ces tuniques d'une Poule dans un mortier avec l'eau pure, l'eau se troubla, je la mêlai avec du lait, & au bout d'une heure & demie il fut entiérement caillé ; les tuniques des estomacs d'autres oiseaux gallinacés, employées de cette manière, telles que celles des Chapons, des Poules d'Inde, des Oies, des Canards, des Pigeons, des Perdrix, des Cailles, produisirent le même effet, & je suis parvenu à voir que les tuniques des estomacs moyens agissent de la même manière sur le lait qu'ils caillent, & je m'en suis assuré par le moyen des Corneilles, des Hérons, des oiseaux de proie, des Lapins, des Chiens, des Chats, de quelques reptiles & des poissons à écailles. Les tuniques que j'employai étoient fraîchement détachées de leur l'estomac ; j'attendois qu'elles fussent séchées, j'employai sur-tout celles des oiseaux gallinacés, parce qu'étant presque cornées, elles se sèchent plus vîte & se brisent mieux. Je les employai comme les fraîches, & les résultats furent semblables; il étoit égal que ces tuniques fussent restées longtems dans leur état de sécheresse, au bout de trois ans elles ont fort bien fait cailler le lait, & il est indifférent pour produire cet effet d'en saupoudrer le lait lorsqu'elles sont réduites en poudre.

C C X L V I.

Mais la tunique intérieure de l'estomac a-t-elle seule le pouvoir de faire cailler le lait? J'ai fait des expériences sur la tunique nerveuse, mais elle n'a pas autant d'énergie que l'intérieure; soit qu'on sature l'eau avec de petits morceaux de cette tunique, soit qu'on mêle ces petits morceaux avec le lait, on voit le lait se cailler un peu plus lentement, il est moins solide qu'avec la tunique intérieure. Les deux autres tuniques des estomacs des oiseaux gallinacés, la musculeuse & la cellulaire n'ont pu faire cailler le lait; de sorte que c'est la tunique interne qui a véritablement cette propriété, & qui la donne peut-être à la tunique nerveuse par la liaison étroite qui se trouve entr'elles.

C C X L V I I.

Mais cette propriété de faire cailler le lait appartient-elle à cette tunique interne, ou, la doit-elle aux sucs gastriques qui la baignent?

Je fuis fort porté à croire ce fecond cas, parce que les fucs gaftriques caillent très-promtement le lait & tous ceux que j'ai éprouvé; m'ont paru avoir cette vertu, foit qu'il fut exprimé hors de mes petites éponges, ou recueilli dans l'eftomac, ou foutiré du corps glanduleux & des petites bouches des artérioles qui couvrent ce vifcère. Il n'importe pas même pour cela que le fuc foit frais, il a produit cet effet au bout de deux mois.

C C X L V I I I.

Mais afin que les fucs gaftriques puiffent faire cailler le lait, ne faut-il pas qu'ils aient une acidité cachée : comme cette acidité échappe aux efforts des Chymiftes, il faudroit pour pouvoir l'admettre qu'elle fut une conféquence néceffaire de l'effet produit dans le lait qu'il caille, comme quelques-uns le croyent avec M. Maquer, qui prétend que les fubftances végétales & animales ne caillent le lait que par un acide qu'ils ont ou enveloppé ou développé.

Ils fondent leur opinion fur l'expérience, qui apprend que les acides feuls ont le pouvoir de cailler véritablement le lait; mais je leur répondrai, qu'ayant éprouvé avec les fucs gaftriques d'autres matières animales, j'ai trouvé que fi quelques-unes ne peuvent le faire cailler d'autres y réuffiffent fort bien. Ainfi, par exemple, le fang ou le fiel d'un Coq-d'Inde mêlés avec le lait ne le font point cailler; mais des petits morceaux du foie ou du cœur ou du poumon du même oifeau, jettés dans le lait,

le condenfent; & je fuis fûr de cette expérience, parce que je l'ai faite plufieurs fois
avec le même fuccès quoiqu'avec les parties
nommées de divers autres Coqs-d'Inde, d'où il
faut conclure que fi l'acidité eft la caufe qui fait
cailler le lait, cette acidité fe trouve dans le
cœur, le foie & les poumons. Je fais que plufieurs Chymiftes croient qu'il exifte dans les
parties animales, & fur-tout dans le fang, un
véritable acide, contre l'opinion de BOERHAAVE
& de fes difciples ; mais je ne comprends pas
pourquoi le fang tiré de tant d'animaux ne fait
pas cailler le lait. Je ne décide rien, cependant,
fur cet acide caché. Le lait que j'ai employé
dans mes expériences, étoit du lait de brebis,
& fur-tout de vache ; mais comme on fait qu'ils
fe caillent d'eux-mêmes au bout d'un certain
tems, qui varie fuivant la chaleur, je laiffois
toujours une partie du lait en expérience fans
y rien mettre ; mais s'il fe coaguloit très-vîte
lorfque j'y mettois de la tunique interne de l'eftomac & fans aucun indice d'acidité, il ne fe
coaguloit que très-tard lorfque je n'y mettois
rien, même au bout d'un ou de plufieurs jours
quand il faifoit froid, & il avoit un goût acide;
cette précaution qu'il étoit néceffaire d'employer
devoit auffi être indiquée.

C C X L I X.

MAIS il eft tems d'examiner l'opinion de
ceux qui croyent que la digeftion eft accompagnée d'un principe putride. Voici les faits
fur lefquels ils s'appuyent, & qu'HALLER a

réuni dans sa physiologie (1). L'estomac de la
Hyene & du Serpent répandent une odeur
puante. Le souffle du Lion, de l'Aigle, &
quelquefois des Chiens, lorsqu'ils ont pris de
l'opium est désagréable. Un autre Chien qui
n'avoit point pris d'opium répandoit une odeur
excrémentitielle ; les alimens dans l'estomac
des oiseaux prennent cette odeur; on a remarqué
la même chose dans les poissons, & sur-tout
dans le Chien de mer, dont l'estomac étoit
rempli par une gelée fétide, dans laquelle les
alimens étoient dissous. Les alimens deviennent quelquefois putrides dans l'estomac humain. Les substances végétales & animales se
corrompent par un long séjour dans l'estomac,
comme on s'en apperçoit par leur odeur, par
la couleur verte qu'ils donnent à la teinture des
mauves, & par les principes alkalins qu'ils
fournissent par la distillation. HALLER, après
ce récit, fait connoître ses idées ; il croit qu'il
y a un commencement de putréfaction, qui ne
s'achève que lorsque les alimens sont forcés
de séjourner dans l'estomac, comme dans les
cas qu'il a racontés. Il prétend que les changemens subits par les alimens dans l'estomac les
approchent davantage de l'état putride que de l'a-
cide, comme il paroît par l'odeur légérement putride des viandes trouvées dans l'estomac de
quelques animaux, quoiqu'elles soient bien digérées (1). Cette opinion fût adoptée d'abord
par BOERHAAVE (2) ; elle est défendue au-

---

(1) Tome VI.   (2) *ibid.*   (3) Chym. T. II.

jourd'hui par deux François célèbres (1), Gardane (2) & Maquer.

C C L.

Ces faits ne me paroiſſent point propres à
perſuader un Philoſophe, ils ſont accidentels,
& n'ont pas même été ſérieuſement examinés.
J'ai voulu ſuppléer à cela, quoique le tems pour
la digeſtion ne ſoit pas fixé, & qu'il varie ſuivant les différentes eſpèces d'animaux ; nous
ſavons qu'il ne s'étend pas au-delà de cinq ou
ſix heures dans le plus grand nombre, & qu'il
eſt plus court dans les autres. J'imaginai donc
de ſuivre les changemens de la chair, pendant
ce tems, lorſqu'elle ſeroit dans les circonſtances
propres pour ſe putréfier, qu'elle ſeroit aſſez
humectée, & qu'elle éprouveroit une chaleur
ſuffiſante. Je coupai donc en petits morceaux
de la chair de veau, je la mis dans un vaſe de
verre fermé avec du papier, & placé dans le
four dont j'ai parlé, §. CL., & dont la chaleur
étoit de trente à trente-cinq degrés.

Au bout de quatre heures, la chair avoit
perdu ſa rougeur naturelle, qui blanchit toujours davantage, & perdit de ſa fermeté ; l'o-
deur putride ne ſe fit appercevoir qu'au bout
de neuf heures. Je variai ces expériences ſur
différentes chairs, mais je les fis de la même
manière ; j'employai la chair de mouton & de
bœuf, elles commencèrent à pourir, tantôt
plutôt & tantôt plus tard, mais jamais avant

---

(1) Eſſai pour ſervir à l'hiſtoire de la putréfaction.
(2) Dict. Sel commun, art.

huit heures ; de sorte que les viandes mangées par l'homme & les animaux ne séjournoient pas dans l'estomac le tems nécessaire pour éprouver le commencement de la putréfaction. Mais je voulus encore que ces viandes éprouvassent la chaleur même de l'animal ; j'ai déja parlé de ces canaux de verre, terminés en poire, fermés hermétiquement dans la partie large, & prolongés par un tube ouvert & mince ; je les faisois entrer dans l'estomac d'une Corneille en les introduisant par l'ésophage, & je l'obligeai à les garder ainsi, en attachant au bec la partie du tube qui sortoit, §. LXXXIX. Je mis en expérience deux de ces petites bouteilles dans l'estomac de deux Corneilles ; une de ces bouteilles contenoit un morceau de Bœuf, & l'autre un morceau de Veau avec un peu d'eau ; je les retirai de l'estomac pour voir les changemens arrivés à la viande, & je les remis ensuite dans leur place. Entre neuf & dix heures, la chair de Bœuf commença de sentir mauvais, & au bout de dix heures l'odeur putride ne fut plus douteuse, elle augmenta toujours ensuite, & elle acquit, au bout d'un jour, les autres caractères de la putréfaction, la couleur livide, le goût nauséabond, la décomposition des parties. La chair de Veau fit observer un peu plus vîte les mêmes phénomènes ; l'odeur de la corruption se fit sentir à neuf heures & demi, & elle fut bien déterminée à dix heures, de sorte que la putréfaction n'est produite par la chaleur de ces oiseaux que long-tems après que la digestion est achevée ; car ayant fait

avaler aux mêmes Corneilles un morceau de
Bœuf & de Veau , qui pefoit autant que celui
des petites bouteilles , il fut digéré entiérement
au bout de trois heures , comme je m'en apperçus par l'ouverture de leur eftomac.

C C L I.

Ces expériences prouvoient déja bien que
la putréfaction ne fauroit avoir lieu dans l'eftomac pendant la digeftion, & ces preuves étoient
fortifiées par une foule de mes autres expériences , qui ne m'avoient jamais fait appercevoir la moindre putréfaction dans l'eftomac des
animaux & de l'homme pendant leur digeftion,
§. LXV. CCIX. Cependant , comme je n'avois
pas fait des expériences dans ce but , je m'im-
pofai l'obligation de vifiter les eftomacs des
trois genres d'animaux , dans différens animaux,
pendant leur digeftion. Quatre Poules du pays
mangèrent d'elles-mêmes de la chair de Che-
vreau ; j'en ouvris une au bout de deux heures,
fon eftomac étoit plein de cette chair. Celle
qui n'étoit pas digérée avoit fon goût doux ,
mais il laiffoit éprouver un peu d'amertume à
fa furface. Elle provenoit du fuc gaftrique qui
l'avoit pénétrée , elle n'avoit d'autre odeur que
celle de ce fuc. Je vifitai l'eftomac de la feconde
Poule une heure après la précédente , la chair
commençoit à y former une pâte gélatineufe
qui n'avoit pas une odeur agréable , mais elle
n'avoit rien de putrédineux , elle n'avoit pas pris
une couleur livide. Sa couleur étoit rougeâtre,
fon goût n'étoit pas nauféabond , elle ne fit
aucune effervefcence avec les acides , & ne

changea pas la couleur du ſyrop de violettes.
Je tuai la troiſième Poule une heure après la
ſeconde , & ſon eſtomac , comme celui de la
ſeconde , contenoit le fluïde charnu dont la
fluïdité étoit augmentée , mais il n'y avoit pas
la moindre apparence de putréfaction , de même que dans la quatrième que je tuai ſept heures après ſon repas , c'eſt-à-dire , lorſque toute
la chair étoit ſortie du géſier , deſcendue dans
l'eſtomac , & dont il ne reſtoit qu'une partie
déja diſſoute.

C C L I I.

Je donnai à deux Hérons pluſieurs Grenouilles fraîchement tuées , qu'ils mangèrent parce
qu'ils étoient à jeun ; je tuai un de ces Hérons
au bout de ſix heures. Soit que la peau de la
Grenouille , qui eſt aſſez dure , eût retardé la
digeſtion , ſoit que la digeſtion fût plus lente
dans ces oiſeaux , les Grenouilles avoient conſervé encore leur forme dans l'eſtomac , quoique la tête & les pattes en fuſſent détachées ,
ou ſur le point de s'en ſéparer , & que leurs
chairs fuſſent devenues très-molles ; leur goût
avoit de l'amertume & rien de nauſéux , elles
n'avoient aucune odeur putride ; cinq heures
après la mort du premier Héron , je tuai le
ſecond , je ne trouvai que bien peu de chair
dans ſon eſtomac , elle étoit toute décompoſée , mais elle n'avoit rien de puant.

Mes obſervations furent parfaitement ſemblables dans l'examen des digeſtions opérées
par les Ducs encore dans le nid , que je choiſis parce que la chair eſt réduite en chyme

dans trois ou quatre heures. Un Chien & un Chat, tous deux jeunes, mangèrent à volonté de la chair de Vache cuite dans le même tems, le premier fut ouvert quatre heures & demi après. Son eftomac étoit plein d'une bouillie charnue, amère au goût, ayant très-peu d'o-deur &, l'odeur feule du fuc gaftrique de cet animal. Au bout de cinq heures & demi, je vifitai l'eftomac du Chat, il n'y avoit qu'un morceau de chair, ou plutôt une matière en bouillie fluïde, dont l'odeur fans fétidité étoit celle du fuc gaftrique. La chair, digérée en grande partie dans ces deux eftomacs, ne chan-gea pas la couleur du fyrop de violettes, & ne fit aucune effervefcence avec les acides.

C C L I I I.

Il me refte à parler de quelques animaux dans l'eftomac defquels les alimens font un fé-jour plus long : tels font les Faucons. En par-lant de celui qui m'a fourni le moyen de faire tant d'expériences, j'ai dit que dans un feul repas il mangeoit un gros Pigeon, qui lui fuffi-foit pour tout le jour, §. CLX. Ceci fuppofe que cette chair, avant d'être digérée, refte long-tems dans le corps de l'oifeau : je ne pus pas m'en procurer d'abord un autre ; cepen-dant, au bout de quelques mois, j'en eus un d'une efpèce différente, il étoit plus gros, fans géfier ; la chair qu'il mangeoit defcendoit d'a-bord dans l'eftomac : quoiqu'il me fît plaifir, parce qu'il étoit privé, je le tuai cependant dix-huit heures après lui avoir fait manger un Poulet. Son eftomac en contenoit des reftes

pefant deux fortes onces ; ils formoient une
bouillie charnue qui en laiſſoit reconnoître les
fibres, mais cette bouillie, expoſée à tous les
procédés chymiques dont j'ai parlé, au goût,
à l'odorat, ne donna pas la moindre marque
de putréfaction. Les animaux à ſang froid, &
ſur-tout les Serpens, conſervent encore davantage les alimens dans leur eſtomac avant de
les digérer. Un morceau de queue de Lézard
avoit des reſtes de muſcles, après avoir été,
pendant cinq jours, dans l'eſtomac d'une Couleuvre de terre, §. CXVIII. Trois Couleuvres,
au bout de trois jours, n'avoient pas digéré la
chair que je leur avois donnée, §. CXXI. Au
bout de ſix jours, une de ces Couleuvres n'a-
voit pas digéré une portion de Grenouille,
§. CXXV. Un Lézard reſta ſeize jours dans une
Vipère ſans perdre ſa forme naturelle §. CXXVII.
Je ne paſſerai pas ſous ſilence quelques autres
animaux à ſang froid, comme les Anguilles,
les Salamandres, les Grenouilles. Quatre Anguilles, à qui j'avois donné de la chair de poiſſon, en retenoient quelques petits morceaux
au bout de trois jours & dix-huit heures, §.
CXXIX. Au bout de cinq jours, quelques Grenouilles n'avoient pas digéré entiérement de
petits morceaux de boyau, §. CVI. & j'obſervai la même choſe pour des Salamandres qui
avoient mangé des Vers de terre, §. CLIII. Mais
en racontant toutes ces expériences, j'ai toujours
remarqué que les alimens, gardés par eux ſi
long-tems, n'avoient pas éprouvé un commencement de putréfaction, §. CXXVII.

CCLIV.

CCLIV.

JE n'ai trouvé que deux cas, au milieu de toutes mes expériences rapportées dans ce Livre, qui en affoibliffent un peu la force. Lorfque j'ai fait avaler pendant un long tems des tubes à mes Corneilles, elles en fouffroient fenfiblement, & cela paroiffoit par leur maigreur; cependant, je les nourriffois abondamment dans cet état, mais elles perdoient l'appétit, & il m'importoit de les conferver en vie pour en faire l'objet de mes expériences. Je fis avaler à deux inutilement de la viande, elles périrent toutes deux, l'une au bout de quinze heures, l'autre au bout de treize. Je fus curieux de les ouvrir, & je vis que cette chair étoit reftée entière dans leur eftomac, j'apperçus même qu'elle fentoit mauvais. Mais peut-on nier que cette putréfaction ne fût la fuite de la maladie qui avoit altéré les fucs gaftriques, & empêché leur action fur les alimens, d'autant plus que ces animaux en fanté digèrent très-vîte, & fans laiffer appercevoir le moindre figne de putridité, comme je l'ai pleinement obfervé cent fois ? C'eft fans doute auffi un état de maladie qui produifit la pourriture dans les animaux dont j'ai parlé au §. CCXLIX, & l'on ne peut en douter fi l'on fait attention au long féjour des alimens dans l'eftomac de ces oifeaux. Il peut encore arriver que des animaux fains, mais tués, offrent dans leur eftomac des alimens puans, parce qu'on les a vifités trop tard. On ajoute que le fouffle du Lion & de l'Aigle a une odeur défagréable; je n'ai pas pu faire l'expérience fur

V

le premier ; mais, pour l'Aigle, j'ai pu l'obferver aifément en lui grattant légérement la tête ;
je lui faifois ouvrir le bec, pouffer un petit
cri, & dégorger une onde d'air qui paroiffoit
en hiver fous la forme d'un nuage ou d'une
fumée ; je l'ai fenti fouvent, & fait fentir à
d'autres quand l'Aigle étoit à jeun, quand elle
étoit raffafiée, quand elle digéroit, mais je
n'ai jamais trouvé que fon fouffle eût aucune
efpèce d'odeur.

C C L V.

LES expériences que j'ai racontées, §. CCL.
CCLI. CCLII. CCLIII., prouvent, non-feulement que la digeftion n'eft pas accompagnée
de pourriture, mais encore qu'il y a dans l'eftomac des animaux un principe qui l'arrête,
qui eft anti-feptique. Les chairs, renfermées
dans de petites bouteilles defcendues dans l'eftomac des Corneilles, commencent à fe corrompre au bout de dix heures, §. CCL, &
cependant on n'apperçoit en elles aucune putréfaction au bout de dix-huit heures, lorfqu'elles touchent les parois de l'eftomac d'autres oifeaux, §. CCLII. Et quoique les Serpens & les amphibies, dont j'ai parlé, §. CCLIII.
fuffent à fang froid, n'ayant que le degré de
chaleur de l'atmofphère, cependant, à ce
degré de chaleur, les viandes fe corrompent
au bout de deux jours, & même d'un feul ;
cependant elles fe confervent très-faines dans
leur eftomac pendant des tems égaux, & beaucoup plus longs. Il y a donc dans l'eftomac
une caufe qui arrête la putréfaction que fubi-

roient ces matières si elle n'y étoit pas. Quelle est cette cause ? Les digestions artificielles que j'ai opérées dans des vases avec les sucs gastriques mêlés aux alimens me l'ont découverte. Je les voyois se dissoudre sans se putréfier, malgré un tems assez long & une chaleur suffisante. Mais je confirmai cette vérité d'une façon plus tranchante. J'ai fait voir combien la chaleur aidoit l'action dissolvante des sucs gastriques, §. CXLII. CLXXXVI. CCI. CCXVII ; malgré cela, ils conservent leur vertu anti-septique, §. CLXXXVI. CCXVII. Je laissai pendant trente-sept jours d'hiver, dans une chambre, deux petits vases de verre pleins de suc gastrique, l'un de Corbeau, l'autre de Chien, avec de la chair de veau & de mouton ; il ne se fit aucune dissolution, & il n'y eut aucune pourriture, quoique des chairs semblables, conservées dans l'eau dans des vases semblables, au même endroit, eussent commencé de sentir mauvais au bout de sept jours, & fussent entièrement corrompues au bout de vingt. Mais il faut savoir que ces sucs, en séjournant dans les vases les mieux bouchés, perdent au bout de quelque tems leur vertu anti-putride, quoiqu'ils ne se pourrissent jamais. Le suc de Corbeau, que j'avois gardé dans une bouteille pendant deux mois, ne put empêcher la corruption de quelques morceaux de chair que j'y plongeai.

C C L V I.

CETTE découverte me fit chercher l'effet des sucs gastriques sur les chairs, plus ou moins pourries ; j'en pris un morceau, dont l'odeur étoit infupportable, je le divifai en quatre parties, dont je plaçai chacune dans une petite bouteille remplie de fucs gaftriques' différens; favoir, celui de Chien, de Corneilles, de Ducs & d'Aigle. C'étoit au mois de Mars que je fis ces expériences; je laiffai les petites bouteilles pendant vingt-cinq jours dans l'air d'une chambre, dont la chaleur ne fût jamais plus petite que huit degrés, ni plus grande que douze; je ne remarquai pas que les chairs fe fuffent diffoutes plus que fi je les avois mifes dans l'eau; l'odeur de la chair de veau & d'agneau ne me parut ni augmentée ni diminuée, mais celle de Poule & de Pigeon me parut un peu diminuée. Ce réfultat m'autorifa à foupçonner que les fucs gaftriques n'empêchoient pas feulement la putréfaction, mais qu'ils pouvoient l'enlever. Je réitérai l'expérience au mois de Juin, & je m'apperçus que je ne m'étois pas trompé. J'employai du fuc gaftrique de Chien & de Faucon, dans lequel je mis de la chair de Poule & de Pigeon, réduites à ce point de putréfaction qui les ramollit, les rend livides, & leur fait répandre une odeur nauféabonde; elles reftèrent trente - fept heures dans les fucs gaftriques, & s'y réduifirent en gelée, mais elles avoient perdu la plus grande partie de leur odeur dégoutante. En comparant cette expérience faite au mois de Juin avec l'autre faite au mois de Mars, je conjecturai que la plus grande efficacité des fucs gaftriques, pour ôter aux chairs leur putridité, dépendoit de la chaleur de la faifon; je répétai, pour m'en af-

furer, cette expérience, de la même manière,
avec la différence que j'expofai le vafe au foleil
au milieu de ce mois ; & en effet, au bout de
dix heures, la mauvaife odeur de ces chairs fut
diffipée ; je fortifiai cette obfervation par d'autres femblables, faites avec le fuc gaftrique d'autres animaux, & le réfultat fut, que, quoique
les chairs perdiffent le plus fouvent leur odeur
défagréable & leur goût dégoûtant, elles le
confervoient cependant un peu, mais je n'ai
pu en concevoir la raifon. Les fucs gaftriques
récens ont toujours été plus efficaces que les
vieux.

C C L V I I.

En réfléchiffant fur les réfultats des paragraphes CCLV. CCLVI, il me paroiffoit clair
qu'en introduifant des viandes gâtées dans l'eftomac des animaux, elles y perdroient leur
putridité ; mais avant de le vérifier, je m'en
affurai de cette manière. J'avois divers oifeaux
gallinacés pour mes expériences fur la digeftion,
je voyois qu'en les laiffant manger à volonté,
ils fe rempliffoient le géfier, de manière qu'il
falloit quelquefois feize & même vingt heures
avant qu'il fût vuide. Je tuai un petit Coq dans
le moment que fon géfier confervoit encore un
refte d'aliment compofé de chair coupée, qui
pefoit environ une once. Je fus furpris de trouver que cette viande avoit une odeur bien dé-
veloppée de putridité ; fa couleur étoit un rouge
éteint, elle étoit ramollie & d'un goût nauféabond. J'examinai d'abord l'eftomac, où je trouvai la chair elle-même, mais elle différoit de

celle du géſier en ce qu'elle étoit entiérement défaite, que ſa ſaveur étoit douce, que ſon amertume n'avoit rien de rebutant, & ſon odeur rien de putrédineux; les ſucs de l'eſtomac avoient donc ôté à la chair ce caractère de putridité qu'elle avoit pris dans le géſier. Je fis la même obſervation ſur des Poules dont j'avois rempli le géſier de chair; ſes reſtes, que je gardois, au bout de ſeize heures ſentoient mauvais, mais la chair paſſée dans l'eſtomac n'avoit plus rien de fétide. Il faut obſerver que la putréfaction des chairs, dans le géſier de ces oiſeaux, n'arrive jamais au degré où elle eſt dans les vaſes, quoique la chaleur ne ſoit pas ſi vive, ce qui me fait ſoupçonner que le ſuc qui diſtille des parois du géſier eſt auſſi antiſeptique, quoiqu'il ne le ſoit pas autant que celui de l'eſtomac.

C C L V I I I.

AYANT fait pourrir un morceau de poumon de Bœuf, de manière qu'il conſervoit quelque fermeté, je le diviſai en cinq portions égales; je liai chacune d'elles avec un gros fil, & je les fis deſcendre dans l'eſtomac de cinq Corneilles noires, mais il reſtoit toujours une partie du fil hors du bec, comme j'avois déja fait, §. LXVIII. Au bout de trois quarts d'heure je tirai deux de ces portions hors de l'eſtomac; elles diminuoient déja par la diſſolution qu'elles avoient ſoufferte, & au premier abord elles n'avoient plus de mauvaiſe odeur; mais, après les avoir eſſuyées & en avoir ôté le ſuc gaſtrique, cette odeur ſe faiſoit ſentir, quoiqu'elle fût bien diminuée. J'examinai une autre portion demi-heure après l'autre ; elle étoit beaucoup plus diminuée , & à peine confervoit - elle un refte d'odeur putride , même après l'avoir lavée & effuyée pour en ôter tout le fuc gaftrique. Deux heures & un quart après que les Corneilles eurent avalé ce morceau de poumon pourri , je tirai les portions des deux dernières , elles étoient de la groffeur d'un pois, mais on n'auroit pu appercevoir qu'elles euffent eu une mauvaife odeur , fi l'on ne l'avoit pas fu , & le goût amer qu'elles avoient contracté n'avoit rien de défagréable.

Je ne pus pas faire avéc un Héron ce que j'avois fait avec les Corneilles, leur col eft trop long ; j'avois employé une groffe Grenouille écorchée à demi-pourrie , que je fis defcendre avec les doigts jufques dans l'eftomac ; mais je ne pus l'avoir enfuite en tirant le fil auquel elle étoit attachée, je coupai le fil près du bec, & il fut bientôt avalé ; je penfai à tuer le Héron au bout d'une heure , pour examiner l'état de la Grenouille, mais il la vomit après quarante-trois minutes , parce qu'elle étoit fans doute devenue pour lui un mets dégoûtant. Les Hérons, qui mangent avec avidité les Grenouilles & les Poiffons en vie, ne touchent jamais à ceux qui pourriffent ; mais malgré cela , les fucs gaftriques avoient agi fur la Grenouille comme diffolvans & comme anti - feptiques ; fes chairs étoient en partie digérées , & fon odeur fort diminuée. Je remplis plufieurs de mes tubes de laiton avec du poiffon pourri ; je les fis avaler

V 4

au Héron, qui ne les vomit pas, parce qu'il ne toucha pas fans doute les parois de l'eſtomac; je l'ouvris au bout de trois heures, & je trouvai dans les tubes quelques reſtes de poiſſon, peſant environ la feptième partie d'une once; ils reſſembloient à un bouillon épais & gélatineux : en l'examinant, on y trouvoit quelques filets charnus, & cette bouillie n'avoit pas la moindre odeur.

C C L I X.

JE fis avaler à de petits oiſeaux de proie des morceaux de viande corrompue, attachée à des fils, comme j'avois fait pour les Corneilles, §. CCLVIII. J'employai les Chouettes, les Ducs, un petit Faucon : les chairs corrompues dont je me fervis étoient les boyaux, le foie, les poumons d'une Brebis; elles perdoient d'autant plus leur odeur qu'elles reſtoient plus longtems dans l'eſtomac & s'y diſſolvoient davantage; enfin elles la perdoient tout-à-fait; feulement, le petit Faucon vomit deux fois les chairs, leur putridité fut fans doute la cauſe de cet effet fur fon eſtomac, car la chair fraîche n'agit point de cette manière. Les fucs gaſtriques de l'Aigle ont produit la même choſe fur les chairs gâtées, qu'ils ont rendu faines quand je leur en ai fait avaler dans de petits tubes. Je fis ces expériences fur des animaux à fang froid, fur les Couleuvres terreſtres & aquatiques, fur les Vipères & les Grenouilles; comme ces animaux digèrent très-lentement, ils purifient la viande auſſi très-lentement; il falloit fouvent la leur faire avaler, parce qu'ils

la vomiſſoient. Enfin , la dernière expérience
que j'ai faite a été ſur un Chat, un Chien &
moi ; je fis, avaler cette chair pourrie par force
à ces deux animaux ; car, malgré leur faim ,
ils la rejettoient. Le Chien la conſerva dans
ſon corps , mais le Chat la vomit après une
heure ; avec de l'écume & un ſuc un peu viſ-
queux. Cette chair , lorſque le Chat l'avala ,
étoit auſſi puante qu'il étoit poſſible , mais cette
puanteur étoit preſque évanouïe , puiſqu'un
Chat la mangea de lui-même , & ne la vomit pas ; mais je le tuai une heure & demie
après , & je trouvai cette chair à demi-digé-
rée , & n'ayant que l'odeur des chairs qui ſéjournent dans l'eſtomac. J'ouvris au bout de
deux heures & demi l'eſtomac du Chien , je
vis la viande qu'il avoit avalée dans un petit lac
de ſuc gaſtrique , un peu moins décompoſée
que l'autre , mais ſans le goût & l'odeur des
chairs pourries. Quant à moi, j'avois avalé ſéparément cinq ſubes de bois, décrits §. CCVIII,
remplis de diverſes chairs corrompues , & couverts de toile , je les rendis tous par l'anus.
Comme la chair rempliſſoit toute la cavité du
tube, il en reſta dans trois quelques morceaux,
mais aucun ne conſerva la moindre trace de
putréfaction. Ainſi , les ſucs gaſtriques de diverſes eſpèces] d'animaux & de l'homme lui-
même empêchent non - ſeulement la putréfaction , mais encore ils rétabliſſent les chairs gâtées qu'on y plonge.

C C L X.

CETTE découverte me fait faire une réflexion : une foule d'animaux se nourrissent de chair & d'autres substances qui peuvent se putréfier, mais ils ne les mangent que quand elles sont saines, & si elles sont pourries, ils les vomissent, en éprouvant quelquefois des symptômes plus graves & même la mort, §.CCLVIII. CCLIX. Mais aussi d'autres animaux se nourrissent par choix de matières corrompues, & en font leurs alimens ; tels sont les Insectes, les Vers qui habitent les cloaques, les cimetieres ; tels sont les oiseaux, comme le Corbeau, le Hibou, le Vautour ; tels sont, parmi les quadrupedes, le Chacal & la Hyene. A présent qu'on connoît la vertu anti - septique des sucs gastriques, on ne doit plus s'étonner de cela, parce que ces alimens corrompus perdent bientôt dans leur estomac cette qualité funeste, avant de servir à leur nourriture ; & si les sucs gastriques des autres animaux font la même impression sur les chairs corrompues, ils les repoussent avec horreur, parce que ces alimens font une impression insupportable sur les organes du goût, de l'odorat, & sur les parois de l'estomac, dont ils blessent sûrement le systême nerveux par leurs miasmes pestilentiels, qui n'ont pas cette influence sur les organes des animaux, destinés par la Nature à s'en nourrir. Il paroît très - vraisemblable que le pouvoir anti-septique des sucs gastriques soit plus énergique dans ces animaux que dans les autres, afin de dépouiller les substances corrompues de leur corruption. Mais on peut habituer les animaux qui abhorrent les alimens putréfiés à s'en nourrir; on a vu que j'ai rendu un Pigeon carnivore, §. CLXXV. Je l'ai accoutumé non-seulement à manger la chair, mais même la chair corrompue; je la lui faifois d'abord avaler par force, j'obfervai qu'il en fouffroit, il maigrit, mais peu-à-peu il s'accoutuma à cet aliment, & la faim le lui fit prendre volontairement; il s'engraiffa de nouveau, & il mangeoit la chair pourrie comme l'autre, d'où il réfulte que l'habitude change en une bonne nourriture les alimens qui étoient d'abord dégoûtans & nuifibles.

C C L X I.

MAIS qu'eft-ce qui donne au fuc gaftrique le pouvoir de fufpendre la pourriture & de la corriger? Il eft démontré qu'ils font falés, & que leur fel eft ammoniacal, §. CCXLIV. M. PRINGLE a prouvé que tous les fels acides, alkalis, neutres, volatils ou fixes font antifeptiques (1). Il eft donc aifé de penfer que cette propriété des fucs gaftriques vient de la même fource, mais avant d'en être fûr, il falloit faire des expériences. M. PRINGLE obferve que le fel marin, qui a tant de rapports avec le fel ammoniac, n'eft anti-feptique que lorfqu'il eft en petite dofe, autrement il favorife la corruption. Il apprend qu'une dragme de ce fel, diffous dans deux onces d'eau, ne conferve la chair faine que pendant peu de jours, vingt-cinq grains pendant très-peu de tems, &

(1) Appendix fur les fubftances feptiques & antifeptiques.

dix ou même quinze grains l'accélèrent. Cette espèce de paradoxe, vérifié en France par M. GARDANE, ne m'a pas empêché de faire des expériences. Je mis dans quatre vases de verre, égaux entr'eux, une once & demi d'eau de puits; je plaçai dans chacun trois deniers & six grains de chair fraîche de Bœuf, réduite en petits morceaux. Dans le premier, je fis diffoudre dix grains de fel commun, dans le fecond quinze, dans le troifième vingt, & je ne falai point l'eau du quatrième. La putréfaction s'y manifefta dans la même proportion, & les réfultats avec le fel ammoniac furent prefque les mêmes, avec cette différence que la corruption fe manifefta en même tems dans le vafe où il y avoit dix grains de fel ammoniac, & dans celui où il n'y avoit que l'eau commune. Je ne doutai pas des expériences de PRINGLE, vérifiées par celles avec le fel ammoniac. Mais pour favoir fi les fucs gaftriques étoient anti - feptiques, en vertu du fel ammoniac qu'ils contenoient, j'en fis diffoudre peu-à-peu dans l'eau, jufqu'à ce qu'elle fût un peu falée comme les fucs gaftriques, & j'y mis de la chair coupée en petits morceaux. Je m'affurai que la falure de l'eau égaloit celle des fucs gaftriques par le goût, & en faifant tomber quelques gouttes de cette eau & des fucs gaftriques dans une diffolution d'argent par l'acide nitreux, afin d'avoir une quantité égale de lune cornée. Mais le fait eft que la chair ne put être garantie de la pourriture, & que fon odeur fe fit fentir avant qu'on l'apperçût dans la chair mife dans l'eau commune; & quoiqu'en augmentant la dofe du fel ammoniac, je parvins à retarder la putréfaction, je ne pus l'empêcher; mais, pour atteindre ce point, je fus obligé de rendre l'eau dix-huit ou vingt fois plus falée que les fucs gaftriques, de forte qu'il paroît que la vertu anti-feptique de ces fels n'eft pas produite par la petite quantité de fel ammoniacal qu'ils renferment.

C C L X I I.

M. Gardane tire une conféquence de la fepticité du fel commun, employé en petites dofes, que je ferai remarquer : comme le fel qu'on joint aux alimens eft toujours en trèspetite quantité, il doit faciliter la digeftion en favorifant la putréfaction. Mais comme mes obfervations détruifent l'idée de ceux qui imaginèrent que la digeftion dépendoit de la fermentation, je voulus favoir cependant l'hiftoire de la viande un peu falée, mangée par les animaux, & je l'employai dans les dofes qui hâtent la putréfaction; je fis prendre cette viande, ainfi préparée & mife dans des tubes, à un Chien & à un Chat à qui je fis avaler des tubes femblables, pleins de chair non falée. J'ouvris ces deux animaux cinq heures après, & je trouvai que le fel n'avoit caufé aucune différence entre les deux efpèces de viande ; j'en trouvai les reftes légérement falés, fans aucune odeur défagréable, & avec la même diminution que dans les reftes de la chair non falée. Cette légère dofe de fel n'avoit favorifé ni la digeftion, ni la putréfaction ; fans doute celle-ci avoit été empêchée par l'action anti-septique des sucs gastriques.

CCLXIII.

MAIS si le sel des sucs gastriques n'est pas la cause de leur vertu anti-septique, à quel principe faudra-t-il recourir ? La théorie de MAC-BRIDE sur les causes de la vertu anti-septique de tant de substances est originale ; il croit que la cohérence & la solidité des corps sont le produit de l'air fixe enfermé dans leurs pores ; que lorsqu'on les en dépouille, le corps perd l'adhérence de ses parties, & se pourrit ou se réduit en poudre, suivant la nature de ses composans : de sorte que les matières qui retiennent l'air fixe dans les corps, ou qui le lui rendent, auront encore le pouvoir de les empêcher de se pourrir, s'il s'agit de corps putrescibles, & même de les rétablir dans leur premier état s'ils sont pourris : telle est la nature des anti - septiques, suivant ce Médecin. Un morceau de chair, par exemple, environné par une de ces matières, se conserve frais en bouchant les pores qui serviroient d'issue à l'air fixe qu'il contient : c'est ainsi que la chair conservera long-tems sa fermeté & sa saveur douce ; mais si elle est pourrie, elle reçoit de la matière anti-septique son air fixe surabondant, qui lui manquoit, & alors sa mauvaise odeur cesse, elle perd la fluïdité, la mollesse qu'elle avoit acquises en pourrissant, & elle prend sa douceur & sa solidité naturelles.

Cette théorie étant posée, peut - on expliquer la vertu anti-septique des sucs gastriques,

ſans examiner les fondemens de cette théorie
& leur ſolidité ? Je dirai qu'elle ne fournit pas
une lumière néceſſaire pour expliquer comment les ſucs gaſtriques ſont des anti-ſeptiques
d'un ordre ſingulier. Les autres ſubſtances anti-ſeptiques, en préſervant les corps de la corruption, leur conſervent leur cohéſion, & la
rétabliſſent ſi la putréfaction l'avoit diminuée ;
au lieu que les ſucs gaſtriques ſont à la fois
diſſolvans & anti-ſeptiques : pendant qu'ils rétabliſſent ce qu'il y a de pourri dans le corps,
ils le diſſolvent dans ſes plus petites parties. Il
faut donc dire que ce qu'il y a d'anti-ſeptique
dans ces ſucs, a un tout autre principe que
celui que MACBRIDE établit ; mais j'avoue que
j'ignore quelle eſt ſa nature, parce que je n'ai
pas fait des expériences ſuffiſantes pour les pénétrer, & parce que la théorie de la putréfaction eſt encore bien incomplette. J'aime mieux
avouer mon ignorance, que de publier des
rêves, ce qui eſt abſolument contraire à mon
goût, dans mes recherches philoſophiques, qui
ne me permet de m'arrêter qu'à ce qui eſt vrai.

C C L X I V.

CONCENTRONS encore dans quelques lignes
les principaux traits de cette diſſertation : d'a-
bord, il faut ſe rappeler qu'aucune des trois
fermentations, diſtinguées par les Chymiſtes
ſous le nom de ſpiritueuſe, acide & putride,
n'a lieu dans la digeſtion : 2°. que quoique cette
fonction vitale ſoit quelquefois unie à un principe acide, il ſe perd quand elle s'achève : 3°.
qu'il ne paroît jamais un principe putride dans

la digeſtion, lorſque l'animal eſt en ſanté : 4°. que les ſucs gaſtriques ſont anti-ſeptiques.

Je préſume bien que les partiſans de la fermentation ne ſe rendront pas à mes preuves : ils poſent pour principe, que , par - tout où il y a chaleur & humidité , il doit y avoir toujours une fermentation. Je ſuis bien d'avis qu'elle accompagne les alimens, non-ſeulement dans l'eſtomac, les inteſtins, mais auſſi dans le chyle & le ſang; cependant, je limite beaucoup ſa force ; & , tandis que la fermentation hors des corps animés eſt ſouvent vigoureuſe, & qu'elle montre en eux un mouvement inteſtin très-ſenſible , elle ſera très-lente, foïble, & pour l'ordinaire imperceptible. Je prie tous les défenſeurs de ce ſyſtême de croire que mes expériences ne ſont point dirigées contr'eux. J'ai ſeulement voulu faire voir qu'on n'apperçoit dans l'eſtomac des animaux & de l'homme aucune eſpèce de fermentation ſenſible ; mais pour la fermentation inſenſible , comme elle eſt dans le nombre des choſes douteuſes, une ſaine Logique m'empêche également de la rejetter & de l'admettre.

F I N.